“十二五”职业教育国家规划教材
经全国职业教育教材审定委员会审定
全国高等职业教育规划教材

HTML+CSS+JavaScript 网页制作

刘瑞新　张兵义　主编

机械工业出版社

本书面向关注网站开发与网页制作的读者，采用最流行的 Web 标准，以 HTML 技术为基础，由浅入深、完整详细地介绍了 HTML、CSS 及 JavaScript 网页制作的相关内容。本书内容紧扣国家对高职高专培养高级应用型、复合型人才的技能水平和知识结构的要求，以网络花店项目案例的开发思路为主线，采用模块分解、任务驱动、子任务实现和代码设计四层结构，通过对模块中每个任务相应知识点的讲解，引导读者学习网页制作、设计、规划的基本知识以及项目开发、测试的完整流程。

本书适合作为高等学校、职业院校计算机及相关专业的网站开发与网页制作教材或培训教材，也可作为网页制作爱好者与网站开发维护人员的学习参考书。

本书配套授课电子课件，需要的教师可登录www.cmpedu.com免费注册、审核通过后下载，或联系编辑索取（QQ：1239258369，电话：010-88379739）。

图书在版编目（CIP）数据

HTML+CSS+JavaScript 网页制作 / 刘瑞新，张兵义主编. —北京：机械工业出版社，2014.9（2017.8 重印）
全国高等职业教育规划教材
ISBN 978-7-111-48048-8

Ⅰ. ①H… Ⅱ. ①刘… ②张… Ⅲ. ①网页制作工具-高等职业教育-教材 Ⅳ. ①TP393.092

中国版本图书馆 CIP 数据核字（2014）第 219127 号

机械工业出版社（北京市百万庄大街 22 号　邮政编码 100037）
责任编辑：鹿　征　　责任校对：张艳霞
责任印制：李　洋
北京振兴源印务有限公司印刷
2017 年 8 月第 1 版 · 第 4 次印刷
184mm×260mm · 17.75 印张 · 427 千字
6601—9100 册
标准书号：ISBN 978-7-111-48048-8
定价：36.00 元

凡购本书，如有缺页、倒页、脱页，由本社发行部调换

电话服务
服务咨询热线：010-88379833
读者购书热线：010-88379649

网络服务
机 工 官 网：www.cmpbook.com
机 工 官 博：weibo.com/cmp1952
教育服务网：www.cmpedu.com
金 书 网：www.golden-book.com

出版说明

《国务院关于加快发展现代职业教育的决定》指出：到2020年，形成适应发展需求、产教深度融合、中职高职衔接、职业教育与普通教育相互沟通，体现终身教育理念，具有中国特色、世界水平的现代职业教育体系，推进人才培养模式创新，坚持校企合作、工学结合，强化教学、学习、实训相融合的教育教学活动，推行项目教学、案例教学、工作过程导向教学等教学模式，引导社会力量参与教学过程，共同开发课程和教材等教育资源。机械工业出版社组织全国60余所职业院校（其中大部分是示范性院校和骨干院校）的骨干教师共同策划、编写并出版的“全国高等职业教育规划教材”系列丛书，已历经十余年的积淀和发展，今后将更加紧密结合国家职业教育文件精神，致力于建设符合现代职业教育教学需求的教材体系，打造充分适应现代职业教育教学模式的、体现工学结合特点的新型精品化教材。

“全国高等职业教育规划教材”涵盖计算机、电子和机电三个专业，目前在销教材300余种，其中“十五”“十一五”“十二五”累计获奖教材60余种，更有4种获得国家级精品教材。该系列教材依托于高职高专计算机、电子、机电三个专业编委会，充分体现职业院校教学改革和课程改革的需要，其内容和质量颇受授课教师的认可。

在系列教材策划和编写的过程中，主编院校通过编委会平台充分调研相关院校的专业课程体系，认真讨论课程教学大纲，积极听取相关专家意见，并融合教学中的实践经验，吸收职业教育改革成果，寻求企业合作，针对不同的课程性质采取差异化的编写策略。其中，核心基础课程的教材在保持扎实的理论基础的同时，增加实训和习题以及相关的多媒体配套资源；实践性较强的课程则强调理论与实训紧密结合，采用理实一体的编写模式；涉及实用技术的课程则在教材中引入了最新的知识、技术、工艺和方法，同时重视企业参与，吸纳来自企业的真实案例。此外，根据实际教学的需要对部分课程进行了整合和优化。

归纳起来，本系列教材具有以下特点：

1）围绕培养学生的职业技能这条主线来设计教材的结构、内容和形式。

2）合理安排基础知识和实践知识的比例。基础知识以“必需、够用”为度，强调专业技术应用能力的训练，适当增加实训环节。

3）符合高职学生的学习特点和认知规律。对基本理论和方法的论述容易理解、清晰简洁，多用图表来表达信息；增加相关技术在生产中的应用实例，引导学生主动学习。

4）教材内容紧随技术和经济的发展而更新，及时将新知识、新技术、新工艺和新案例等引入教材。同时注重吸收最新的教学理念，并积极支持新专业的教材建设。

5）注重立体化教材建设。通过主教材、电子教案、配套素材光盘、实训指导和习题及解答等教学资源的有机结合，提高教学服务水平，为高素质技能型人才的培养创造良好的条件。

由于我国高等职业教育改革和发展的速度很快，加之我们的水平和经验有限，因此在教材的编写和出版过程中难免出现问题和疏漏。我们恳请使用这套教材的师生及时向我们反馈质量信息，以利于我们今后不断提高教材的出版质量，为广大师生提供更多、更适用的教材。

机械工业出版社

前　言

随着国家信息化发展策略的贯彻实施，信息化建设已进入了全方位、多层次推进应用的新阶段。作为高校的学生，不仅要具备一般的信息处理能力，更应具备较高的信息素养。本书就是根据面向 21 世纪培养高技能人才的需求，结合高职高专学生的学习特点，依据职业教育培养目标的要求，严格按照教育部提出的高职高专教育“以应用为目的，以必需、够用为度”的原则而设计、开发的系列教材。

本书采用“模块化设计、任务驱动学习”的编写模式，实现任务驱动学习的关键是“任务”的设计，它必须是社会实际生产、生活中的一个真实问题。为了解决这个真实的问题，需要把它分解成一系列的“子任务”；每一个子任务的解决过程就是一个模块的学习过程。每个模块学习一组概念、锻炼一组技能；全部模块加起来，即完成了一种知识的学习，形成一种相应的能力。

在任务驱动学习的具体实施中，本书以网站建设和网页设计为中心，以实例为引导，把介绍知识与实例设计、制作、分析融于一体。在实例的设计、制作过程中，把本章节的知识点融于实例之中，使读者能够快速掌握概念和操作方法。为了方便读者阅读和上机操作，每个案例均按“案例展示”“学习目标”“知识要点”“制作过程”和“案例说明”5 个部分进行讲解。

本书主要围绕 Web 标准的三大关键技术（HTML、CSS 和 JavaScript）来介绍网页编程的必备知识及相关应用。其中，HTML 负责网页结构，CSS 负责网页样式及表现，JavaScript 负责网页行为和功能。本书采用全新流行的 Web 标准，通过简单的“记事本”工具，以 HTML 技术为基础，由浅入深，系统、全面地介绍了 HTML、CSS、JavaScript 的基本知识及常用技巧。

本书以项目“网络花店购物网站的设计与制作”为讲解主线，围绕商城栏目的设计，详细、全面地介绍了网页规划、设计、制作的基本知识以及网站设计、开发的完整流程。本书所有例题、习题及上机实训均采用案例驱动的讲述方式，通过大量实例深入浅出、循序渐进地引导读者学习。本书在每章之后附有大量的实践操作习题，并在教学课件中给出习题答案，供读者在课外巩固所学的内容。本书共分为 10 章，主要内容包括：网页的基本结构、网页文档编辑、网页布局与交互、网页表现语言——CSS、Div+CSS 布局页面、元素外观修饰、链接与导航设计、使用 JavaScript 制作网页特效、网络花店前台页面、网络花店后台管理页面。

为了便于教师教学，本书配有教学课件，老师们可从机械工业出版社的教材网 http://www.cmpedu.com 下载。本书适合作为高等学校、职业院校计算机及相关专业的网站开发与网页制作教材或培训教材，也可作为网页制作爱好者与网站开发维护人员的学习参考书。

本书由刘瑞新、张兵义主编，参加编写的作者有刘瑞新（第 1、5、9 章），张兵义（第 2、3、10 章），马海洲（第 4、7 章），耿风（第 6 章），田金雨、田同福、王如雪、曹媚珠、陈文焕、刘有荣、李刚、孙明建、徐维维、李索、刘克纯、沙世雁、缪丽丽、田金凤、陈文娟、李继臣、徐云林、王如新、赵艳波、王茹霞、谷硕、骆秋容、刘大学（第 8 章）。全书由刘瑞新教授统稿。由于作者水平有限，书中疏漏和不足之处难免，敬请广大师生指正。

编　者

目　　录

第 1 章　网页的基本结构

网页设计与制作是一门综合性较高的课程，涉及商业策划、平面设计、程序语言和数据库等，在网站的开发过程中网页设计与制作被分为策划、前台和后台三个部分，分别由不同的专业人员来完成。本书将通过案例来介绍如何完成网页前台的设计与制作。

1.1　网页的基本元素

在初次设计网页之前，首先应该认识一下构成网页的基本元素，只有这样，才能在设计中得心应手，根据需要合理地组织和安排网页内容。

如图 1-1 所示是网络花店的首页，其中包含了常见的网页元素，如导航栏、广告动画、图片、交互表单、文本和超链接等。

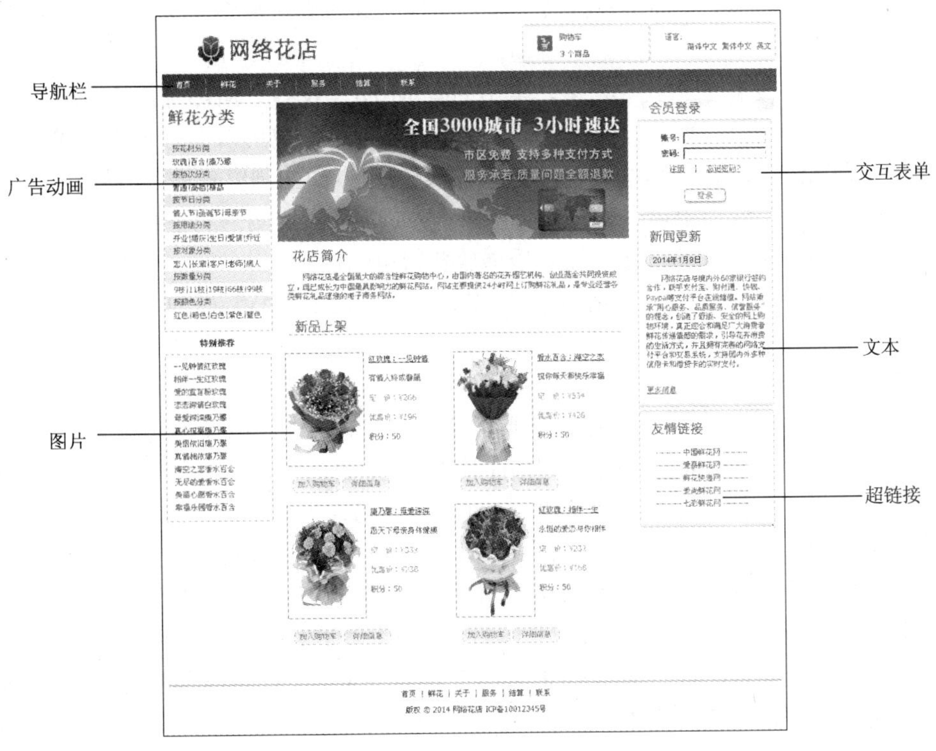

图 1-1　网页的基本元素

1. 文本

文本一直是最重要的信息载体与交流工具。网页中的信息也以文本为主。与图片相比，文字虽然不如图片那样能够很快引起浏览者的注意，但却能准确地表达信息的内容和含义。

为了克服文本固有的缺点，在网页中人们赋予了网页中文本更多的属性，如字体、字号、颜色、底纹和边框等。通过不同属性的区别，突出显示重要的内容。此外，用户还可以在网页中设计各种各样的文字列表，来清晰地表达一系列项目。这些功能都给网页中的文本赋予了新的生命力。

2．图片和动画

图片在网页中具有提供信息、展示作品、装饰网页、表现个人情调和风格的作用。用户在网页中使用的图片格式主要包括 GIF、JPEG 和 PNG 等，其中使用最广泛的是 GIF 和 JPEG 两种格式。

应当注意的是，当用户使用“所见即所得”的网页设计软件在网页上添加其他非 GIF、JPEG 或 PNG 格式的图片并保存时，这些软件通常会自动将少于 8 位颜色的图片转化为 GIF 格式，或者将多于 8 位颜色的图片转化为 JPEG.格式。

在网页中，为了更有效地吸引浏览者的注意，许多网站的广告都做成了动画形式，例如，图 1-1 中的广告动画。

3．声音和视频

声音是多媒体网页的一个重要组成部分。对于不同格式的声音文件，需要用不同的方法将它们添加到 Web 页中。在决定添加声音之前，需要考虑的因素包括用途、格式、文件大小、声音品质和浏览器差别等。不同浏览器对于声音文件的处理方法是不同的，彼此之间很可能不兼容。

用于网络的声音文件的格式非常多，常用的有 MIDI、WAV、MP3 和 AIF 等。设计者在使用这些格式的文件时，需要加以区别。很多浏览器不要插件也可以支持 MIDI、WAV 和 AIF 格式的文件，而 MP3 和 RM 格式的声音文件则需要使用专门的浏览器进行播放。

一般来说，尽量不要使用声音文件作为背景音乐，那样会影响网页下载的速度。可以在网页中添加一个打开声音文件的链接，让音乐播放变得可以控制。

视频文件的格式也非常多，常见的有 RealPlayer、MPEG、AVI 和 DivX 等。视频文件的采用会让网页变得精彩而有动感。

4．超链接

超链接技术是 WWW 流行起来的最主要的原因。它是从一个网页指向另一个目的端的链接。例如，指向另一个网页或者相同网页上的不同位置。目的端通常是另一个网页，也可以是一幅图片、一个电子邮件地址、一个文件、一个程序或者本网页中的其他位置。

热点通常是文本、图片或图片中的区域，也可以是一些不可见的程序脚本。当浏览者单击超链接热点时，其目的端将显示在 Web 浏览器中，并根据目的端的类型以不同方式打开。例如，当指向一个 AVI 文件的超链接被单击后，该文件将在媒体播放软件中打开；如果单击的是指向一个网页的超链接，则该网页将显示在 Web 浏览器中。在图 1-1 中，友情链接的文字，就是已经建立了超链接的文本。

5．导航栏

导航栏的作用就是引导浏览者游历站点。事实上，导航栏就是一组超链接，这组超链接的目标就是本站点的主页及其他重要网页。在设计站点中的网页时，可以在站点的每个网页上显示一个导航栏，这样，浏览者就可以既快又容易地转向站点的其他网页。

在一般情况下，导航栏应放在网页中较引人注目的位置，通常是在网页的顶部或一侧。导航栏既可以是文本链接，也可以是一些图形按钮。图 1-1 中的导航栏就是一组文本链接。

6．表单

网页中的表单通常用来接收用户在浏览器端的输入，然后将这些信息发送到用户设置的目标端。这个目标可以是文本文件、网页、电子邮件，也可以是服务器端的应用程序。表单一般用来收集联系信息，接收用户要求，获得反馈意见。例如，让浏览者注册为会员并以会员的身份登录站点等。图 1-1 中右侧的“会员登录”区域就是一个简单的交互表单。

7．其他常见元素

网页中除了以上几种最基本的元素之外，还有一些其他的常用元素，包括悬停按钮、JavaScript 特效、ActiveX 等各种特效。它们不仅能点缀网页，使网页更活泼有趣，而且在网上娱乐、电子商务等方面也有着不可忽视的作用。

1.2 网页的布局结构

网页的布局结构即网页内容的排版，排版是否合理直接影响页面的用户体验及相关性，并在一定程度上影响网站的整体结构。

从页面布局的角度看，一个页面的布局就类似一篇文章的排版，需要分为多个区块，较大的区块又可再细分为小区块。块内为多行逐一排列的文字、图片、超链接等内容，这些区块一般称为块级元素；而区块内的文字、图片或超链接等一般称为行级元素，如图 1-2 所示。

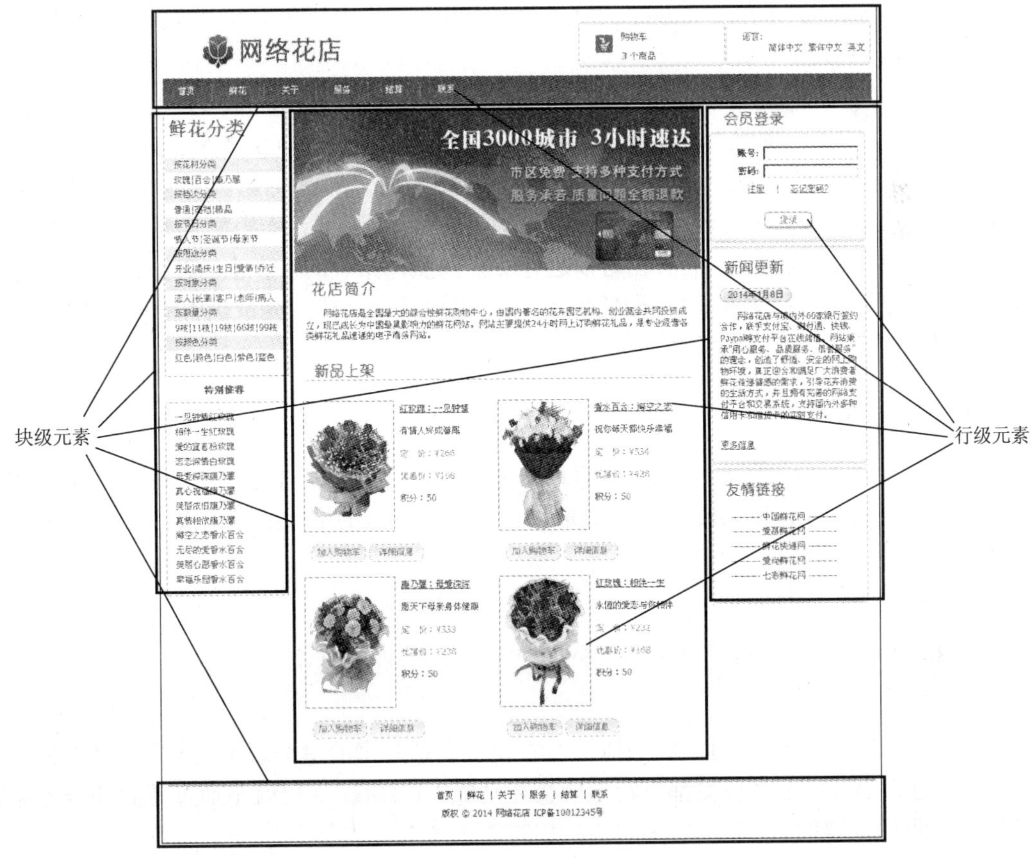

图 1-2　页面中的块级元素和行级元素

1.3 案例：创建第一个网页

为了提高读者学习这门课程的兴趣，先使用最简洁的操作步骤来创建第一个网页。

【案例展示】本案例是一个非常简洁的页面，包含了网页标题文字和一句简单的欢迎文字，本例文件 welcome.html 在浏览器中的浏览效果如图 1-3 所示。

图 1-3　页面浏览效果

【学习目标】掌握使用记事本创建、保存网页文档的方法。

【知识要点】HTML 文档的结构、创建网页、保存网页与浏览网页。

1.3.1 HTML 简介

HTML（Hypertext Markup Language 的简称），中文意思为超文本标记语言，是 WWW 上通用的网页编辑语言。

HTML 通过各种标记将信息组织成为图文并茂的超文本文档，其文件的后缀名为.html 或.htm。在 HTML 文档中既看不到图像、动画，也听不到声音，浏览者所看到的只不过是一个纯文本文件。但是这个纯文本文件却比普通的文本文件多了很多标记。在这些标记中，有的是指向图片或动画等多媒体资源的链接，有的则是用来标识网页元素的显示外观。

用 HTML 的语法规则建立的文档可以运行在不同操作系统的平台上。HTML 文档属于纯文本文件，它能用任意的文本编写器书写。因此，可以通过阅读、分析优秀网页的 HTML 代码，学习别人设计网页的方法和技巧。

1.3.2 HTML 语法结构

每个网页都有其基本的结构，包括 HTML 文档的结构、标签的格式等。HTML 文档包含 HTML 标签和纯文本，它被 Web 浏览器读取并解析后以网页的形式显示出来，所以 HTML 文档又被称为网页。

HTML 语法主要由标签、属性和元素组成，其语法结构为：

<标签 属性 1="属性值 1" 属性 2="属性值 2"…>元素的内容</标签>

1．标签

标签（tag，也称标记）是用一对尖括号“<”和“>”括起来的单词或单词缩写，它是 HTML 文档的主要组成部分。每个标签都有特定的描述功能，HTML 文档就是通过不同功能的标签来控制 Web 页面内容的。

各种标签的效果差别很大，但总的表示形式却大同小异，大多数都成对出现。在 HTML

中，通常标签都是由开始标签和结束标签组成的，开始标签用“<标签>”表示，结束标签用“</标签>”表示。

例如，一级标题标签<h1>表示为：

```
<h1>欢迎您学习网页制作</h1>
```

需要注意以下两点。

① 每个标签都要用“<”（小于号）和“>”（大于号）括起来，以表示这是HTML代码而非普通文本，如<p>和<img>。注意，“<”、“>”与标签名之间不能留有空格或其他字符。

② 标签也有不用</标签>结尾的，称之为单标签。例如，换行标签
。

2．属性

属性在开始标签中指定，用来表示该标签的性质和特性。通常都是以“属性名="值"”的形式来表示，用空格隔开后，还可以指定多个属性，并且在指定多个属性时不用区分顺序。

例如，一级标题标签<h1>有属性 align，align 表示文字的对齐方式，表示为：

```
<h1 align="left">欢迎您学习网页制作</h1>
```

3．元素

元素指的是包含标签在内的整体，元素的内容是开始标签与结束标签之间的内容。没有内容的 HTML 元素被称为空元素，空元素是在开始标签中关闭的。

例如，以下代码片段所示：

```
<h1>欢迎您学习网页制作</h1>        <!--该 h1 元素为有内容的元素-->
<hr/>                              <!--该 hr 元素为空元素，在开始标签中关闭-->
```

1.3.3 HTML 语法规范

页面的 HTML 代码书写必须符合 HTML 规范，这是用户编写具有良好结构文档的基础，这些文档可以很好地工作于所有的浏览器，并且可以向后兼容。

1．标签和属性的规范

- 标签分单标签和双标签，双标签往往是成对出现，所有标签（包括空标签）都必须关闭，如
、<img/>、<p>…</p>等。
- 标签名和属性建议都用小写字母。
- 多数 HTML 标签可以嵌套，但不允许交叉。
- HTML 文件一行可以写多个标签，一个标签也可以分多行写，但标签中的一个单词不能分两行写。
- HTML 源文件中的换行、回车符和空格在显示效果中是无效的。
- 并不是所有的标签都有属性，如换行标签就没有。
- 属性值都要用双引号括起来。

2．代码的缩进

HTML 代码并不要求在书写时缩进，但为了文档的结构性和层次性，建议初学者使用标记时首尾对齐，内部的内容向右缩进几格。

1.3.4 HTML 文档结构

HTML 文档是一种纯文本格式的文件，文档的基本结构为：

```
<!doctype html>
<html>
  <head>
    <meta charset="gb2312" />
    <title>文档标题</title>
  </head>
  <body>
    网页内容
  </body>
</html>
```

1．HTML 文档标签<html>…</html>

HTML 文档标签的格式为：

```
<html> HTML 文档的内容 </html>
```

<html>处于文档的最前面，表示 HTML 文档的开始，即浏览器从<html>开始解释，直到遇到</html>为止。每个 HTML 文档均以<html>开始，以</html>结束。

2．HTML 文档的头标签<head>…</head>

HTML 文档包括头部（head）和主体（body）。HTML 文档头标签的格式为：

```
<head> 头部的内容 </head>
```

文档头部内容在开始标签<html>和结束标签</html>之间定义，其内容可以是标题名或文本文件地址、创作信息等网页信息说明。

3．文档编码

HTML 文档使用 meta 元素的 charset 属性指定文档编码，格式如下：

```
<meta charset="gb2312" />
```

为了被浏览器正确解释和通过 W3C 代码校验，所有的 HTML 文档都必须声明它们所使用的编码语言。文档声明的编码应该与实际的编码一致，否则就会呈现为乱码。对于中文网页的设计者来说，用户一般使用 gb2312（简体中文）。

4．HTML 文档的标题标签<title>…</title>

HTML 文档的标题标签的格式为：

```
<title> 标题名 </title>
```

在文档头部定义的标题内容并不在浏览器窗口中显示，而是在浏览器的标题栏中显示。尽管头部定义的信息很多，但能在浏览器标题栏中显示的信息只有标题。

5．HTML 文档的主体标签<body>…</body>

HTML 文档的主体标签的格式为：

```
<body>
   网页的内容
</body>
```

主体位于头部之后，以<body>为开始标签，以</body>为结束标签。它定义网页上显示的主要内容与显示格式，是整个网页的核心，网页中要真正显示的内容都包含在主体中。

用任何文本编辑器都能编辑制作网页文档。使用 Windows 自带的记事本即可快速编辑一个网页文档，通过它来学习网页的编辑、保存过程。当完成网页的创建后，可以使用 Windows 自带的 IE 浏览器浏览网页效果。

【案例：创建第一个网页】的制作过程如下。

① 打开记事本。单击 Windows 的“开始”按钮，在“程序”菜单的“附件”子菜单中单击“记事本”。

② 创建新文件。按照 HTML 语法规范在“记事本”窗口中输入 HTML 代码，具体的内容如图 1-4 所示。

③ 保存网页。打开“记事本”的“文件”菜单，选择“保存”。此时将出现“另存为”对话框，在“保存在”下拉列表框中选择文件要存放的路径，在“文件名”文本框中输入以.html 或.htm 为后缀的文件名，如 welcome.html，在“保存类型”下拉列表框中选择“文本文档（*.txt）”项，如图 1-5 所示。最后单击“保存”按钮，将记事本中的内容保存在相应的文件夹中。

图 1-4 输入 HTML 代码

图 1-5 记事本的“另存为”对话框

④ 浏览网页。在“资源管理器”中相应的文件夹中双击 welcome.html 文件，启动浏览器，即可看到网页的显示结果，如图 1-3 所示。

⑤ 查看网页源代码。单击浏览器的“查看”菜单中的“源文件”菜单项，即可打开当前显示页面的源代码窗口，如图 1-6 所示。

【案例说明】如果希望将该网页作为网站的首页（主页），即当浏览者输入网址后，就显示该网页的内容，可以把这个文件设为默认文档，文件名为 index.html 或 index.htm。

```
<!doctype html>
<html>
<head>
  <meta charset="gb2312">
  <title>第一个HTML页面</title>
</head>
<body>
  欢迎您学习网页制作，从今天开始，您将进入神奇的Web世界。
</body>
</html>
```

图 1-6　网页源代码窗口

1.4　实训

【实训展示】 练习创建网页文档，展示网络花店首页的花店简介信息，本例文件 info.html 在浏览器中的显示效果如图 1-7 所示。

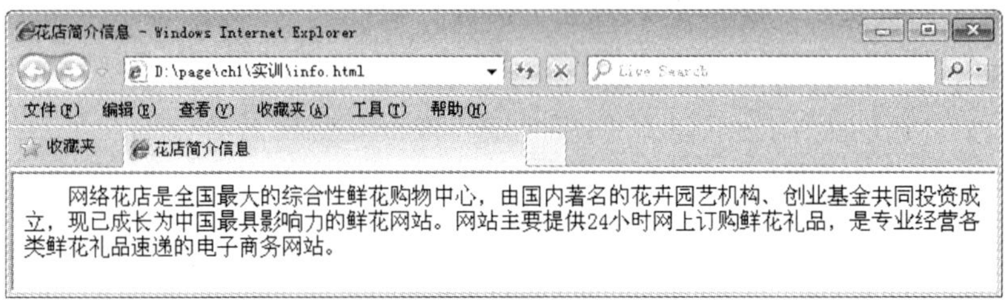

图 1-7　花店简介信息

【实训目标】 掌握创建网页、保存网页与浏览网页的方法。

【知识要点】 HTML 文档的语法结构、使用记事本创建与保存网页文档。

① 打开 Windows 自带的记事本工具。

② 在记事本中输入如下代码：

```
<!doctype html>
<html>
<head>
  <meta charset="gb2312">
  <title>花店简介信息</title>
</head>
<body>
      网络花店是全国最大的综合性鲜花购物中心，由国内著名的花卉园艺机构、创业基金共同投资成立，现已成长为中国最具影响力的鲜花网站。网站主要提供 24 小时网上订购鲜花礼品，是专业经营各类鲜花礼品速递的电子商务网站。
</body>
</html>
```

③ 保存文档。将记事本中输入的代码保存为 info.html。

④ 浏览网页。在浏览器中浏览制作完成的页面，页面显示效果如图 1-7 所示。

【实训说明】本例中段落首行缩进的效果是通过插入特殊符号“ ”来实现的。HTML语言忽略多余的空格，最多只空一个空格。在需要空格的位置，既可以用“ ”插入一个空格，也可以输入全角中文空格。

习题 1

1．举例说明网页基本元素的种类和特点。

2．打开搜狐网（http://www.sohu.com）主页，从网页布局结构的角度分析页面中的元素哪些是块级元素，哪些是行级元素。

3．简述 HTML 文档的基本结构及语法规范。

4．使用记事本创建一个包含网页基本结构的页面并浏览该页面。

第 2 章　网页文档编辑

随着网络技术的发展，网页内容的表现形式更加多种多样，包括文本、超链接、图像、列表和多媒体元素等，本章节将重点介绍如何在页面中添加与编辑这些网页元素。

2.1　案例：网络花店服务向导页面——文字与段落排版

【案例展示】页面中使用不同的标题等级显示服务向导、问题和解决方案；使用段落和换行显示问题解答；使用特殊符号实现段落首行缩进；使用水平线实现文本分隔。本例文件 2-1.html 在浏览器中的显示效果如图 2-1 所示。

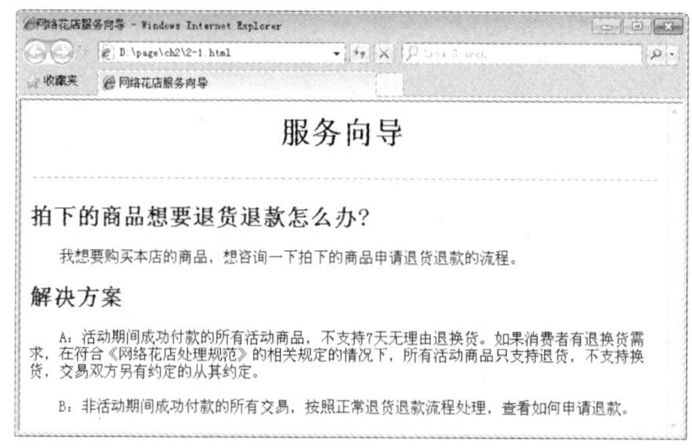

图 2-1　页面浏览效果

【学习目标】掌握使用文字与段落的基本排版知识制作简单的网页。

【知识要点】注释标签、水平线标签、段落标签、换行标签和标题标签。

在网页制作的过程中，通过文字与段落的基本排版即可制作出简单的网页。以下讲解常用的文字与段落排版所使用的标签。

2.1.1　注释标签<!--…-->

可以在 HTML 文档中添加注释，增加代码的可读性，便于以后维护和修改。用户在浏览器中看不见这些注释，只有在用文本编辑器打开文档源代码时才可见。注释标签的格式为：

```
<!-- 注释内容 -->
```

注释并不局限于一行，长度不受限制。结束标签与开始标签可以不在一行上。

2.1.2　段落标签<p>…</p>

浏览器忽略用户在 HTML 编辑器中输入的回车符，所以段落标签<p>…</p>在编辑网页的时候经常会用到，段落标签会在段落前后加上额外的空行。段落标签的格式为：

<p align="left|center|right"> 文字 </p>

其中，align 属性用来设置段落文字在网页中的对齐方式，包括 left（左对齐）、center（居中）和 right（右对齐），默认为 left。格式中的“|”表示“或者”，即多项选其一。

2.1.3 换行标签

网页内容并不都是像段落那样，有时候没有必要用多个<p>标签去分割内容。如果编辑网页内容只是为了换行，而不是从新段落开始的话，可以使用
标签。

标签将打断 HTML 文档中正常段落的行间距和换行。
放在任意一行中都会使该行换行，如果
放在一行的末尾，可以使后面的文字、图像、表格等显示于下一行，而又不会在行与行之间留下空行，即强制文本换行。换行标签的格式为：

**文字
**

浏览器解释时，从该处换行。换行标签单独使用，可使页面清晰、整齐。

2.1.4 水平线标签<hr/>

水平线可以作为段落与段落之间的分隔线，使得文档结构清晰，层次分明。当浏览器解释到 HTML 文档中的<hr/>标签时，会在此处换行，并加入一条水平线段。

水平线标签的格式为：

<hr align="left|center|right" size="横线粗细" width="横线长度" color="横线色彩" noshade="noshade" />

其中，属性 size 设定线条粗细，以像素为单位，默认值为 2。

属性 width 设定线段长度，可以是绝对值（以像素为单位）或相对值（相对于当前窗口的百分比）。所谓绝对值，是指线段的长度是固定的，不随窗口尺寸的改变而改变。所谓相对值，是指线段的长度相对于窗口的宽度而定，窗口的宽度改变时，线段的长度也随之增减，默认值为 100%，即始终填满当前窗口。

属性 color 设定线条色彩，默认为黑色。色彩可以用相应的英文名称或以“#”引导的一个十六进制代码来表示，见表 2-1。

表 2-1 色彩代码表

色　彩	色彩英文名称	十六进制代码
黑色	black	#000000
蓝色	blue	#0000ff
棕色	brown	#a52a2a
青色	cyan	#00ffff
灰色	gray	#808080
绿色	green	#008000
乳白色	ivory	#fffff0
橘黄色	orange	#ffa500
粉红色	pink	#ffc0cb

（续）

色　　彩	色彩英文名称	十六进制代码
红色	red	#ff0000
白色	white	#ffffff
黄色	yellow	#ffff00
深红色	crimson	#cd061f
黄绿色	greenyellow	#0b6eff
水蓝色	dodgerblue	#0b6eff
淡紫色	lavender	#dbdbf8

2.1.5　标题文字标签<h#>…</h#>

在页面中，标题是一段文字内容的核心，所以总是用加强的效果来表示。标题使用<h1>至<h6>标签进行定义。<h1>定义文字字号最大的标题，<h6>定义文字字号最小的标题，HTML会自动在标题前后添加一个额外的换行。标题文字标签的格式为：

```
<h# align="left|center|right"> 标题文字 </h#>
```

属性 align 用来设置标题在页面中的对齐方式，包括 left（左对齐）、center（居中）或 right（右对齐），默认为 left。

2.1.6　特殊符号

由于大于号“>”和小于号“<”等已作为 HTML 的语法符号，因此，如果要在页面中显示这些特殊符号，就必须使用相应的 HTML 代码表示，这些特殊符号对应的 HTML 代码被称为字符实体。

常用的特殊符号及对应的字符实体见表 2-2。这些字符实体都以“&”开头，以“;”结束。

表 2-2　常用的特殊符号及对应的字符实体

特 殊 符 号	字 符 实 体	示　　例
空格		<a href="#">网络花店</a>. 热线：800-820-0008
大于（>）	>	30>20
小于（<）	<	20<30
引号（"）	"	HTML 属性值必须使用成对的"括起来
人民币符号（¥）	¥	优惠价：¥198
破折号（—）	—	春看玫瑰树，西邻即宋家。门深重暗叶，墙近度飞花。—《芳树》
版权号（©）	©	Copyright ©网络花店有限公司

【案例：网络花店服务向导页面】的制作过程如下。

① 打开 Windows 自带的“记事本”程序。

② 在“记事本”中输入如下代码：

```
<html>
<head>
```

```
<title>网络花店服务向导</title>
</head>
<body>
  <h1 align="center">服务向导</h1>            <!--一级标题-->
  <hr />                                      <!--水平分隔线-->
  <h2>拍下的商品想要退货退款怎么办?</h2>
  <p>    我想要购买本店的商品，想咨询一下拍下的商品申请退货退款的流程。</p>
  <h2>解决方案</h2>                           <!--二级标题-->
  <p align="left">                            <!--段落左对齐-->
      A：活动期间成功付款的所有活动商品，不支持 7 天无理由退换货。如果消费者有退换货需求，在符合《网络花店处理规范》的相关规定的情况下，所有活动商品只支持退货，不支持换货，交易双方另有约定的从其约定。<br /><br />        <!--换行-->
      B：非活动期间成功付款的所有交易，按照正常退货退款流程处理，查看如何申请退款。
  </p>
</body>
</html>
```

③ 保存文档。将记事本中输入的代码保存为 2-1.html。

④ 浏览网页。在浏览器中浏览制作完成的页面，页面的显示效果如图 2-1 所示。

【案例说明】<hr/>标签强制执行一个简单的换行，将导致段落的对齐方式重新回到默认值设置（左对齐）。

2.2 案例：网络花店购物指南页面——超链接

【案例展示】使用页面之间的链接、页内书签链接、下载文件链接和电子邮件链接制作网络花店购物指南页面。本例文件 2-2.html 在浏览器中的显示效果如图 2-2 和图 2-3 所示。

图 2-2 页面之间的链接

【学习目标】掌握各种超链接的应用场合和实现技术。

【知识要点】锚点和书签的定义、不同页面之间建立链接、同一页面内建立链接、下载文件链接和电子邮件链接。

HTML 的核心就是能够轻而易举地实现互联网上的信息访问和资源共享。HTML 可以链接到其他的网页、图像、多媒体、电子邮件地址、可下载的文件等。

图 2-3 电子邮件链接

2.2.1 超链接简介

1．超链接的定义

超链接（hyperlink）是指从一个网页指向一个目标的连接关系，这个目标可以是另一个网页，也可以是相同网页上的不同位置，还可以是一个图片，一个电子邮件地址，一个文件，甚至是一个应用程序。

超链接是一个网站的精髓，超链接在本质上属于网页的一部分，通过超链接将各个网页链接在一起以后，才能真正构成一个网站。

超链接除了可链接文本外，也可链接各种媒体，如声音、图像和动画等，通过它们可以将网站建设成一个丰富多彩的多媒体世界。当网页中包含超链接时，其外观形式为彩色（一般为蓝色）且带下画线的文字或图像。单击这些文本或图像，可跳转到相应位置。鼠标指针指向超链接时，将变成手形。

2．超链接的分类

根据超链接目标文件的不同，超链接可分为页面超链接、锚点超链接和电子邮件超链接等；根据超链接单击对象的不同，超链接可分为文字超链接、图像超链接和图像映射等。

3．路径

创建超级链接时必须了解链接与被链接文本的路径。在一个网站中，路径通常有 3 种表示方式：绝对路径、根目录相对路径和文档目录相对路径。

（1）绝对路径

绝对路径是包括通信协议名、服务器名、路径及文件名的完全路径。如连接清华大学信息科学技术学院首页，绝对路径是："http://www.sist.tsinghua.edu.cn/docinfo/index.jsp"。如果站点之外的文档在本地计算机上，比如连接 D 盘 book 目录下 default.html 文件，那么它的路径就是："file:///D:/book/default.html"，这种完整地描述文件位置的路径也是绝对路径。

（2）根目录相对路径

根目录相对路径的根是指本地站点文件夹（根目录），以"/"开头，路径是从当前站点的根目录开始计算。比如一个网页链接或引用站点根目录下 images 目录中的一个图像文件 a.gif，用根目录相对路径表示就是："/images/a.gif"。

（3）文档目录相对路径

文档目录相对路径是指包含当前文档所在的文件夹，也就是以当前文档所在的文件夹为基础开始计算路径。文档目录相对路径适用于创建网站内部链接。它是以当前文件所在的路径为起点，进行相对文件的查找。

2.2.2 超链接的应用

1．创建锚点

锚点与链接的文字可以在同一个页面，也可以在不同的页面。在实现锚点链接之前，需要先创建锚点，通过创建的锚点才能对页面的内容进行引导与跳转。

创建锚点的语法格式如下：

```
<a href="url" title="指向链接显示的文字" target="窗口名称"> 热点文本 </a>
```

其中，锚点的名称可以是数字或英文字母，或者两者混合。在同一页面中可以有多个锚点，但名称不能相同。

建立链接时，href 属性定义了这个链接所指的目标地址，也就是路径。如果要创建一个不链接到其他位置的空超链接，可用“#”代替 URL。

target 属性设定链接被单击后所要打开窗口的方式，有以下 4 种方式。

- _blank：在新窗口中打开被链接文档。
- _self：默认。在相同的框架中打开被链接文档。
- _parent：在父框架集中打开被链接文档。
- _top：在整个窗口中打开被链接文档。

2．在不同页面中使用锚点

在不同页面中使用锚点，就是在当前页面与其他相关页面之间建立超链接。根据目标文件与当前文件的目录关系，有 4 种写法。注意，应该尽量采用相对路径。

（1）链接到同一目录内的网页文件

格式为：

```
<a href="目标文件名.html"> 热点文本 </a>
```

其中，“目标文件名”是链接所指向的文件。

（2）链接到下一级目录中的网页文件

格式为：

```
<a href="子目录名/目标文件名.html"> 热点文本 </a>
```

（3）链接到上一级目录中的网页文件

格式为：

```
<a href="../目标文件名.html"> 热点文本 </a>
```

其中，“../”表示退到上一级目录中。

（4）链接到同级目录中的网页文件

格式为：

<a href="../子目录名/目标文件名.html"> 热点文本 </a>

表示先退到上一级目录中，然后再进入目标文件所在的目录。

3．书签链接

在浏览页面时，如果页面篇幅很长，则需要不断地拖动滚动条，给浏览带来不便，如果浏览者既可以从头阅读到尾，又可以很快寻找到自己感兴趣的特定内容进行部分阅读，这时就可以通过书签链接来实现。当浏览者单击页面上的某一“标签”，就能自动跳到网页相应的位置进行阅读，给浏览者带来方便。

书签就是用<a>标签对网页元素作一个记号，其功能类似于用于固定船的锚，所以书签也称锚记或锚点。如果页面中有多个书签链接，对不同目标元素要设置不同的书签名。书签名在<a>标签的 name 属性中定义，格式为：

<a name="记号名"> 目标文本附近的内容 </a>

（1）页面内书签的链接

要在当前页面内实现书签链接，需要定义两个标签，一个为超链接标签，另一个为书签标签。超链接标签的格式为：

<a href="#记号名"> 热点文本 </a>

即单击“热点文本”，将跳转到“记号名”开始的网页元素。

（2）其他页面书签的链接

书签链接还可以在不同页面间进行链接。当单击书签链接标题，页面会根据链接中的 href 属性所指定的地址，将网页跳转到目标地址中书签名称所表示的内容。要在其他页面内实现书签链接，需要定义两个标签：一个为当前页面的超链接标签，另一个为跳转页面的书签标签。当前页面的超链接标签的格式为：

<a href="目标文件名.html #记号名"> 热点文本 </a>

即单击“热点文本”，将跳转到目标页面“记号名”开始的网页元素。

4．下载文件链接

当需要在网站中提供资料下载时，就需要为资料文件提供下载链接。如果超链接指向的不是一个网页文件，而是其他文件，如 zip、rar、mp3、exe 文件等，单击链接时就会下载相应的文件。下载文件链接的格式为：

<a href="文件路径"> 热点文本 </a>

例如，下载一个购物指南的压缩包文件 guide.rar，可以建立如下链接：

```
购物指南:<a href="guide.rar">下载</a>
```

5．电子邮件链接

网页中电子邮件地址的链接，可以使网页浏览者将有关信息以电子邮件的形式发送给电子邮件的接收者。通常情况下，接收者的电子邮件地址位于网页页面的底部。当用户单击电子邮件链接，系统会自动启动默认的电子邮件软件，打开一个邮件窗口。电子邮件链接的格式为：

<a href="mailto:E-mail 地址"> 热点文本 </a>

例如，E-mail 地址是 flowerinfo@126.com，可以建立如下链接：

```
电子邮件:<a href="mailto:flowerinfo@126.com">联系我们</a>
```

【案例：网络花店购物指南页面】的制作过程如下。

① 打开 Windows 自带的“记事本”程序。

② 在“记事本”中输入如下代码：

```
<html>
  <head>
  <title>网络花店购物指南</title>
  </head>
  <body>
    <h2><a name="top">购物指南</a></h2>
      <a href="#" target="_blank">1、注册会员</a><br/>
      <a href="#">2、登录商城</a><br/>
      <a href="#">3、选购商品</a><br/>
      <a href="#">4、提交订单</a><br/>
      <a href="2-1.html">5、服务向导</a><br/>
      <hr>
      <h2>下载购物指南电子文档</h2>
      下载：<a href="guide.rar">购物指南</a> <hr/>
      联系我们:<a  href="mailto:flowerinfo@126.com">网络花店服务中心</a>  <a
href="#top">返回页顶</a>
  </body>
</html>
```

③ 保存文档。将记事本中输入的代码保存为 2-2.html。

④ 浏览网页。在浏览器中浏览制作完成的页面，页面的显示效果如图 2-2 和 2-3 所示。

【案例说明】

① 当把鼠标指针移到超链接上时，鼠标指针变为手形，单击“服务向导”链接则打开指定的网页 2-1.html。如果在<a>标签中省略属性 target，则在当前窗口中显示；当 target="_blank" 时，将在新的浏览器窗口中显示。

② 在图 2-2 所示的网页中单击下载热点“购物指南”，将打开下载文件对话框。单击“保存”按钮，将该文件下载到指定位置。

2.3　案例：网络花店商品明细页面——图像

【案例展示】使用图像的基本操作制作网络花店商品明细页面，本例文件 2-3.html 在浏览器中的显示效果如图 2-4 所示。

【学习目标】掌握图像的格式和图文混排技术。

【知识要点】图像标签的定义、设置图像属性和图文混排。

HTML 的一个重要特性就是可以在文本中加入图像，既可以把图像作为文档的内在对象加入，又可以通过超级链接的方式加入，同时还可以将图像作为背景加入到文档中。在文档中

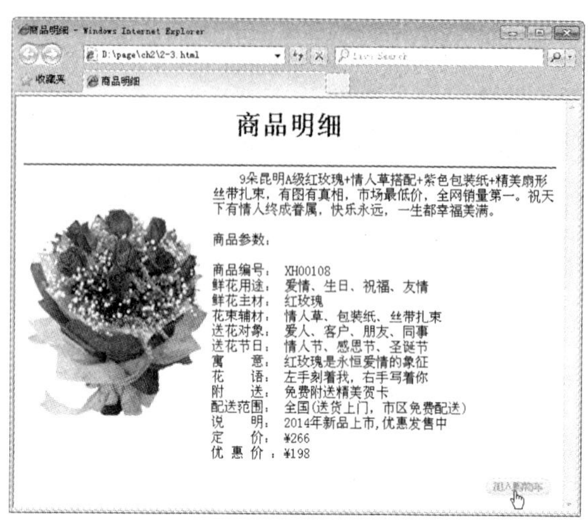

图 2-4　页面的浏览效果

合理地使用图像会使网页更活泼，更吸引人。

2.3.1　网页图像的格式和使用原则

1．网页图像的格式

网页图像有 3 种常用格式：GIF、JPEG 和 PNG。

（1）GIF

GIF（图形交换格式）文件最多使用 256 种颜色，最适合显示色调不连续或具有大面积单一颜色的图像，例如导航条、按钮、图标或其他具有统一色彩和色调的图像。

（2）JPEG

JPEG（联合图像专家组标准）文件格式是用于摄影或连续色调图像的高级格式。随着 JPEG 文件品质的提高，文件的大小和下载时间也会随之增加。通常可以通过压缩 JPEG 文件在图像品质和文件大小之间达到良好的平衡。

（3）PNG

PNG（可移植网络图形）文件格式是一种替代 GIF 格式的无专利权限制的格式，它包括对索引色、灰度、真彩色图像以及 Alpha 通道透明的支持。

2．网页图像的使用原则

（1）图像的文件大小

高质量的图像因其图像体积过大，不太适合网络传输。一般在网页设计中选择的图像不要超过 8KB，如必须选用较大图像时，可先将其分成若干小图像，显示时再通过表格将这些小图像拼合起来。

（2）图像的路径

如果在同一文件中多次使用相同的图像，最好使用相对路径查找该图像。

2.3.2　图像标签<img>

在 HTML 中，用<img>标签在网页中添加图像，图像是以嵌入的方式添加到网页中的。

图像标签的格式为：

```
<img src="图像路径" alt="替代文字" width="图像宽度" height="图像高度" border="边框宽度"
    align="环绕方式|对齐方式" />
```

标签中的属性说明见表 2-3，其中 src 是必须的属性。

表 2-3　图像标签的常用属性

属　性	说　　明
src	指定图像源，即图像的 URL 路径
alt	如果图像无法显示，代替图像的说明文字
width	指定图像的显示宽度
height	指定图像的显示高度
border	指定图像的边框大小
align	指定图像的对齐方式

1. 指定图像的替换文本说明

有时，由于网络过忙或者用户在图片还没有下载完全就点击了浏览器的停止键，用户不能在浏览器中看到图片，这时替换文本说明就十分有必要了。替换文本说明应该简洁而清晰，能为用户提供足够的图片说明信息，使用户在无法看到图片的情况下也可以了解图片的内容信息。

例如，设置玫瑰花图片的替换文本说明，浏览效果如图 2-5 所示。代码如下：

```
<img src="images/flower.jpg" alt="一件钟情玫瑰花">
```

当显示的图像不存在时，页面中图像的位置将显示出网页图片丢失的信息，但由于设置了 alt 属性，因此在 ☒ 的右边显示出替换文字“一件钟情玫瑰花”，如图 2-6 所示。

图 2-5　正常显示的图像效果

图 2-6　图像路径错误时的显示效果

2. 调整图像大小

在 HTML 中，通过 img 标签的 width 和 height 属性来调整图像大小，其目的是通过指定图像的高度和宽度加快图像的下载速度。默认情况下，页面中显示的是图像的原始大小。如果不设置 width 和 height 属性，浏览器就要等到图像下载完毕才能显示网页，因此延缓了其他页面元素的显示。

width 和 height 的单位可以是像素，也可以是百分比。百分比表示显示图像大小为浏览器窗口大小的百分比。

例如，设置玫瑰花图片的宽度和高度。代码如下：

```
<img src="images/flower.jpg" width="124" height="175">
```

需要注意的是，在 width 和 height 属性中，如果只设置了其中的一个属性，则另一个属性会根据已设置的属性按原图等比例显示。如果对两个属性都进行了设置，且其比例和原图大小的比例不一致的话，那么显示的图像会相对于原图变形或失真。

3．指定图像的边框

在网页中显示的图像如果没有边框，会显得有些单调，可以通过 img 标签的 border 属性为图像添加边框，添加边框后的图像显得更醒目、美观。

border 属性的值用数字表示，单位为像素；默认情况下图像没有边框，即 border=0；图像边框的颜色不可调整，默认为黑色；当图片作为超链接使用时，图像边框的颜色和文字超链接的颜色一致，默认为深蓝色。

4．图像作为超链接热点

图像也可作为超链接热点，单击图像则跳转到被链接的文本或其他文件。格式为：

```
<a href="URL"> <img src="图像文件名" /> </a>
```

例如，页面中插入 4 幅图像，设置不同的边框和链接风格，浏览效果如图 2-7 所示。

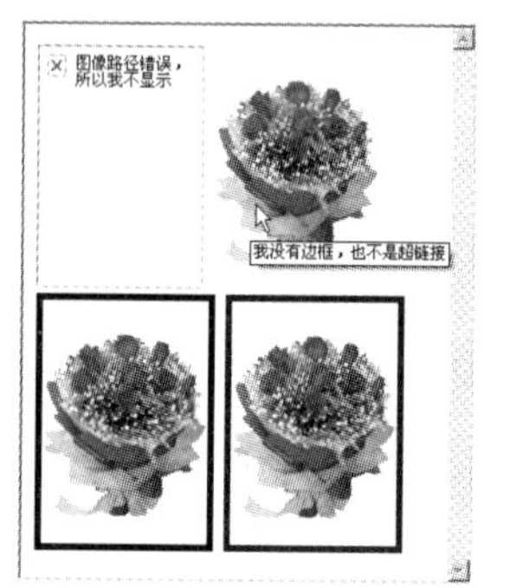

图 2-7　页面浏览效果

代码如下：

```
<img src="flower.jpg" width="124" height="175" alt="图像路径错误，所以我不显示">
<img src="images/flower.jpg" width="124" height="175" alt="我没有边框，也不是超链接">
<br>
<img src="images/flower.jpg" width="124" height="175" alt="我有边框，但不是超链接" border="5">
<a href="#"><img src="images/flower.jpg" width="124" height="175" alt="我有边框，也是超链接"
border="5"></a>
```

5．设置网页背景图像

在网页中可以利用图像作为背景，就像在照相的时候经常要取一些背景一样。但是要注意不要让背景图像影响网页内容的显示，因为背景图像只是起到渲染网页的作用。此外，背景图片最好不要设置边框，这样有利于生成无缝背景。

背景属性将背景设置为图像。属性值为图片的 URL。如果图像尺寸小于浏览器窗口，那么图像将在整个浏览器窗口进行复制。格式为：

```
<body background="背景图像路径">
```

例如，设置玫瑰花作为网页的背景图像，浏览效果如图 2-8 所示。代码如下：

```
<body background="images/flower.jpg">
```

图 2-8　设置网页背景图像

6. 指定图像的对齐方式

在进行网页制作的时候，往往要在网页中的某个位置插入一个小的图片，使文本环绕在图片的周围。img 标签的 align 属性用来指定图像与周围元素的对齐方式，实现图文混排效果，其取值见表 2-4。

表 2-4　图像标签的常用属性

align 的取值	说　明
left	在水平方向上向上左对齐
center	在水平方向上向上居中对齐
right	在水平方向上向上右对齐
top	图片顶部与同行其他元素顶部对齐
middle	图片中部与同行其他元素中部对齐
bottom	图片底部与同行其他元素底部对齐

与其他元素不同的是，图像的 align 属性既包括水平对齐方式，又包括垂直对齐方式。align 属性的默认值为 bottom。

【案例：网络花店商品明细页面】的制作过程如下。

① 打开 Windows 自带的“记事本”程序。

② 在“记事本”中输入如下代码：

```
<html>
<head>
<meta charset="gb2312" />
<title>商品明细</title>
</head>
<body>
<h1 align="center">商品明细</h1>
<hr color="red"/>
```

```
<img src="images/detail.jpg" width="227" height="326" align="left" alt="一见钟情玫瑰花" />
    9 朵昆明 A 级红玫瑰+情人草搭配+紫色包装纸+精美扇形丝带扎束，有图有真相，市场最低价，全网销量第一。祝天下有情人终成眷属，快乐永远，一生都幸福美满。<br/><br/>
商品参数：<br/><br/>
商品编号： XH00108<br/>
鲜花用途： 爱情、生日、祝福、友情<br/>
鲜花主材： 红玫瑰<br/>
花束辅材： 情人草、包装纸、丝带扎束<br/>
送花对象： 爱人、客户、朋友、同事<br/>
送花节日： 情人节、感恩节、圣诞节<br/>
寓　　意： 红玫瑰是永恒爱情的象征<br/>
花　　语： 左手刻着我，右手写着你<br/>
附　　送： 免费附送精美贺卡<br/>
配送范围： 全国(送货上门，市区免费配送)<br/>
说　　明： 2014 年新品上市,优惠发售中<br/>
定　　价： &yen;266<br/>
优 惠 价 ： &yen;198<br/><br/>
<a href="cart.html"><img src="images/addtocart.png" align="right" style="border:none" /></a>
</body>
</html>
```

③ 保存文档。将记事本中输入的代码保存为 2-3.html。

④ 浏览网页。在浏览器中浏览制作完成的页面，页面的显示效果如图 2-4 所示。

【案例说明】当用图片作为超链接热点的时候，图片按钮会因为超链接而加上超链接的边框，去除图片超链接边框的方法是为图片标签添加样式“style="border:none"”，关于样式的设置参见本书后续章节。

2.4 案例：网络花店客服中心页面——列表

【案例展示】使用多种列表技术制作网络花店客服中心页面，本例文件 2-4.html 在浏览器中的显示效果如图 2-9 所示。

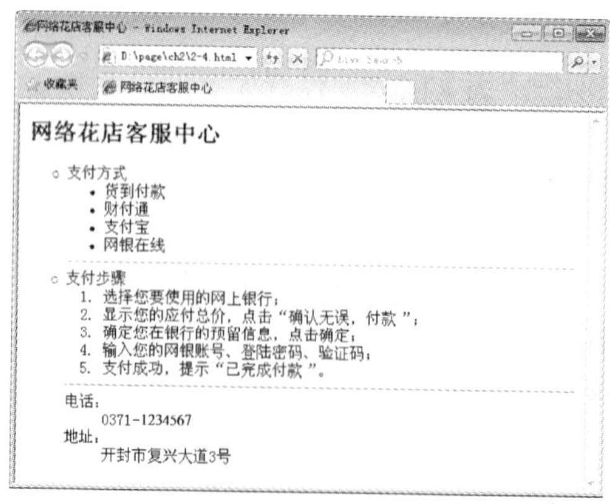

图 2-9　页面的浏览效果

【学习目标】掌握各种列表的使用方法和列表嵌套技术。

【知识要点】无序列表、有序列表、定义列表和嵌套列表。

列表是以结构化、易读性的方式提供信息的方法。不但使用户可以方便地查找到重要的信息，而且使文档结构更加清晰明确。在制作网页时，列表经常被用于写提纲和品种说明书。通过列表标签的使用能使这些内容在网页中条理清晰、层次分明、格式美观地表现出来。本节将重点介绍列表标签的使用。

列表的存在形式主要分为无序列表、有序列表、定义列表以及嵌套列表等。

2.4.1 无序列表

所谓无序列表就是列表中列表项的前导符号没有一定的次序，而是用黑点、圆圈、方框等一些特殊符号标识。无序列表并不是使列表项杂乱无章，而是使列表项的结构更清晰，更合理。

当创建一个无序列表时，主要使用 HTML 的<ul>标签和<li>标签来标记。其中<ul>标签标识一个无序列表的开始，<li>标签标识一个无序列表项。格式为：

```
<ul type="符号类型">
  <li type="符号类型 1"> 第 1 个列表项
  <li type="符号类型 2"> 第 2 个列表项
    …
</ul>
```

从浏览器上看，无序列表的特点是，列表项目作为一个整体，与上下段文本间各有一行空白；表项向右缩进并左对齐，每行前面有项目符号。

<ul>标签的 type 属性用来定义一个无序列表的前导字符，如果省略了 type 属性，浏览器会默认显示为“disc”前导字符。type 取值可以为 disc（实心圆）、circle（空心圆）、square（方框）。设置 type 属性的方法有以下两种。

1．在<ul>后指定符号的样式

在<ul>后指定符号的样式，可设定直到</ul>的加重符号。例如：

<ul type="disc">　　　符号为实心圆点●

<ul type="circle">　　　符号为空心圆点○

<ul type="square">　　　符号为方块■

<ul img src="mygraph.gif">　符号为指定的图片文件

2．在<li>后指定符号的样式

在<li>后指定符号的样式，可以设置从该<li>起直到</ul>的项目符号。格式就是将前面的 ul 换为 li。

【演示 2-4-1】使用无序列表显示“网络花店的支付方式”，本例文件 2-4-1.html 的浏览效果如图 2-10 所示。代码片段如下：

```
<h2 align="center">网络花店的支付方式</h2>
<ul type="circle">            <!--列表样式为空心圆点-->
  <li>货到付款
  <li>财付通
```

图 2-10　页面浏览效果

```
  <li>支付宝
  <li>网银在线
</ul>
```

在上面的示例中，由于在<ul>后指定符号的样式为 type="circle"，因此每个列表项显示为空心圆点。

2.4.2 有序列表

有序列表是一个有特定顺序的列表项的集合。在有序列表中，各个列表项有先后顺序之分，它们之间以编号来标记。使用<ol>标签可以建立有序列表，列表项的标签仍为<li>。格式为：

```
<ol type="符号类型">
  <li type="符号类型 1"> 表项 1
  <li type="符号类型 2"> 表项 2
    …
</ol>
```

在浏览器中显示时，有序列表整个表项与上下段文本之间各有一行空白；列表项目向右缩进并左对齐；各列表项前带顺序号。

有序的符号标识包括：阿拉伯数字、小写英文字母、大写英文字母、小写罗马数字、大写罗马数字。<ol>标签的 type 属性用来定义一个有序列表的符号样式，在<ol>后指定符号的样式，可设定直到</ol>的列表项加重记号。格式为：

```
<ol type="1">        序号为数字
<ol type="A">        序号为大写英文字母
<ol type="a">        序号为小写英文字母
<ol type="I">        序号为大写罗马字母
<ol type="i">        序号为小写罗马字母
```

在<li>后指定符号的样式，可设定该表项前的加重记号。格式只需把上面的 ol 改为 li。

【演示 2-4-2】使用有序列表显示“网银在线支付步骤”，本例文件 2-4-2.html 的浏览效果如图 2-11 所示。代码片段如下：

```
<h2 align="center">网银在线支付步骤</h2>
<ol type="a">          <!--列表样式为小写英文字母-->
  <li>选择您要使用的网上银行；
  <li>显示您的应付总价，点击“确认无误，付款”；
  <li>确定您在银行的预留信息，点击确定；
  <li>输入您的网银账号、登录密码、验证码；
  <li>支付成功，提示“已完成付款”。
</ol>
```

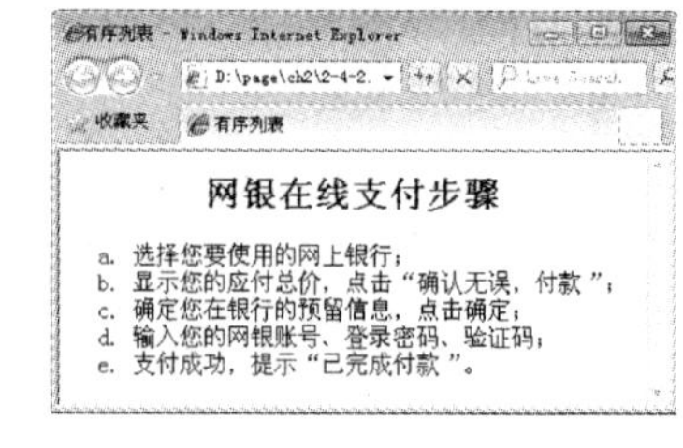

图 2-11　页面浏览效果

在上面的示例中，由于在<ol>后指定列表样式为小写英文字母，因此每个列表项显示为小写英文字母。

2.4.3 定义列表

定义列表又称为释义列表或字典列表，定义列表不是带有前导字符的列项目，而是一列实物以及与其相关的解释。当创建一个定义列表时，主要用到 3 个 HTML 标签：<dl>标签、<dt>和<dd>标签。格式为：

```
<dl>
  <dt>…第 1 个标题项…</dt>
  <dd>…对第 1 个标题项的解释文字…</dd>
  <dt>…第 2 个标题项…</dt>
    …
  <dd>…对第 2 个标题项的解释文字…</dd>
</dl>
```

在<dl>、<dt>和<dd>3 个标签组合中，<dt>是标题，<dd>是内容，<dl>可以看做是承载它们的容器。当出现多组这样的标签组合时，应尽量使用一个<dt>标签配合一个<dd>标签的方法。如果<dd>标签中内容很多，可以嵌套<p>标签使用。

【演示 2-4-3】使用定义列表显示网络花店客服中心的联系电话和地址，本例文件 2-4-3.html 的浏览效果如图 2-12 所示。代码片段如下：

```
<h2 align="center">客服中心联系方式</h2>
<dl>
  <dt>电话：</dt>
  <dd>0371-1234567</dd>
  <dt>地址：</dt>
  <dd>开封市复兴大道 3 号</dd>
</dl>
```

图 2-12 页面浏览效果

在上面的示例中，<dl>列表中每一项的名称不再是<li>标签，而是用<dt>标签进行标记，后面跟着由<dd>标签标记的条目定义或解释。默认情况下，浏览器一般会在左边界显示条目的名称，并在下一行缩进显示其定义或解释。

2.4.4 嵌套列表

所谓嵌套列表就是无序列表与有序列表嵌套混合使用。嵌套列表可以把页面分为多个层次，给人以很强的层次感。有序列表和无序列表不仅可以自身嵌套，而且彼此可互相嵌套。嵌套方式可分为：无序列表中嵌套无序列表、有序列表中嵌套有序列表、无序列表中嵌套有序列表、在有序列表中嵌套无序列表等方式，读者需要灵活掌握。

【案例：网络花店客服中心页面】的制作过程如下。

① 打开 Windows 自带的“记事本”程序。

② 在“记事本”中输入如下代码：

```
<html>
  <head>
  <title>网络花店客服中心</title>
  </head>
```

```
  <body>
    <h2>网络花店客服中心</h2>
    <ul type="circle">              <!--无序列表空心圆点-->
      <li>支付方式
        <ul type="disc">            <!--实心圆点-->
          <li>货到付款
          <li>财付通
          <li>支付宝
          <li>网银在线
        </ul>
    <hr />                          <!--水平分隔线-->
      <li>支付步骤
        <ol type="1">               <!-- 嵌套有序列表序号为数字-->
          <li>选择您要使用的网上银行；
          <li>显示您的应付总价，点击“确认无误，付款”；
          <li>确定您在银行的预留信息，点击确定；
          <li>输入您的网银账号、登录密码、验证码；
          <li>支付成功，提示“已完成付款”。
        </ol>
    <hr />                          <!--水平分隔线-->
      <dl>
        <dt>电话：</dt>
        <dd>0371-23661167</dd>
        <dt>地址：</dt>
        <dd>开封市复兴大道 3 号</dd>
      </dl>
    </ul>
  </body>
</html>
```

③ 保存文档。将记事本中输入的代码保存为 2-4.html。

④ 浏览网页。在浏览器中浏览制作已完成的页面，页面的显示效果如图 2-9 所示。

2.5 实训：制作鲜花名片页面

【实训展示】使用网页文档的基本排版知识，制作“鲜花名片”页面，本例文件 2-5.html 在浏览器中的显示效果如图 2-13 所示。

【实训目标】掌握综合使用基本排版知识编辑网页文档的方法。

【知识要点】文字与段落排版、超链接、图像及列表技术。

制作本案例的文件包括网页 2-5.html 和两个图像文件，制作过程如下。

① 打开 Windows 自带的“记事本”程序。

② 在“记事本”中输入如下代码：

```
<html>
<head>
<title>鲜花名片</title>
```

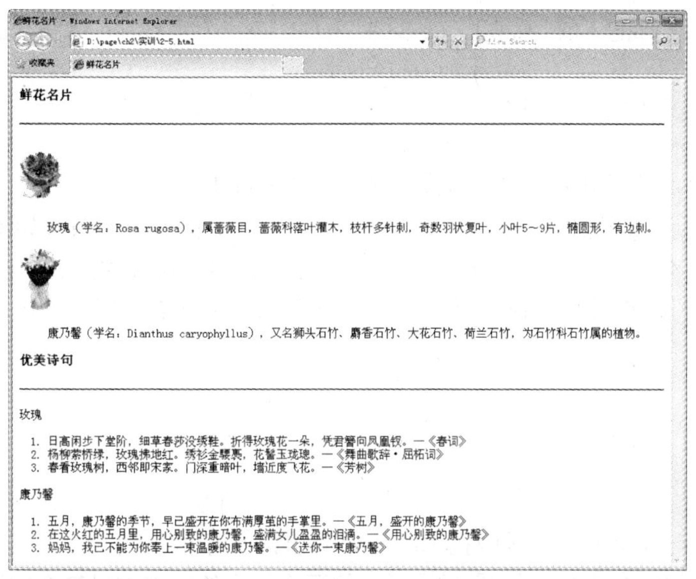

图 2-13　页面浏览效果

```
</head>
<body>
<h3>鲜花名片</h3>
<hr color="red"/>
<dl>
  <dt><img src="images/flower.jpg" width="60" height="85" /></dt>
  <dd>
    <p>玫瑰（学名：Rosa rugosa），属蔷薇目，蔷薇科落叶灌木，枝杆多针刺，奇数羽状复叶，小叶 5～9 片，椭圆形，有边刺。</p>
  </dd>
  <dt><img src="images/flower1.jpg" width="60" height="85" /></dt>
  <dd>
    <p>康乃馨（学名：Dianthus caryophyllus），又名狮头石竹、麝香石竹、大花石竹、荷兰石竹，为石竹科石竹属的植物。</p>
  </dd>
</dl>
<h3>优美诗句</h3>
<hr color="red"/>
<p>玫瑰</p>
<ol>
  <li>日高闲步下堂阶，细草春莎没绣鞋。折得玫瑰花一朵，凭君簪向凤凰钗。&#8212;《春词》</li>
  <li>杨柳萦桥绿，玫瑰拂地红。绣衫金騕褭，花髻玉珑璁。&#8212;《舞曲歌辞·屈柘词》</li>
  <li>春看玫瑰树，西邻即宋家。门深重暗叶，墙近度飞花。&#8212;《芳树》</li>
</ol>
<p>康乃馨</p>
<ol>
  <li>五月，康乃馨的季节，早已盛开在你布满厚茧的手掌里。&#8212;《五月，盛开的康乃馨》</li>
  <li>在这火红的五月里，用心别致的康乃馨，盛满女儿盈盈的泪滴。&#8212;《用心别致的康乃馨》</li>
```

```
    <li>妈妈，我已不能为你奉上一束温暖的康乃馨。&#8212;《送你一束康乃馨》</li>
  </ol>
  </body>
  </html>
```

③ 保存文档。将记事本中输入的代码保存为 2-5.html。

④ 浏览网页。在浏览器中浏览已制作完成的页面，页面的显示效果如图 2-13 所示。

【实训说明】本例中，“鲜花名片”部分是通过定义列表实现的，其中插入的图像位于定义列表的标题内，即<dt>标签内部。而“优美诗句”部分由于需要罗列诗句，所以通过有序列表实现效果。

习题 2

1．使用文字与段落的基本排版技术制作如图 2-14 所示的页面。

2．使用图文混排技术制作如图 2-15 所示的网络花店的网银支付简介页面。

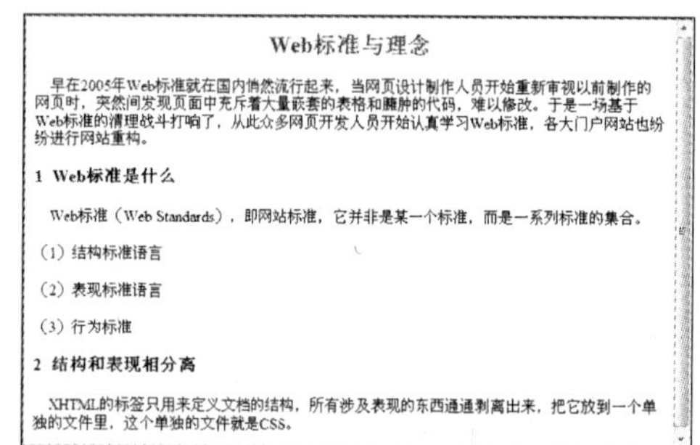

图 2-14　题 1 图

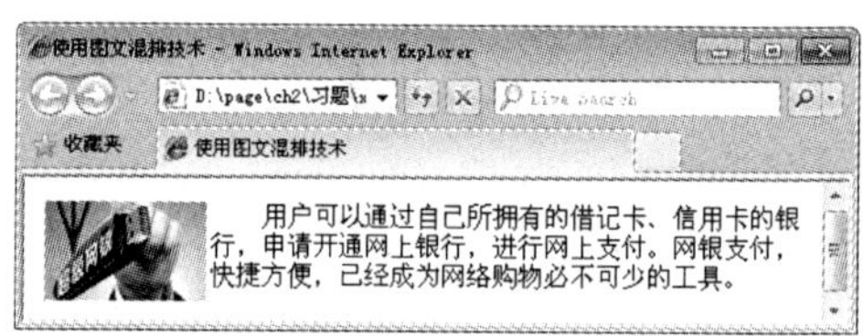

图 2-15　题 2 图

3．使用锚点链接和电子邮件链接制作如图 2-16 所示的网页。

4．使用嵌套的列表制作如图 2-17 所示的鲜花分类列表。

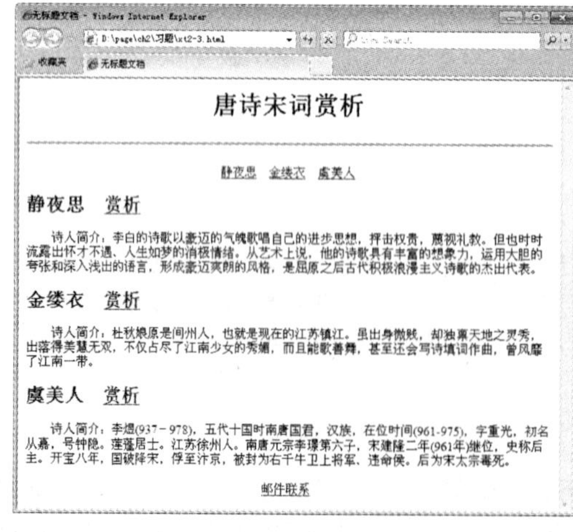

图 2-16　题 3 图

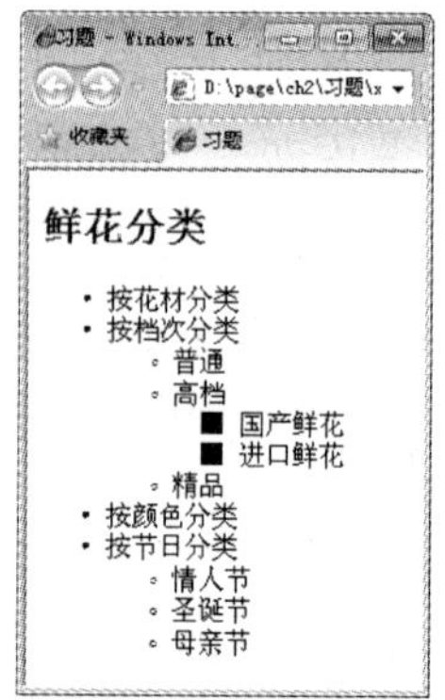

图 2-17　题 4 图

第 3 章　网页布局与交互

网页的布局指对网页上元素的位置进行合理的安排，一个具有好的布局的网页，往往给浏览者带来赏心悦目的感受；表单是网站管理者与访问者之间进行信息交流的桥梁，利用表单可以收集用户意见，从而做出科学决策。前面讲解了网页文档的基本编辑方法，并未涉及元素的布局与页面交互，本章将重点讲解使用 HTML 标签布局页面及实现页面交互的方法。

3.1　案例：网络花店购物车信息统计——表格

【案例展示】使用表格布局技术制作网络花店的购物车信息统计页面，本例文件 3-1.html 在浏览器中的显示效果如图 3-1 所示。

图 3-1　页面的浏览效果

【学习目标】掌握使用表格进行页面排版布局的方法。

【知识要点】表格的结构组成、语法定义、外观修饰和不规范表格。

表格除了用来显示数据外，还可用于搭建网页的结构。表格可以灵活地控制页面的排版，使整个页面层次清晰。学好网页制作，熟练掌握表格的各种属性是很有必要的。

3.1.1　表格的结构

表格是由行和列组成的二维表，每个表格均有若干行，每行有若干列，行和列围成的区域是单元格，单元格中的内容是数据，因此也称为数据单元格，数据单元格可以包含文本、图片、列表、段落、表单、水平线或表格等元素。表格中的内容按照相应的行或列进行分类和显示如图 3-2 所示。

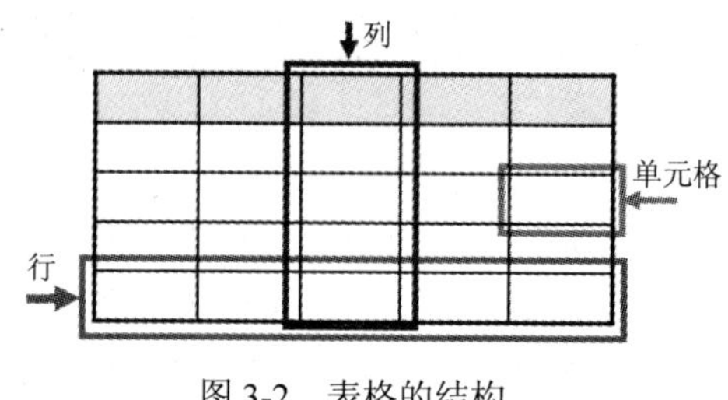

图 3-2　表格的结构

3.1.2　表格的基本语法

在 HTML 语法中，表格主要通过 3 个标签来构成：<table>、<tr>和<td>。表格的标签为<table>，行的标签为<tr>，表项的标签为<td>。表格的语法格式为：

```
<table border="n" width="x|x%" height="y|y%" cellspacing="i" cellpadding="j">
  <caption align="left|right|top|bottom valign=top|bottom>标题</caption>
  <tr> <th>表头 1</th> <th>表头 2</th> <th>…</th> <th>表头 n</th></tr>
  <tr> <td>表项 1</td> <td>表项 2</td> <td>…</td> <td>表项 n</td></tr>
     ...
  <tr> <td>表项 1</td> <td>表项 2</td> <td>…</td> <td>表项 n</td></tr>
</table>
```

在上面的语法中，使用 caption 标签可为每个表格指定唯一的标题。一般情况下标题会出现在表格的上方，caption 标签的 align 属性可以用来定义表格标题的对齐方式。在 HTML 标准中规定，caption 标签要放在打开的 table 标签之后，且网页中的表格标题不能多于一个。

表格是按行建立的，在每一行中填入该行每一列的表项数据。表格的第一行为表头，文字样式为居中、加粗显示，通过<th>标签实现。

在浏览器中显示时，<th>标签的文字按粗体显示，<td>标签的文字按正常字体显示。

表格的整体外观由<table>标签的属性决定。

- border：定义表格边框的宽度，单位是像素。设置 border="0"，可以显示没有边框的表格。
- width：定义表格的宽度。
- height：定义表格的高度。
- cellspacing：定义单元格之间的空白。
- cellpadding：定义单元格边框与内容之间的空白。

例如，在页面中添加一个 2 行 3 列的表格，浏览效果如图 3-3 所示。代码片段如下：

```
<table border="2">          <!--<table>代表表格的开始，border="2" 表示边框宽度为 2-->
   <tr>                     <!--表格的第 1 行，有 3 条数据-->
     <td>1 行 1 列的单元格</td>
```

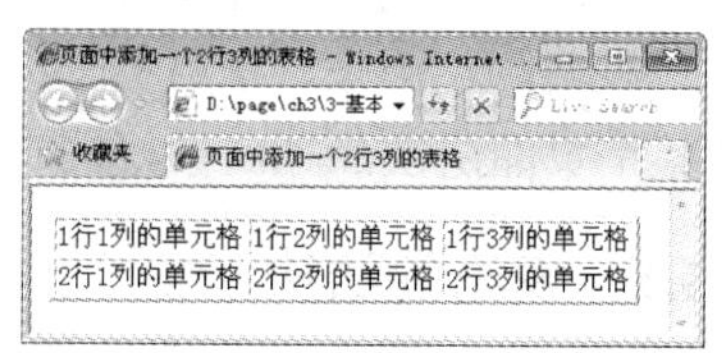

图 3-3　页面的浏览效果

```
    <td>1 行 2 列的单元格</td>
    <td>1 行 3 列的单元格</td>
  </tr>
  <tr>                    <!--表格的第 2 行，有 3 条数据-->
    <td>2 行 1 列的单元格</td>
    <td>2 行 2 列的单元格</td>
    <td>2 行 3 列的单元格</td>
  </tr>
</table>
```

3.1.3 表格修饰

表格是网页布局中的重要元素，它有丰富的属性，可以对其设置进而美化表格。

1．设置表格的边框

可以使用 table 标签的 border 属性为表格添加边框并设置边框宽度及颜色。表格的边框按照数据单元将表格分割成单元格，边框的宽度以像素为单位，默认情况下表格边框为 0。

2．设置表格大小

如果需要表格在网页中占用适当的空间，可以通过 width 和 height 属性指定像素值来设置表格的宽度和高度，也可以通过表格宽度占浏览器窗口的百分比来设置表格的大小。

width 属性和 height 属性不但可以设置表格的大小，还可以设置表格单元格的大小，为表格单元格设置 width 属性或 height 属性，将影响整行或整列单元的大小。

3．设置表格背景颜色

表格背景默认为白色，根据网页设计的要求，设置 bgcolor 属性，可以设定表格的背景颜色，以增加视觉效果。

4．设置表格背景图像

表格背景图像可以是 GIF、JPEG 或 PNG 三种图像格式。设置 background 属性，可以设定表格的背景图像。

同样，可以使用 bgcolor 属性和 background 属性为表格中的单元格添加背景颜色或背景图像。需要注意的是，为表格添加背景颜色或背景图像时，必须使表格中的文本数据颜色与表格的背景颜色或背景图像形成足够的反差。否则，将不容易分辨表格中的文本数据。

5．设置表格单元格间距

使用 cellspacing 属性可以调整表格的单元格和单元格之间的间距，使得表格布局不会显得过于紧凑。

6．设置表格单元格边距

单元格边距是指单元格中的内容与单元格边框的距离，使用 cellpadding 属性可以调整单元格中的内容与单元格边框的距离。

7．设置表格在网页中的对齐方式

表格在网页中的位置有 3 种：居左、居中和居右。使用 align 属性设置表格在网页中的对齐方式，在默认的情况下表格的对齐方式为左对齐。格式为：

```
<table align="left|center|right">
```

当表格位于页面的左侧或右侧时，文本填充在另一侧；当表格居中时，表格两边没有文本；当 align 属性省略时，文本在表格的下面。

8．表格数据的对齐方式

（1）行数据水平对齐

使用 align 属性可以设置表格中数据的水平对齐方式，如果在<tr>标签中使用 align 属性，将影响整行数据单元的水平对齐方式。align 属性的值可以是 left、center、right，默认值为 left。

（2）单元格数据水平对齐

如果在某个单元格的<td>标签中使用 align 属性，那么 align 属性将影响该单元格数据的水平对齐方式。

（3）行数据垂直对齐

如果在<tr>标签中使用 valign 属性，那么 valign 属性将影响整行数据单元的垂直对齐方式，这里的 valign 值可以是 top、middle、bottom、baseline。它的默认值是 middle。

【演示 3-1-1】制作“鲜花季度销量一览表”，本例文件 3-1-1.html 的浏览效果如图 3-4 所示。

图 3-4　页面浏览效果

代码片段如下：

```
<h1 align="center">鲜花季度销量一览表</h1>
<table width="720" height="200" border="3" bordercolor="blue" align="center" bgcolor="#66cccc" cellspacing="5" cellpadding="3">
  <tr bgcolor="#6699ee">          <!--设置表格第 1 行-->
    <th>分类</th>                 <!--设置表格的表头-->
    <th>一季度</th>               <!--设置表格的表头-->
    <th>二季度</td>               <!--设置表格的表头-->
    <th>三季度</th>               <!--设置表格的表头-->
    <th>四季度</th>               <!--设置表格的表头-->
  </tr>
  <tr>                            <!--设置表格第 2 行-->
    <td align="center">玫瑰</td>   <!--单元格内容居中对齐-->
    <td align="center">3000</td>
    <td align="center">4000</td>
    <td align="center">5000</td>
    <td align="center">4000</td>
```

```
  </tr>
  <tr>
    <td align="center">百合</td>
    <td align="center">4500</td>
    <td align="center">3500</td>
    <td align="center">5500</td>
    <td align="center">5000</td>
  </tr>
  <tr>
    <td align="center">康乃馨</td>
    <td align="center">5600</td>
    <td align="center">4500</td>
    <td align="center">3000</td>
    <td align="center">2500</td>
  </tr>
</table>
```

需要说明的是，在 IE 浏览器中，表格和单元格的背景色必须使用颜色的英文单词或十六进制代码，而不能使用颜色的十六进制缩写形式。例如，上面代码中的<tr bgcolor="#6699ee">不能缩写为<tr bgcolor="#69e">。否则，背景色将显示为黑色。但是，在 CSS 样式中允许使用十六进制缩写形式，请读者参见后续的 CSS 样式表章节。

3.1.4 不规范表格

colspan 和 rowspan 属性用于建立不规范表格，所谓不规范表格是单元格的个数不等于行乘以列的数值。表格在实际应用中经常使用不规范表格，需要把多个单元格合并为一个单元格，也就是要用到表格的跨行跨列功能。

1. 设置单元格跨行

跨行是指单元格在垂直方向上合并，单元格的 rowspan 属性可实现单元格的跨行合并。语法如下：

```
<table>
  <tr>
    <td rowspan="所跨的行数">单元格内容</td>
  </tr>
</table>
```

其中，rowspan 属性指明该单元格应有多少行的跨度，在 th 和 td 标签中使用。

【演示 3-1-2】制作一个跨行展示的鲜花分类销量表格，本例文件 3-1-2.html 的浏览效果如图 3-5 所示。

代码片段如下：

```
<table width="300" border="1">
  <tr>
    <td rowspan="2">玫瑰</td>  <!--单元格垂直跨 2 行-->
    <td>红玫瑰</td>
```

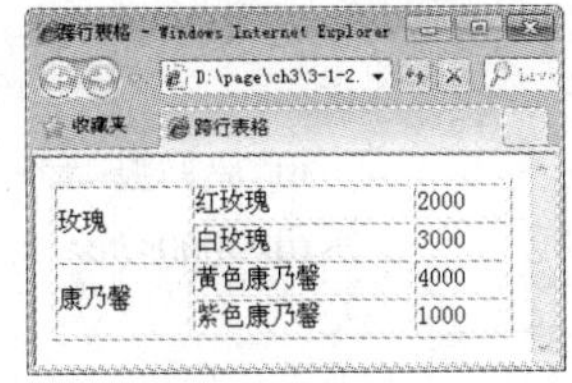

图 3-5 跨行的效果

```
      <td>2000</td>
    </tr>
    <tr>
      <td>白玫瑰</td>
      <td>3000</td>
    </tr>
   <tr>
      <td rowspan="2">康乃馨</td>        <!--单元格垂直跨 2 行-->
      <td>黄色康乃馨</td>
      <td>4000</td>
    </tr>
    <tr>
      <td>紫色康乃馨</td>
      <td>1000</td>
    </tr>
  </table>
```

2. 设置单元格跨列

跨列是指单元格在水平方向上合并，单元格的 colspan 属性可实现单元格的跨列合并。语法如下：

```
<table>
  <tr>
    <td colspan="所跨的行数">单元格内容</td>
  </tr>
</table>
```

其中，colspan 属性指明该单元格应有多少列的跨度，在 th 和 td 标签中使用。

【演示 3-1-3】制作一个跨列展示的鲜花分类销量表格，本例文件 3-1-3.html 的浏览效果如图 3-6 所示。

代码片段如下：

```
<table width="300" border="1">
  <tr>
    <td colspan="2">鲜花分类销量</td>        <!--单元格水平跨 2 列-->
  </tr>
  <tr>
    <td>玫瑰</td>
    <td>5000</td>
  </tr>
  <tr>
    <td>康乃馨</td>
    <td>5000</td>
  </tr>
</table>
```

图 3-6　跨列的效果

3．设置单元格跨行、跨列

在有些情况下，需要在一张表格中既有跨多行又有跨多列的单元格。

【演示 3-1-4】制作一个跨行跨列展示的鲜花分类销量表格，本例文件 3-1-4.html 的浏览效果如图 3-7 所示。

代码片段如下：

```
<table width="300" border="1">
  <tr>
    <td colspan="3">鲜花分类销量</td>      <!--单元格水平跨 3 列-->
  </tr>
  <tr>
    <td rowspan="2">玫瑰</td>  <!--单元格垂直跨 2 行-->
    <td>红玫瑰</td>
    <td>2000</td>
  </tr>
  <tr>
    <td>白玫瑰</td>
    <td>3000</td>
  </tr>
  <tr>
    <td rowspan="2">康乃馨</td><!--单元格垂直跨 2 行-->
    <td>黄色康乃馨</td>
    <td>4000</td>
  </tr>
  <tr>
    <td>紫色康乃馨</td>
    <td>1000</td>
  </tr>
</table>
```

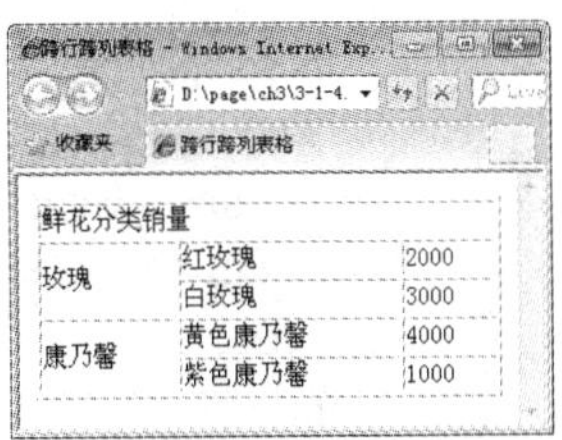

图 3-7　跨行跨列的效果

从上面的示例可以看出，表格跨行跨列以后，并不改变表格的特点。表格中同行的内容总高度一致，同列的内容总宽度一致，结构相对稳定，不足之处是不能灵活地进行布局控制。

3.1.5　表格数据的分组标签

表格数据的分组标签包括<thead>、<tbody>和<tfoot>，主要用于对报表数据进行逻辑分组。其中，<thead>标签定义表格的头部；<tbody>标签定义表格的主体，即报表详细的数据描述；<tfoot>标签定义表格的脚部，即对各分组数据进行汇总的部分。

如果使用<thead>、<tbody>和<tfoot>元素，就必须全部使用。它们出现的次序是<thead>、<tbody>、<tfoot>，必须在<table>内部使用这些标签，<thead>内部必须拥有<tr>标签。

【演示 3-1-5】制作“鲜花季度销量数据报表”，本例文件 3-1-5.html 的浏览效果如图 3-8 所示。

代码如下：

```
<table width="500" border="5" bordercolor="blue"> <!--设置表格宽度为 500px，5px 蓝色边框-->
  <caption>鲜花季度销量数据报表</caption>      <!--设置表格的标题-->
```

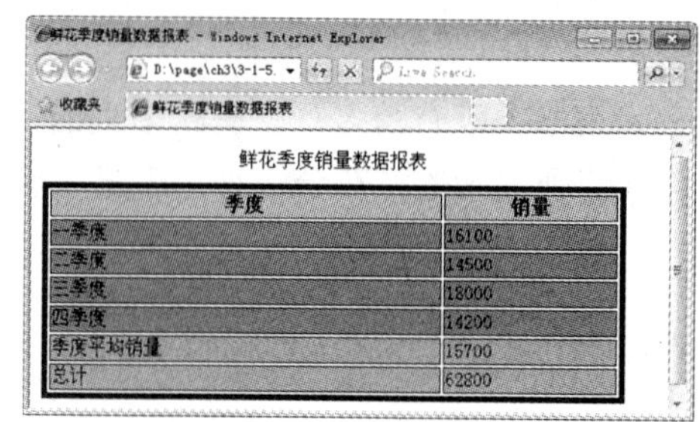

图 3-8　数据分组报表

```
  <thead bgcolor="#ccbbcc">                          <!--设置报表的页眉-->
    <tr>
      <th>季度</th>
      <th>销量</th>
    </tr>
  </thead>                                           <!--页眉结束-->
  <tbody bgcolor="#6699cc">                          <!--设置报表的数据主体-->
    <tr>
      <td>一季度</td>
      <td>16100</td>
    </tr>
    <tr>
      <td>二季度</td>
      <td>14500</td>
    </tr>
    <tr>
      <td>三季度</td>
      <td>18000</td>
    </tr>
    <tr>
      <td>四季度</td>
      <td>14200</td>
    </tr>
  </tbody>                                           <!--数据主体结束-->
  <tfoot bgcolor="#33eecc">                          <!--设置报表的数据页脚-->
    <tr>
      <td>季度平均销量</td>
      <td>15700</td>
    </tr>
    <tr>
      <td>总计</td>
      <td>62800</td>
    </tr>
  </tfoot>                                           <!--页脚结束-->
</table>
```

【案例：网络花店购物车信息统计】的制作过程如下。

① 打开记事本，在记事本中输入如下代码：

```
<!doctype html>
<html>
<head>
<meta charset="gb2312">
<title>网络花店购物车信息统计</title>
</head>
<body>
<table width="680" border="1" align="center" cellpadding="5" cellspacing="0">
    <tr bgcolor="#dddddd">
        <th width="130" height="30" align="center">图片</th>
        <th width="180" align="left">描述</th>
        <th width="100" align="center">数量</th>
        <th width="60" align="right">单价</th>
        <th width="60" align="right">小计</th>
        <th width="90">  </th>
    </tr>
    <tr>
        <td align="center"><img src="images/product/cart1.jpg"/></td>
        <td>有情人终成眷属</td>
        <td align="center">1</td>
        <td align="right">&yen;198</td>
        <td align="right">&yen;198</td>
        <td align="center"><img src="images/remove_x.gif"/><br /><a href="#">删除</a></td>
    </tr>
    <tr>
        <td align="center"><img src="images/product/cart2.jpg"/> </td>
        <td>祝你每天都快乐幸福</td>
        <td align="center">1</td>
        <td align="right">&yen;428</td>
        <td align="right">&yen;428</td>
        <td align="center"> <img src="images/remove_x.gif"/><br /><a href="#">删除</a></td>
    </tr>
    <tr>
        <td align="center"><img src="images/product/cart3.jpg"/> </td>
        <td>愿天下母亲身体健康</td>
        <td align="center">1</td>
        <td align="right">&yen;238</td>
        <td align="right">&yen;238</td>
        <td align="center"><img src="images/remove_x.gif"/><br /> <a href="#">删除</a></td>
    </tr>
    <tr>
        <td colspan="3" align="right" height="30px">如果您修改了购物车，请点击这里 <a
href="cart.html">更新</a>  </td>
        <td align="right" bgcolor="#dddddd"> 总计 </td>
        <td align="right" bgcolor="#dddddd">&yen;864 </td>
```

```
            <td bgcolor="#dddddd">  </td>
        </tr>
    </table>
    </body>
    </html>
```

② 保存文档。将记事本中输入的代码保存为 3-1.html。

③ 浏览网页。在浏览器中浏览已制作完成的页面，页面的显示效果如图 3-1 所示。

【案例说明】使用表格布局具有结构相对稳定、简单通用等优点，但使用嵌套表格布局时 HTML 层次结构复杂，代码量非常大。因此，表格布局仅适用于页面中数据规整的局部布局，而页面的整体布局一般采用主流的 DIV+CSS 布局，DIV+CSS 布局将在后续章节中进行详细讲解。

3.2 案例：网银在线支付步骤及版权信息——分区和局部信息

【案例展示】使用分区和局部信息布局技术组织网页内容，制作网银在线支付步骤及版权信息页面，本例文件 3-2.html 在浏览器中的显示效果，如图 3-9 所示。

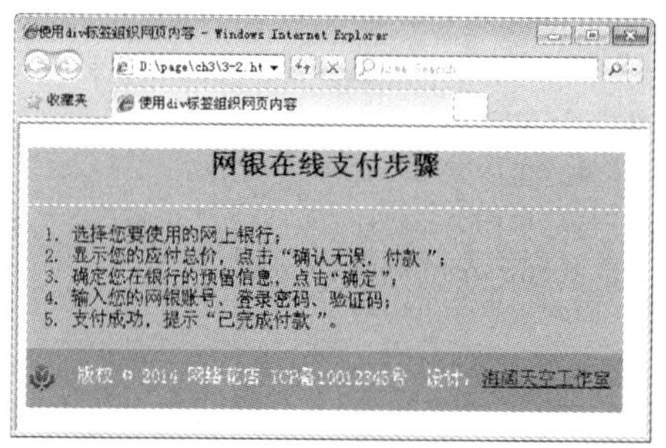

图 3-9　页面浏览效果

【学习目标】掌握使用<div>标签实现页面分区、<span>标签组织行级元素的方法。

【知识要点】分区和局部信息的区别、<div>标签的基本语法和<span>标签的基本语法。

前面讲解的几类标签一般用于组织小区块的内容，为了方便管理，许多小区块还需要放到一个大区块中进行布局。这就是分区的概念，<div>标签用来定义文档中的分区。此外，页面中的局部信息的布局可以通过<span>标签组合文档中的行级元素来实现。

3.2.1 <div>标签

<div>标签用来定义文档中的分区或节，把文档分割为独立的、不同的部分。<div>标签是一个容器标签，其中的内容可以是任何 HTML 元素。如果有多个<div>标签把文档分成多个部分，可以使用 id 或 class 属性来区分不同的<div>。由于<div>标签没有明显的外观效果，所以需要为其添加 CSS 样式属性，才能看到区块的外观效果。

<div>标签的格式为：

```
<div align="left|center|right"> HTML 元素 </div>
```

其中，align 属性用来设置文本块、文字段或标题在网页上的对齐方式，取值为 left、center 和 right，默认为 left。

3.2.2　<span>标签

<div>标签主要用来定义网页上的区域，通常用于较大范围的设置，而<span>标签被用来组合文档中的行级元素。

<span>标签用来定义文档中一行的一部分，是行级元素。行级元素没有固定的宽度，根据<span>元素的内容决定。<span>元素的内容主要是文本，其语法格式为：

```
<span>内容</span>
```

例如，显示鲜花的定价，特意将定价一行中的价格数字设置为橘黄色显示，以吸引浏览者的注意，如图 3-10 所示。代码如下：

```
<span style="color:#e27c0e;">定  价：&yen;266</span>
```

其中，<span>…</span>标签限定页面中某个范围的局部信息，style="color:#e27c0e;"用于为范围添加突出显示的样式（橘黄色）。

图 3-10　范围标签<span>

3.2.3　span 与 div 的区别

span 与 div 在网页上都可以用来产生区域范围，以定义不同的文字段落，且区域间彼此是独立的。不过，两者在使用上还是有一些差异。

1．区域内是否换行

div 标签区域内的对象与区域外的上下文会自动换行，而 span 标签区域内的对象与区域外的对象不会自动换行。

2．标签相互包含

div 与 span 标签区域可以同时在网页上使用，一般在使用上建议用 div 标签包含 span 标签；但 span 标签最好不包含 div 标签，否则会造成 span 标签的区域不完整，形成断行的现象。

【案例：网银在线支付步骤及版权信息】的制作过程如下。

① 打开记事本，在记事本中输入如下代码：

```
<!doctype html>
<html>
  <head>
  <meta charset="gb2312">
  <title>使用 div 标签组织网页内容</title>
  </head>
  <body>
    <div style="width:520px; height:170px; background:#f96">
      <h2 align="center">网银在线支付步骤</h2>
      <hr/>
      <ol>                                <!--列表样式为默认的数字-->
        <li>选择您要使用的网上银行；
        <li>显示您的应付总价，点击“确认无误，付款”；
```

```
            <li>确定您在银行的预留信息，点击“确定”；
            <li>输入您的网银账号、登录密码、验证码；
            <li>支付成功，提示“已完成付款”。
          </ol>
        </div>
        <div style="width:520px; height:50px; background:#69c">
          <span style="color:white">
            <img src="images/logo.jpg" align="middle" vspace="10"/>  版权 &copy; 2014
网络花店 ICP 备 10012345 号  设计：<a href="#">海阔天空工作室</a>
          </span>
        </div>
      </body>
    </html>
```

② 保存文档。将记事本中输入的代码保存为 3-2.html。

③ 浏览网页。在浏览器中浏览已制作完成的页面，页面的显示效果如图 3-9 所示。

【案例说明】

① 本例中设置了两个分区：内容分区和版权分区。其中，定义内容分区标签的样式为 style="width:520px; height:170px; background:#f96"，表示分区的宽度为 520px、高度为 170px 及背景色为橘红色；定义版权分区标签的样式为 style="width:520px; height:50px; background:#69c"，表示分区的宽度为 520px、高度为 50px 及背景色为蓝色。

② span 标签中组织的内容包括图像、文本和超链接 3 种行级元素。

3.3 案例：网络花店会员注册页面——表单

【案例展示】使用表单及表单元素的相关知识制作网络花店的会员注册页面，本例文件 3-3.html 在浏览器中的显示效果如图 3-11 所示。

【学习目标】掌握表单元素的用法和表单布局的方法。

【知识要点】表单的工作原理、表单标签的定义和表单元素的用法。

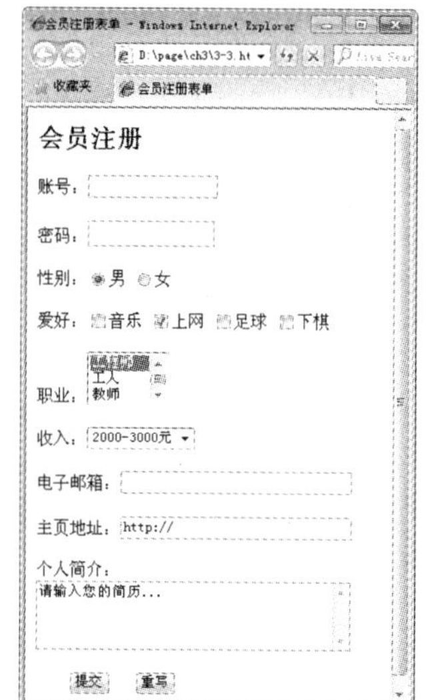

图 3-11 页面的浏览效果

3.3.1 表单的基本概念

在 Internet 上，表单被广泛用于各种信息的搜集与反馈。当访问者在 Web 浏览器中显示的表单中输入信息后，单击“提交”按钮，这些信息将被发送给服务器，服务器端脚本或应用程序将对这些信息进行处理。

表单是用于实现浏览者与网页制作者之间信息交互的一种网页对象。图 3-12 所示的就是网络花店的会员登录表单。

3.3.2 表单的工作原理

表单是允许浏览者进行输入的区域，可以使用表单从客户端收集信息。浏览者在表单中输入信息，然后将这些信息提交给网站服务器，服务器中的应用程序会对这些信息进行处理，进行响应，这样就完成了浏览者和网站服务器之间的交互。表单的工作原理如图 3-13 所示。

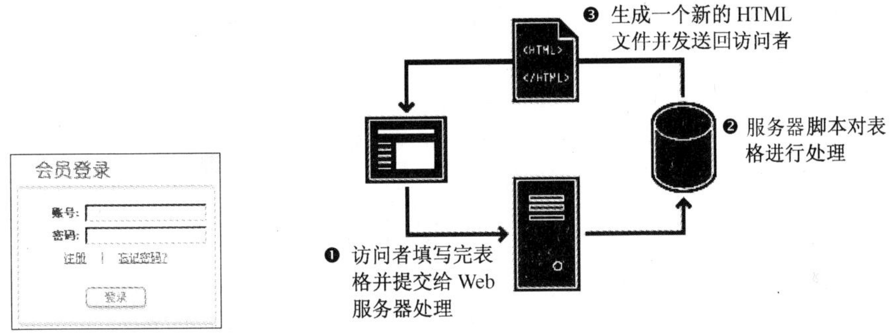

图 3-12　会员登录表单　　　　图 3-13　表单的工作原理

3.3.3　表单标签

表单是一个包含表单元素的容器，表单元素允许用户在表单中使用表单域输入信息。可以使用<form>标签在网页中创建表单。表单使用的<form>标签是成对出现的，在开始标签<form>和结束标签</form>之间的部分就是一个表单。表单的基本语法及格式为：

```
<form name="表单名" action="URL" method="get|post">
    ...
</form>
```

<form>标签主要处理表单结果的处理和传送，常用属性的含义如下。

- name 属性：给定表单名称，表单命名之后就可以用脚本语言（如 JavaScript 或 VBScript）对它进行控制。
- action 属性：指定处理表单信息的服务器端应用程序。
- method 属性：用于指定表单处理表单数据方法，method 的值可以为 get 或 post，默认值是 get。

3.3.4　表单元素

表单中通常包含一个或多个表单元素，常见的表单元素见表 3-1。

表 3-1　常见的表单元素

表单元素	功　能
input	该标签规定用户可输入数据的输入字段，如文本框、密码框、复选框、单选按钮、按钮等
keygen	该标签规定用于表单的密钥对生成器字段
object	该标签用来定义一个嵌入的对象
output	该标签用来定义不同类型的输出，如脚本的输出
select	该标签用来定义下拉列表/菜单
textarea	该标签用来定义一个多行的文本输入区域
label	为其他表单元素定义说明文字

例如，常见的网上问卷调查表单，其中包含的表单元素如图 3-14 所示。

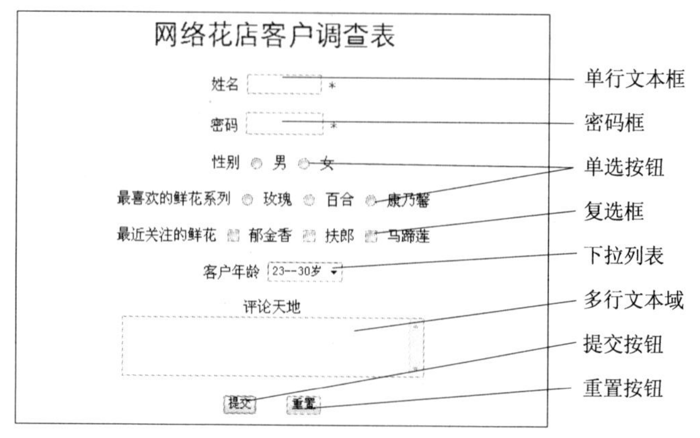

图 3-14　常见的表单元素

1．<input>元素

<input>元素是个单标签，它必须嵌套在表单标签中使用，用于定义一个用户的输入项。根据不同的 type 值，<input>元素有很多种形式。<input>元素的基本语法及格式为：

```
<input type="表项类型" name="表项名" value="默认值" size="x" maxlength="y" />
```

<input>元素常用属性的含义如下。

- type 属性：指定 input 元素的类型，主要有 9 种类型：text、submit、reset、password、checkbox、radio、image、hidden 和 file。
- name 属性：属性的值是相应程序中的变量名。
- size 属性：设置单行文本框可显示的最大字符数，这个值总是小于或等于 maxlength 属性的值，当输入的字符数超过文本框的长度时，用户可以通过移动光标来查看超出的内容。
- maxlength 属性：设置单行文本框可以输入的最大字符数。
- checked 属性：input 元素首次加载时被选中（适用于 type="checkbox"或 type="radio"）。
- readonly 属性：设置输入字段为只读。
- autofocus 属性：设置输入字段在页面加载时是否获得焦点（不适用于 type="hidden"）。
- disabled 属性：input 元素加载时禁用此元素（不适用于 type="hidden"）。

（1）单行文本框

当 type 属性设置为 text 时，表示该输入项的输入信息是字符串。此时，浏览器会在相应的位置显示一个单行文本框供用户输入信息。单行文本框的格式为：

```
<input type="text" name="文本框名">
```

例如，以下输入用户名的单行文本框的代码如下：

```
<input type="text" name="userName" size="18" value="张三">
```

其中，type="text"表示<input>元素的类型为单行文本框，name="userName"表示文本框的名字为 userName，size="18"表示文本框的宽度为 18 个字符，value="张三"表示文本框中初始显示的内容为“张三”，页面中的显示效果如图 3-15 所示。

（2）密码输入框

密码输入框 password 与单行文本输入框 text 使用起来非常相似，所不同的只是当用户在输入内容时，是用“*”来代替显示每个输入的字符，以保证密码的安全性。密码框的格式为：

```
<input type="password" name="密码框名">
```

例如，输入用户名的文本框的代码如下：

```
<input type="password" name="pass" size="18">
```

其中，type="password"表示<input>元素的类型为密码框，name="pass"表示密码框的名字为 pass，size="18"表示密码框的宽度为 18 个字符，页面中的显示效果如图 3-16 所示。

图 3-15　文本框　　　　图 3-16　密码框

（3）按钮

表单中的按钮有 4 种类型，即提交按钮、重置按钮、普通按钮和图片按钮。

① 提交按钮

使用提交按钮（submit）可以将填写在文本框中的内容发送到服务器。name 属性是提交按钮的默认属性。除 name 属性外，它还有一个可选的属性 value，用于指定显示在提交按钮上的文字，value 属性的默认值是“提交”。提交按钮的格式为：

```
<input type="submit" value="按钮名">
```

在一个表单中必须有提交按钮，否则将无法向服务器传送信息。

② 重置按钮

使用重置按钮（reset）可以将表单输入框中的内容返回初始值。name 属性也是重置按钮的默认属性，value 属性与提交按钮类似，用于指定显示在重置按钮上的文字，value 的默认值为“重置”。重置按钮的格式为：

```
<input type="reset" value="按钮名">
```

③ 普通按钮

如果浏览者想制作一个用于触发事件的普通按钮，可以将<input>元素的 type 属性设置为普通（button）按钮。普通按钮的格式为：

```
<input type="button" value="按钮名">
```

④ 图片按钮

如果浏览者想制作一个美观的图片按钮，可以将<input>元素的 type 属性设置为图片（image）按钮。图片按钮的格式为：

```
<input type="image" src="图片来源">
```

例如，制作不同类型的表单按钮，浏览效果如图 3-17 所示。

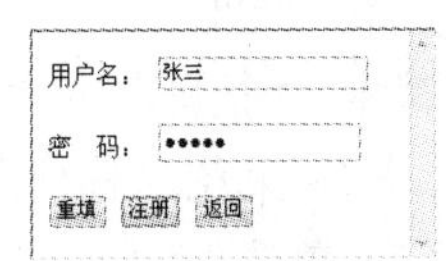

图 3-17　不同类型的按钮

代码片段如下：

```
<form>
  <p>用户名：
    <input type="text" name="userName" size="18" value="张三">
  </p>
  <p>密  码：
    <input type="password" name="pass" size="18">                    <!--密码框-->
  </p>
  <p>
    <input type="reset" name="reset" value="重填" />                 <!--重置按钮-->
    <input type="submit" name="register" value="注册" />             <!--提交按钮-->
    <input type="button" name="return" value="返回" />               <!--普通按钮-->
  </p>
</form>
</body>
</html>
```

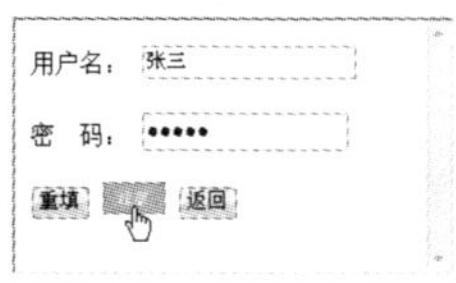

图 3-18　图片按钮

如果用户觉得上面的提交按钮不太美观，在实际应用中，可以用图片按钮代替，如图 3-18 所示。实现图片按钮最简单的方法就是配合使用 type 属性和 src 属性。例如，将上面定义"注册"提交按钮的代码修改如下：

```
<input type="image" src="images/agreement.gif" />  <!--图片按钮-->
```

使用这种方法实现的图片按钮比较特殊，虽然 type 属性没有设置为"submit"，但仍然具有提交功能。

（4）复选框

复选按钮允许用户从选择列表中选择一个或多个选项的输入字段类型。将<input>元素的 type 属性设置为"checkbox"时，表示该输入项是一个复选按钮。复选框的格式为：

```
<input type="checkbox" name="复选框名" value="提交值" checked="checked">
```

其中，value 属性可设置复选框的提交值，checked 属性表示是否为默认选中项，name 属性是复选框的名称，同一组的复选框的名称是一样的。

例如，以下选择"最近关注的鲜花"复选框的代码如下：

```
<form>
  最近关注的鲜花: <input type="checkbox" name="care" value="flower_1"/>郁金香
  <input type="checkbox" name="care " value="flower_2" checked="checked"/>扶郎
  <input type="checkbox" name="care " value="flower_3" checked="checked"/>马蹄莲
</form>
```

其中，"扶郎"和"马蹄莲"两个复选框设置了 checked="checked"默认选中属性，页面浏览后，这两束花名称前面的复选框自动勾选，如图 3-19 所示。

（5）单选按钮

单选按钮允许用户从选择列表中选择一个单项的输入字段类型。将<input>元素的 type 属性设置为“radio”时，表示该输入项是一个单选按钮。单选按钮的格式为：

<input type="radio" name="单选钮名" value="提交值" checked="checked">

其中，value 属性可设置单选按钮的提交值，checked 属性表示是否为默认选中项，name 属性是单选按钮的名称，同一组的单选按钮的名称是一样的。

例如，选择“性别”单选按钮的代码如下：

```
<form>
  性别:<input type="radio" name="sex" value="男" checked="checked"/>男
  <input type="radio" name="sex" value="女" />女
</form>
```

其中，性别为“男”的单选按钮设置了 checked="checked"默认选中属性，页面浏览后，性别为“男”的单选按钮自动选中，如图 3-20 所示。

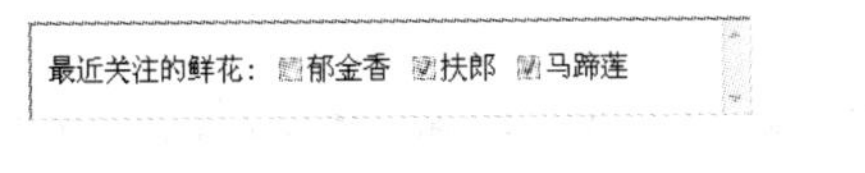

图 3-19　复选框

图 3-20　单选按钮

（6）文件域

在网页中经常进行上传文件的操作，如上传简历、销售订单和资料信息等。可以通过表单实现文件的上传，用户上传的文件将被保存在 Web 服务器上。将<input>元素的 type 属性设置为 file 类型即可创建一个文件域。文件域会在页面中创建一个不能输入内容的地址文本框和一个“浏览”按钮。文件域的格式为：

<input type="file" name="文件域名">

例如，制作商品图片上传的表单页面，使用文件域上传文件，浏览效果如图 3-21 所示。

图 3-21　文件域

代码片段如下：

```
<h2>商品图片上传</h2>
<form action="" method="post" enctype="multipart/form-data">  <!--表单数据分为多部分提交-->
  <p><input type="file" name="files" /><br />                 <!--文件域-->
     <input type="submit" name="upload" value="上传" /></p>
</form>
```

需要注意的是，在设计包含文件域的表单时，由于提交的表单数据包括普通的表单数据和文件数据等多部分内容，所以必须设置表单的“enctype”编码属性为“multipart/form-data”，表示将表单数据分为多部分提交。

2．下拉框<select>

如果一个列表选项过长，可以考虑使用下拉框。下拉框可以使用户选择其中的一个选项，在选择列表中仅有一个是可选项，单击右边的下拉按钮便可进行选项的选择。下拉框通过 select 标签、option 标签来定义。

（1）<select>标签

<select>标签可创建单选或多选列表，当提交表单时，浏览器会提交选定的项目。<select>

标签的格式为：

```
<select size="x" name="控制操作名" multiple= "multiple">
  <option …> … </option>
  <option …> … </option>
   …
</select>
```

<select>标签各个属性的含义如下。

- size：可选项，用于改变下拉框的大小。size 属性的值是数字，表示显示在列表中选项的数目，当 size 属性的值小于列表框中的列表项数目时，浏览器会为该下拉框添加滚动条，用户可以使用滚动条来查看所有的选项，size 默认值为 1。
- name：设定下拉列表的名字。
- multiple：如果加上该属性，表示允许用户从列表中选择多项。

（2）<option>标签

<option>标签用于定义列表中的选项，设置列表中显示的文字和列表条目的值，列表中每个选项有一个显示的文本和一个 value 值。

<option>标签的格式为：

```
<option value="可选择的内容" selected ="selected"> … </option>
```

<option>标签必须嵌套在<select>标签中使用。一个列表中有多少个选项，就要有多少个<option>标签与之相对应。

<option>标签各个属性的含义如下。

- selected：用于指定选项的初始状态，表示该选项在初始时被选中。
- value：用于设置当该选项被选中并提交后，浏览器传送给服务器的数据。

下拉框有两种形式：字段式列表和下拉式菜单。二者的主要区别在于，前者在<select>中的 size 属性值取大于 1 的值，此值表示在下拉框中不拖动滚动条可以显示的选项的数目。

例如，制作“客户年龄”调查问卷的下拉菜单，页面加载时菜单显示的默认选项为“23--30 岁”，用户可以单击菜单下拉箭头选择其余的选项，浏览效果如图 3-22 所示。

代码片段如下：

```
<form>
  客户年龄
  <select name="age">      <!--没有设置 size 值，
一次可显示的列表项数默认值为 1。-->
      <option value="15 岁以下">15 岁以下</option>
      <option value="15--22 岁">15--22 岁</option>
      <option value="23--30 岁" selected="selected">23--30 岁</option>    <!--默认选中该项-->
      <option value="31--40 岁">31--40 岁</option>
      <option value="41--50 岁">41--50 岁</option>
      <option value="50 岁以上">50 岁以上</option>
  </select>
</form>
```

图 3-22　页面的浏览效果

在上面的示例代码中，菜单中的选项“23--30 岁”设置了 selected="selected"属性值，因此，页面加载时显示的默认选项为“23--30 岁”。

3. 多行文本域<textarea>…</textarea>

多行文本域是在表单中应用比较广泛的文本输入区域。多行文本域主要用于得到用户的评论和一些反馈信息，用户可以在里面书写文字，字数没有限制。使用<textarea>标签可以定义高度超过一行的文本输入框，<textarea>标签是成对标签，开始标签<textarea>和结束标签</textarea>之间的内容就是显示在文本输入框中的初始信息。多行文本域的格式为：

```
<textarea name="文本域名" rows="行数" cols="列数">
   初始文本内容
</textarea>
```

<textarea>标签各个属性的含义如下。

- name：用于指定多行文本域的名字。
- rows：设置多行文本域的行数，此属性的值是数字，浏览器会自动为高度超过一行的文本输入框添加垂直滚动条。但是，当输入文本的行数小于或等于 rows 属性的值时，滚动条将不起作用。
- cols：设置多行文本域的列数。

例如，以下输入“评论天地”多行文本域内容的代码如下：

```
<form>
  <p>评论天地</p>
  <textarea name="about" cols="40" rows="10">
    请您发表评论……
  </textarea>
</form>
```

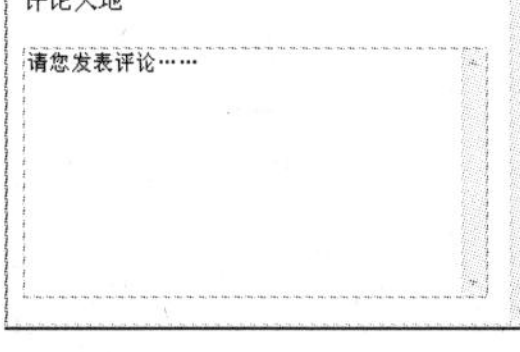

图 3-23　多行文本域

其中，cols="40"表示多行文本域的列数为 40 列，rows="10"表示多行文本域的行数为 10 行，效果如图 3-23 所示。

【案例：网络花店会员注册页面】的制作过程如下。

① 打开记事本，在记事本中输入如下代码：

```
<!doctype html>
<html>
<head><title>会员注册表单</title>
</head>
<body>
  <h2>会员注册</h2>
  <form>
    <p>
    账号：<input type="text" name="userid" size="16">
    </p>
    <p>
    密码：<input type="password" name="pass" size="16">
    </p>
```

```
    <p>
    性别：<input type="radio" name="sex" value="男" checked="checked">男  <!--默认单选按钮-->
          <input type="radio" name="sex" value="女">女
    </p>
    <p>
    爱好：<input type="checkbox" name="like" value="音乐">音乐
          <input type="checkbox" name="like" value="上网" checked="checked">上网
          <input type="checkbox" name="like" value="足球">足球
          <input type="checkbox" name="like" value="下棋">下棋
    </p>
    <p>
    职业：<select size="3" name="work">
              <option value="政府职员">政府职员</option>
              <option value="工程师" selected="selected">工程师</option>   <!--默认列表选项-->
              <option value="工人">工人</option>
              <option value="教师">教师</option>
              <option value="医生">医生</option>
              <option value="学生">学生</option>
          </select>
    </p>
    <p>
    收入：<select name="salary">
              <option value="1000 元以下">1000 元以下</option>
              <option value="1000-2000 元">1000-2000 元</option>
              <option value="2000-3000 元" selected="selected">2000-3000 元</option>
              <option value="3000-4000 元">3000-4000 元</option>
              <option value="4000 元以上">4000 元以上</option>
          </select>
    </p>
    <p>
    电子邮箱：<input type="text" name="email" size="30">
    </p>
    <p>
    主页地址：<input type="text" name="index" size="30" value="http://">   <!--文本框初始值-->
    </p>
    <p>
      个人简介：<textarea name="intro" cols="40" rows="4">        <!--4 行 40 列的多行文本域-->
      请输入您的简历...                                       <!--多行文本域初始值-->
     </textarea>
    </p>
    <p>
        <input type="submit" name="submit" value="提交"/>  
                                <input type="reset" name="reset" value="重写" />
    </p>
  </form>
</body>
</html>
```

② 保存文档。将记事本中输入的代码保存为 3-3.html。

③ 浏览网页。在浏览器中浏览已制作完成的页面，页面的显示效果如图 3-11 所示。

【案例说明】“职业”下拉框使用的是字段式列表，其<select>标签中的 size 属性值设置为 3，表示一次可显示的列表项数为 3，而“收入”选择栏使用的是下拉菜单。

3.4 实训：使用表格布局技术制作用户注册表单

从上面的网络花店会员注册表单案例中可以看出，由于表单没有经过布局，页面整体看起来不太美观。在实际应用中，可以采用以下两种方法布局表单：一是使用表格布局表单，二是使用 CSS 样式布局表单。本节主要介绍使用表格布局表单。

【实训展示】使用表格布局技术制作用户注册表单，本例文件 3-4.html 在浏览器中的显示效果如图 3-24 所示。

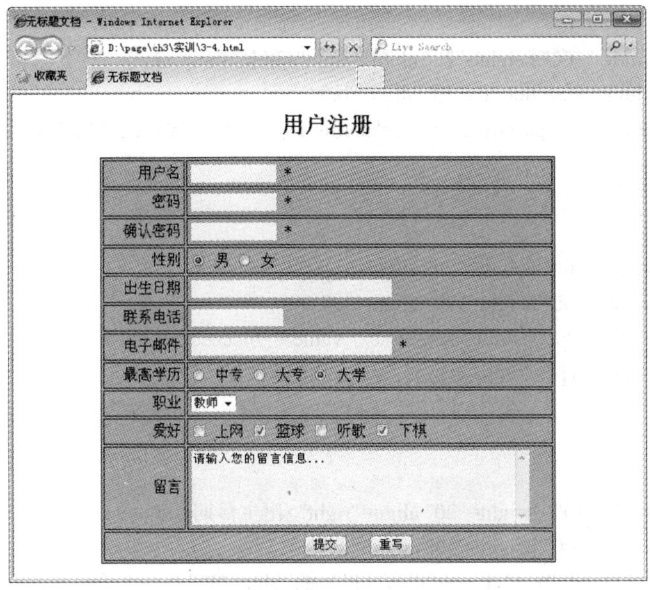

图 3-24 页面的浏览效果

【实训目标】掌握综合使用表格和表单技术实现网页布局与交互的方法。

【知识要点】表格布局、表单及表单元素。

① 打开记事本，在记事本中输入如下代码：

```
<!doctype html>
<html>
<head>
<meta charset="gb2312">
<title>无标题文档</title>
</head>
<body>
<form action="" method="post" name="form1">
```

```
    <h2 align="center">用户注册</h2>
    <table width="500" border="1"bordercolor="blue" align="center" cellpadding="3" cellspacing="2"
bgcolor="#66ccff">
      <tr>
        <td width="100" height="20" align="right">用户名</td>
        <td width="400" height="20" align="left">
          <input type="text" name="username" id="username" size="12" maxlength="12" /> *
        </td>
      </tr>
      <tr>
        <td width="100" height="20" align="right">密码</td>
        <td width="400" height="20" align="left">
          <input type="password "name="pass" id="pass" size="12" maxlength="12" /> *
        </td>
      </tr>
      <tr>
        <td width="100" height="20" align="right">确认密码</td>
        <td width="400" height="20" align="left">
          <input type="password" name="confirm" id="confirm" size="12" maxlength="12" /> *
        </td>
      </tr>
      <tr>
        <td width="100" height="20" align="right">性别</td>
        <td width="400" height="20" align="left">
            <input type="radio" name="sex" value="男" checked /> 男
            <input type="radio" name="sex" value="女" /> 女
        </td>
      </tr>
      <tr>
        <td width="100" height="20" align="right">出生日期</td>
        <td width="400" height="20" align="left">
          <input type="text" name="date" id="date" size="30" />
        </td>
      </tr>
      <tr>
        <td width="100" height="20" align="right">联系电话</td>
        <td width="400" height="20" align="left">
          <input type="text" name="phone" id="phone" size="13" maxlength="13" />
        </label></td>
      </tr>
      <tr>
        <td width="100" height="20" align="right">电子邮件</td>
        <td width="400" height="20" align="left">
          <input type="text" name="email" id="email" size="30" maxlength="30" /> *
        </td>
      </tr>
```

```
        <tr>
          <td width="100" height="20" align="right">最高学历</td>
          <td width="400" height="20" align="left">
                <input type="radio" name="grade" value="中专" /> 中专
                <input type="radio" name="grade" value="大专"/> 大专
                <input type="radio" name="grade" value="大学" checked/> 大学
          </td>
        </tr>
        <tr>
          <td width="100" height="20" align="right">职业</td>
          <td width="400" height="20" align="left">
            <select name="work">
                <option value="学生">学生</option>
                <option value="教师" selected>教师</option>
                <option value="医生">医生</option>
            </select>
          </td>
        </tr>
        <tr>
          <td width="100" height="20" align="right">爱好</td>
          <td width="400" height="20" align="left">
            <input type="checkbox" name="like" value="上网" /> 上网
            <input type="checkbox" name="like" value="篮球" checked/> 篮球
            <input type="checkbox" name="like" value="听歌" /> 听歌
            <input type="checkbox" name="like" value="下棋" checked/> 下棋
          </td>
        </tr>
        <tr>
          <td width="100" height="20" align="right">留言</td>
          <td width="400" height="20" align="left">
            <textarea name="talk" cols="50" rows="5">请输入您的留言信息...</textarea>
          </td>
        </tr>
        <tr>
          <td height="20" colspan="2">
              <input type="submit" name="Submit" value="提交" />
            <input type="reset" name="Submit2" value="重写" />
          </td>
        </tr>
      </table>
    </form>
    </body>
    </html>
```

② 保存文档。将记事本中输入的代码保存为 3-4.html。

③ 浏览网页。在浏览器中浏览已制作完成的页面，页面的显示效果如图 3-24 所示。

习题 3

1．使用跨行跨列的表格制作网络花店的公告栏分类信息，如图 3-25 所示。

2．使用表格布局网络花店的支付选择页面，如图 3-26 所示。

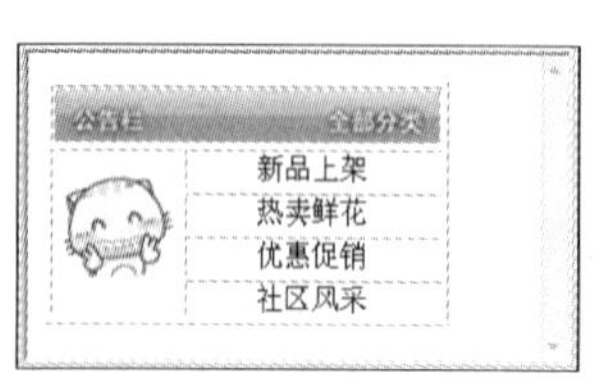

图 3-25　题 1 图

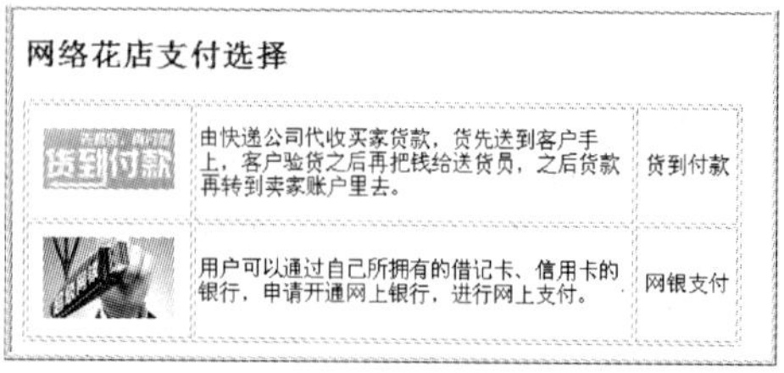

网络花店支付选择

货到付款	由快递公司代收买家货款，货先送到客户手上，客户验货之后再把钱给送货员，之后货款再转到卖家账户里去。	货到付款
	用户可以通过自己所拥有的借记卡、信用卡的银行，申请开通网上银行，进行网上支付。	网银支付

图 3-26　题 2 图

3．使用<div>标签组织段落、列表等网页内容，制作网络花店的经营模式页面，如图 3-27 所示。

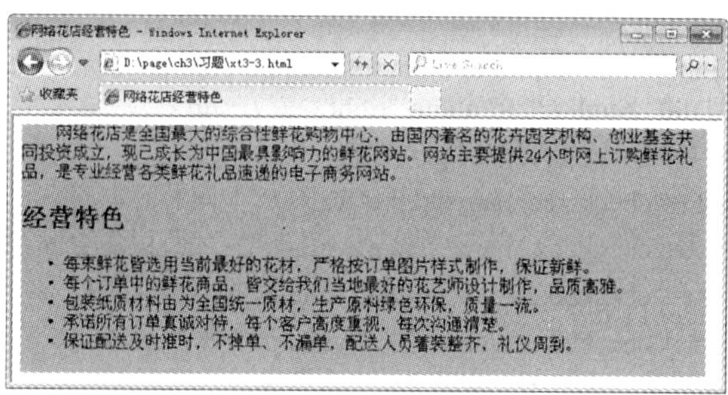

图 3-27　题 3 图

4．使用表格布局技术制作如图 3-28 所示的调查问卷表单。

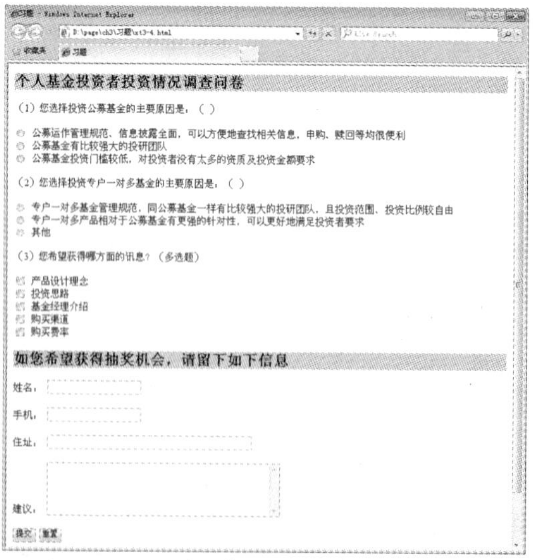

图 3-28　题 4 图

第 4 章　网页表现语言——CSS

CSS 是目前最好的网页表现语言，所谓表现就是赋予结构化文档内容显示的样式，包括版式、颜色和大小等。也就是说，页面中显示的内容放在结构里，而修饰、美化放在表现里，做到结构（内容）与表现分开，这样，当页面使用不同的表现时，呈现出的样式是不一样的，就像人穿了不同的衣服，表现就是结构的外衣，W3C（万维网联盟）推荐使用 CSS 来完成表现。

4.1　初识 CSS

CSS 功能强大，CSS 的样式设定功能比 HTML 多，几乎可以定义所有的网页元素，CSS 的语法也比 HTML 的语法更容易学习。现在所有漂亮的网页几乎都使用了 CSS，CSS 已经成为网页设计必不可少的工具之一。

4.1.1　什么是 CSS

CSS（Cascading Style Sheet，层叠样式表）是由 W3C 的 CSS 工作组创建和维护的。它是一种不需要编译、可直接由浏览器执行的标记性语言，用于控制 Web 页面的外观。通过使用 CSS 样式控制页面各元素的显示属性，可将页面的内容与表现形式进行分离。

样式就是格式，对于网页来说，像网页显示的文字的大小和颜色、图片位置、段落和列表等，都是网页显示的样式。层叠是指当 HTML 文件引用多个 CSS 样式时，如果 CSS 的定义发生冲突，浏览器将依据层次的先后顺序来应用样式，如果不考虑样式的优先级，一般会遵循“最近优选原则”。

众所周知，用 HTML 编写网页并不难，但对于一个由几百个网页组成的网站来说，统一采用相同的格式就困难了。CSS 能将样式的定义与 HTML 文件内容分离，只要建立定义样式的 CSS 文件，并且让所有的 HTML 文件都调用这个 CSS 文件所定义的样式即可。如果要改变 HTML 文件中任意部分的显示风格，只要把 CSS 文件打开，更改样式就可以了。

4.1.2　CSS 的优点

CSS 文档是一种文本文件，可以使用任何一种文本编辑器对其进行编辑，通过将其与 HTML 文档结合，真正做到将网页的表现与内容分离。即便是一个普通的 HTML 文档，通过对其添加不同的 CSS 规则，也可以得到风格迥异的页面。使用 CSS 美化页面具有如下优点。

- 表现和内容（结构）分离。
- 易于维护和改版。
- 缩减页面代码，提高页面的浏览速度。
- 结构清晰，容易被搜索引擎搜索到。
- 更好地控制页面布局。
- 提高易用性，使用 CSS 可以结构化 HTML。

4.1.3 CSS 设计与编写原则

利用 CSS 样式设计虽然很强大，但是如果设计人员管理不当将导致样式混乱、维护困难。学习 CSS 编写中的一些技巧和原则，可以使读者在今后设计页面时胸有成竹，使代码可读性高，结构良好。

1. 目录结构命名规范

存放 CSS 样式文件的目录一般命名为 style 或 css。

2. 样式文件的命名规范

在项目初期，会把不同类别的样式放于不同的 CSS 文件，这是为了方便 CSS 编写和调试；在项目后期，为了网站性能上的考虑会将不同的 CSS 文件整合到一个 CSS 文件，这个文件一般命名为 style.css 或 css.css。

3. 选择符的命名规范

所有选择符必须由小写英文字母或“_”下画线组成，必须以字母开头，不能为纯数字。设计者要用有意义的单词或缩写组合来命名选择符，做到“见其名知其意”，这样就节省了查找样式的时间。样式名必须能够表示样式的大概含义（禁止出现如 Div1、Div2、Style1 等命名），读者可以参考表 4-1 中的样式命名。

表 4-1 样式命名参考

页面功能	命名参考	页面功能	命名参考	页面功能	命名参考
容器	wrap/container/box	头部	header	加入	joinus
导航	nav	底部	footer	注册	regsiter
滚动	scroll	页面主体	main	新闻	news
主导航	mainnav	内容	content	按钮	button
顶导航	topnav	标签页	tab	服务	service
子导航	subnav	版权	copyright	注释	note
菜单	menu	登录	login	提示信息	msg
子菜单	submenu	列表	list	标题	title
子菜单内容	subMenuContent	侧边栏	sidebar	指南	guide
标志	logo	搜索	search	下载	download
广告	banner	图标	icon	状态	status
页面中部	mainbody	表格	table	投票	vote
小技巧	tips	列定义	column_1of3	友情链接	friendlink

当定义的样式名比较复杂时用下画线把层次分开。例如，以下定义页面导航菜单选择符的 CSS 代码：

```
#nav_logo{…}
#nav_logo_ico{…}
```

4. CSS 代码注释

为代码添加注释是一种良好的编程习惯。注释可以增强 CSS 文件的可读性，后期维护也更加便利。

在 CSS 中添加注释非常简单，它以“/*”开始，以“*/”结尾。注释可以是单行，也可以是多行，并且可以出现在 CSS 代码的任何地方。

（1）结构性注释

结构性注释仅仅是用风格统一的大注释块从视觉上区分被分隔的部分，如以下代码所示：

```
/* header（定义网页头部区域）-----------------------------------------------------------------*/
```

（2）提示性注释

在编写 CSS 文档时，可能需要某种技巧解决某个问题。在这种情况下，最好将这个解决方案简要注释在代码后面，如以下代码所示：

```
.news_list li span {
    float:left;          /* 设置新闻发布时间向左浮动，与新闻标题并列显示 */
    width:80px;
    color:#999;          /* 定义新闻发布时间为灰色，弱化发布的时间在视觉上的感觉 */
}
```

4.1.4 CSS 的显示环境

CSS 的显示环境需要浏览器的支持，否则即使编写出再漂亮的样式代码，如果浏览器不支持 CSS，那么它也只是一段字符串而已。

目前，浏览器的种类多种多样，虽然 IE、Opera、Chrome、Firefox 等主流浏览器都支持 CSS，但它们之间仍存在着符合标准的差异。也就是说，相同的 CSS 样式代码在不同的浏览器中可能显示的效果有所不同。在这种情况下，设计人员只有不断地测试，了解各主流浏览器的特性才能让页面在各种浏览器中正确地显示。

4.2 案例：网络花店简介页面——CSS 的定义与使用

【案例展示】使用链入外部样式表的方法制作网络花店简介页面，本例文件 4-2.html 在浏览器中的显示效果，如图 4-1 所示。

图 4-1 网络花店简介页面

【学习目标】掌握 CSS 的定义与使用方法。

【知识要点】常用的 CSS 选择符、网页中引用 CSS。

要想在浏览器中显示出样式表的效果，就要让浏览器识别并调用。当浏览器读取样式表时，要依照文本格式来读。将样式表的功能加入到网页里，可以使用 4 种不同的方法：定义内联样式、定义内部样式表、链入外部样式表和导入外部样式表。

4.2.1 内联样式

内联样式就是在元素标签内使用 style 属性，style 属性值可以包含任何 CSS 样式声明。用这种方法，可以很简单地对某个标签单独定义样式表。这种样式表只对所定义的标签起作用，并不对整个页面起作用。内联样式的格式为：

```
<标签 style="属性:属性值; 属性:属性值 …">
```

需要说明的是，内联样式由于将表现和内容混在一起，不符合 Web 标准，所以要慎用这种方法，当样式仅需要在一个元素上应用一次时可以使用内联样式。

【演示 4-2-1】使用内联样式将样式表的功能加入到网页，本例文件 4-2-1.html 在浏览器中的显示效果如图 4-2 所示。

在当前文件夹中，用记事本新建一个名为 4-2-1.html 的网页文件，代码如下：

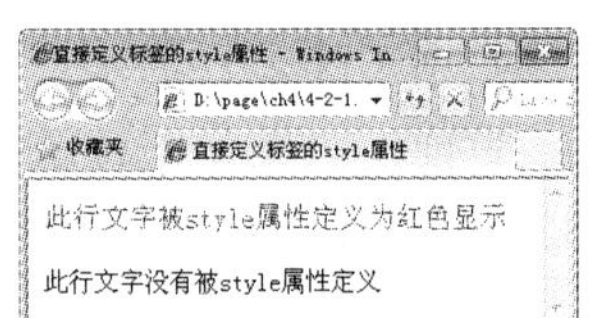

图 4-2 内联样式

```
<html>
<head>
  <title>直接定义标签的 style 属性</title>
</head>
<body>
  <p style="font-size:18px; color:red">此行文字被 style 属性定义为红色显示</p>
  <p>此行文字没有被 style 属性定义</p>
</body>
</html>
```

【演示说明】代码中第 1 个段落标签被直接定义了 style 属性，此行文字将显示 18px 大小、红色文字；而第 2 个段落标签没有被定义，将按照默认的设置显示文字样式。

4.2.2 内部样式表

内部样式表允许在其所应用的 HTML 文档的顶部设置样式，然后在整个 HTML 文件中直接调用使用该样式的标签。单个页面需要应用样式时，最好使用内部样式表。

1. 内部样式表的格式

内部样式表的格式为：

```
<style type="text/css">
<!--
  选择符 1{属性:属性值; 属性:属性值 …}          /* 注释内容 */
  选择符 2{属性:属性值; 属性:属性值 …}
    …
  选择符 n{属性:属性值; 属性:属性值 …}
```

```
-->
</style>
```

<style>…</style>标签对用于说明所要定义的样式。type 属性指定 style 使用 CSS 的语法来定义。当然，也可以指定使用像 JavaScript 之类的语法来定义。属性和属性值之间用冒号“:”隔开，定义之间用分号“;”隔开。

<!-- … -->的作用是避免旧版本浏览器不支持 CSS，把<style>…</style>的内容以注释的形式表示，这样对于不支持 CSS 的浏览器，会自动略过此段内容。

选择符可以使用 HTML 标签的名称，所有 HTML 标签都可以作为 CSS 选择符使用。

/* … */为 CSS 的注释符号，主要用于注释 CSS 的设置值。注释内容不会被显示或引用在网页上。

2．组合选择符的格式

除了在<style>…</style>内分别定义各种选择符的样式外，如果多个选择符具有相同的样式，可以采用组合选择符，以减少重复定义的麻烦，其格式为：

```
<style type="text/css">
<!--
  选择符 1, 选择符 2, … , 选择符 n{属性:属性值; 属性:属性值 …}
-->
</style>
```

【演示 4-2-2】使用内部样式表将样式表的功能加入到网页，本例文件 4-2-2.html 在浏览器中的显示效果如图 4-3 所示。

在当前文件夹中，用记事本新建一个名为 4-2-2.html 的网页文件，代码如下：

```
<html>
<head>
  <title>定义内部样式表</title>
<style text="text/css">
<!--
.red{
  font-size:18px;
  color:red;
}
-->
</style></head>
<body>
  <p class="red">此行文字被内部样式定义为红色显示</p>
  <p>此行文字没有被内部的样式定义</p>
</body>
</html>
```

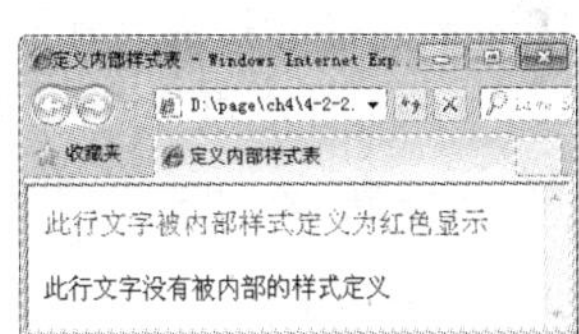

图 4-3　内部样式表

【演示说明】代码中第 1 个段落标签使用内部样式表中定义的.red 类，此行文字将显示 18px 大小、红色文字；而第 2 个段落标签没有被定义，将按照默认的设置显示文字样式。

4.2.3　链入外部样式表

多个页面需要应用相同样式时，应该使用外部样式表。外部样式表把声明的样式放在样式文件中，当页面需要使用样式时，通过<link>标签连接外部样式表文件。使用外部样式表，可以实现改变一个文件就能改变整个站点外观的目的。

1. 用<link>标签链接样式表文件

<link>标签必须放到页面的<head>…</head>标签对内。其格式为：

```
<head>
  …
  <link rel="stylesheet" href="外部样式表文件名.css" type="text/css">
  …
</head>
```

其中，<link>标签表示浏览器从“外部样式表文件.css”文件中以文档格式读出定义的样式表。rel="stylesheet"属性定义在网页中使用外部的样式表，type="text/css"属性定义文件的类型为样式表文件，href 属性用于定义.css 文件的 URL。

2. 样式表文件的格式

样式表文件可以用任何文本编辑器（如记事本）打开并编辑，一般样式表文件的扩展名为.css。样式表文件的内容是定义的样式表，不包含 HTML 标签。样式表文件的格式为：

```
选择符 1{属性:属性值; 属性:属性值 …}        /* 注释内容 */
选择符 2{属性:属性值; 属性:属性值 …}
  …
选择符 n{属性:属性值; 属性:属性值 …}
```

一个外部样式表文件可以应用于多个页面。在修改外部样式表时，引用它的所有外部页面也会自动更新。设计者在制作大量相同样式页面的网站时，这一功能非常有用，不仅减少了重复的工作量，而且有利于以后的修改。浏览时也减少了重复下载的代码，加快了显示网页的速度。

【演示 4-2-3】使用链入外部样式表将样式表的功能加入到网页，本例文件 4-2-3.html 在浏览器中的显示效果如图 4-4 所示。

在文件夹 css 下用记事本新建一个名为 style.css 的样式表文件。代码如下：

```
.red{
  font-size:18px;
  color:red;
}
```

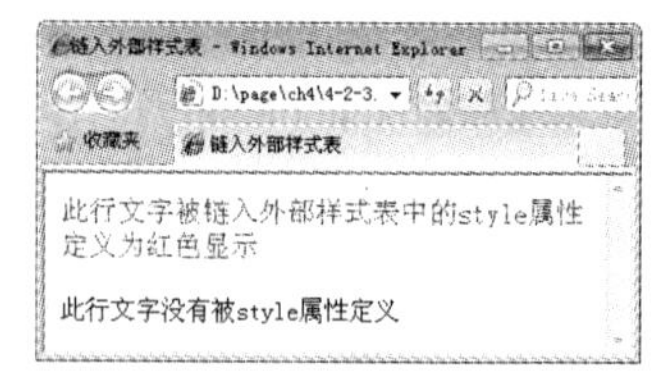

图 4-4　链入外部样式表

在当前文件夹中，用记事本新建一个名为 4-2-3.html 的网页文件，代码如下：

```
<html>
<head>
<title>链入外部样式表</title>
  <link rel="stylesheet" type="text/css" href="css/style.css" />
</head>
<body>
  <p class="red">此行文字被链入外部样式表中的 style 属性定义为红色显示</p>
  <p>此行文字没有被 style 属性定义</p>
</body>
```

```
</html>
```

【演示说明】代码中第 1 个段落标签使用链入外部样式表 style.css 中定义的.red 类，此行文字将显示 18px 大小、红色文字；而第 2 个段落标签没有被定义，将按照默认的设置显示文字样式。

4.2.4 导入外部样式表

导入外部样式表就是当浏览器读取 HTML 文件时，复制一份样式表到这个 HTML 文件中，即在内部样式表的<style>标签对中导入一个外部样式表文件。其格式为：

```
<style type="text/css">
<!--
  @import url("外部样式表的文件名 1.css");
  @import url("外部样式表的文件名 2.css");
  其他样式表的声明
-->
</style>
```

导入外部样式表的使用方式与链入外部样式表很相似，都是将样式定义保存为单独文件。两者的本质区别是：导入方式在浏览器下载 HTML 文件时将样式文件的全部内容复制到@import 关键字位置，以替换该关键字；而链入方式仅在 HTML 文件需要引用 CSS 样式文件中的某个样式时，浏览器才链接样式文件，读取需要的内容但不进行替换。

需要注意的是，@import 语句后的“;”号不能省略。所有的@import 声明必须放在样式表的开始部分，在其他样式表声明的前面，其他 CSS 规则放在其后的<style>标签对中。如果在内部样式表中指定了规则（如.bg{ color: black; background: orange }），其优先级将高于导入的外部样式表中相同的规则。

【演示 4-2-4】使用导入外部样式表将样式表的功能加入到网页，本例文件 4-2-4.html 在浏览器中的显示效果如图 4-5 所示。

在文件夹 css 下用记事本新建一个名为 style.css 的样式表文件。代码如下：

```
.red{
  font-size:18px;
  color:red;
}
```

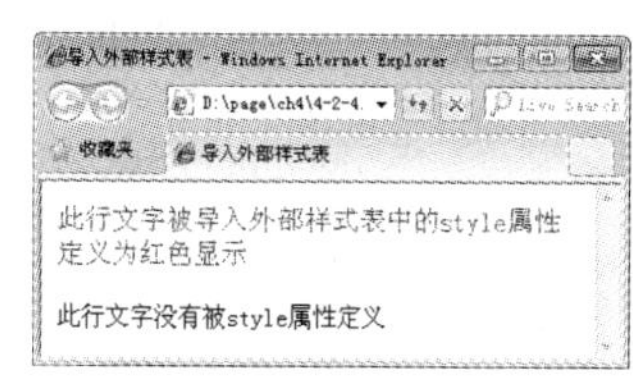

图 4-5　导入外部样式表

在当前文件夹中，用记事本新建一个名为 4-2-4.html 的网页文件，代码如下：

```
<html>
<head>
<title>导入外部样式表</title>
<style type="text/css">
  @import url("css/extstyle.css");
</style>
</head>
<body>
  <p class="red">此行文字被导入外部样式表中的 style 属性定义为红色显示</p>
  <p>此行文字没有被 style 属性定义</p>
```

```
</body>
</html>
```

【演示说明】代码中第 1 个段落标签使用导入外部样式表 extstyle.css 中定义的.red 类，此行文字将显示 18px 大小、红色文字；而第 2 个段落标签没有被定义，将按照默认的设置显示文字样式。

以上 4 种定义与使用 CSS 样式表的方法中，最常用的还是先将样式表保存为一个样式表文件，然后使用链入外部样式表的方法在网页中引用 CSS。

【案例：网络花店简介页面】的制作过程如下。

① 建立目录结构。在案例文件夹下创建两个文件夹 images 和 css，分别用于存放图像素材和外部样式表文件。

② 准备素材。将本页面需要使用的图像素材存放在文件夹 images 下。

③ 外部样式表。在文件夹 css 下用记事本新建一个名为 style.css 的样式表文件。代码如下：

```
*{                              /*表示针对 HTML 的所有元素*/
    padding:0px;                /*内边距为 0px*/
    margin:0px;                 /*外边距为 0px*/
    line-height: 20px;          /*行高 20px*/
}
body{                           /*设置页面整体样式*/
    height:100%;                /*高度为相对单位*/
    background-color:#f3f1e9;   /*浅灰色背景*/
    position:relative;          /*相对定位*/
}
img{
    border:0px;                 /*图片无边框*/
}
#main_block{                    /*设置主体容器的样式*/
    font-family:Arial, Helvetica, sans-serif;
    font-size:12px;             /*设置文字大小为 12px*/
    color:#464646;              /*设置默认文字颜色为灰色*/
    overflow:hidden;            /*溢出隐藏*/
    float:left;                 /*向左浮动*/
    width:752px;                /*设置容器宽度为 752px*/
}
.content_main{                  /*设置内容区域的样式*/
    width:720px;
    float:left;                 /*向左浮动*/
    padding:20px 0 10px 20px;   /*上、右、下、左的内边距依次为 20px,0px,10px,20px*/
}
.box_details{                   /*设置详细信息盒子的样式*/
    padding:10px 0 10px 0;      /*上、右、下、左的内边距依次为 10px,0px,10px,0px*/
    margin:10px 20px 10px 0;    /*上、右、下、左的外边距依次为 10px,20px,10px,0px*/
    clear:both;                 /*清除所有浮动*/
}
.box_details p{                 /*设置盒子中段落的样式*/
    padding:5px 15px 5px 15px;  /*上、右、下、左的内边距依次为 5px,15px,5px,15px*/
    text-indent:2em             /*首行缩进*/
```

```
}
```

④ 网页结构文件。在当前文件夹中，用记事本新建一个名为 4-2.html 的网页文件，代码如下。

```
<!doctype html>
<html>
<head>
<meta charset="gb2312">
<title>网络花店简介页面</title>
<link rel="stylesheet" type="text/css" href="css/style.css" />
</head>
<body>
<div id="main_block">
  <div class="content_main">
    <h1>花店简介</h1>
    <div class="box_details">
      <p> <img src="images/intro.jpg" /></p> <p> 网络花店是全国最大……（此处省略文字）</p>
      <p>网络花店以“提供更优质的产品、更优惠的价格、更迅捷的……（此处省略文字）</p>
      <p>网络花店专注于全国送花服务，是国内领先的鲜花速递……（此处省略文字）</p>
    </div>
  </div>
</div>
</body>
</html>
```

⑤ 浏览网页。在浏览器中浏览制作完成的页面，页面的显示效果如图 4-1 所示。

【案例说明】在本页面中，图片四周的空白间隙是通过“padding:0 0 0 30px;”来实现的，表示图像的左内边距为 30px，使图像和其左侧的文字之间具有一定的空隙，这种效果可以通过盒模型的边距来设置，请读者参考第 5 章讲解的 CSS 盒模型的边距的相关知识。

4.3 CSS 语法基础

4.3.1 构造样式规则

CSS 为样式化网页内容提供了一条捷径，即样式规则，每一条规则都是单独的语句。样式表的每个规则都有两个主要部分：选择符（selector）和声明（declaration）。

CSS 控制网页内容显示格式的方式是通过许多定义的样式属性（如字号、段落控制等）实现的，并将多个样式属性定义为一组可供调用的选择符（selector）。其实，选择符就是某一个样式的名称，称为选择符的原因是，当 HTML 文档中某元素要使用该样式时，必须利用该名称来选择样式。用户只需要通过选择符对不同的 HTML 标签进行控制，并赋予各种样式声明，即可实现各种效果。声明由一个或多个属性值对组成。

样式规则的语法为：

selector{属性:属性值[[;属性:属性值]…]}

语法说明：

selector 表示希望进行格式化的元素；声明部分包括在选择符后的大括号中；用“属性:

属性值”描述要应用的格式化操作。

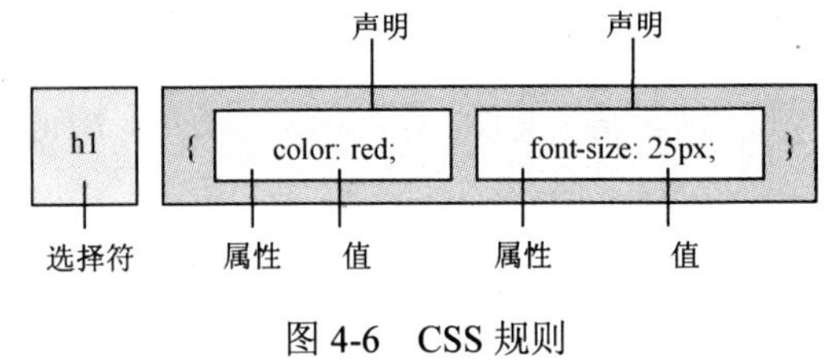

图 4-6 CSS 规则

例如，分析一条如图 4-6 所示的 CSS 规则。

- 选择符：h1 代表 CSS 样式的名字。
- 声明：声明包含在一对大括号“{}”内，用于告诉浏览器如何渲染页面中与选择符相匹配的对象。声明内部由属性及其属性值组成，并用冒号隔开，以分号结束，声明的形式可以是一个或者多个属性的组合。
- 属性（attribute）：是定义的具体样式（如颜色、字体等）。
- 属性值（value）：属性值放置在属性名和冒号后面，具体内容跟随属性的类别而呈现不同形式，一般包括数值、单位以及关键字。

例如，将 HTML 中<body>和</body>标签内的所有文字设置为“华文中宋”、文字大小为 12px、黑色文字、白色背景显示，则只需要在样式中做如下定义：

```
body
{
  font-family:"华文中宋";        /*设置字体*/
  font-size:12px;               /*设置文字大小为 12px*/
  color:#000;                   /*设置文字颜色为黑色*/
  background-color:#fff;        /*设置背景颜色为白色*/
}
```

从上述代码片段中可以看出，这样的结构对于阅读 CSS 代码十分清晰，为方便以后编辑，还可以在每行后面添加注释说明。但是，这种写法虽然使阅读 CSS 变得方便，却无形中增加了很多字节，对于有一定基础的 Web 设计人员可以将上述代码改写为如下格式：

```
body{font-family:"华文中宋";font-size:12px;color:#000;background-color:#fff;}
/*定义 body 的样式为 12px 大小的黑色华文中宋字体，且背景颜色为白色*/
```

4.3.2 常用的 CSS 选择符

选择符决定了格式化将应用于哪些元素。CSS 选择符可以分为很多类，包括类型选择符、通配选择符、包含选择符、id 选择符、类选择符、分组选择符、子元素选择符和相邻选择符，见表 4-2。

表 4-2 CSS 选择符

选择符	语法	简介
类型选择符	E1	以元素标签作为选择符
通配选择符	*	所有类型
包含选择符	E1 E2	选择所有被 E1 包含的 E2 元素
id 选择符	#sID	以元素的唯一标识 id 作为选择符
类选择符	E1.className	以元素的类名作为选择符
分组选择符	E1,E2,E3	将同样的定义应用于多个选择符，选择符以逗号分隔成为组
子元素选择符	E1 > E2	选择所有作为 E1 子元素的 E2 元素
相邻选择符	E1 + E2	选择紧接在元素 E1 之后的所有 E2 元素

下面讲解几种常用的选择符。

1. 类型选择符

类型选择符就是元素自身，定义时直接使用元素标签名称。如定义段落样式，可以选择p元素的名称，即把p作为选择符。其格式为：

```
E1
{
  /*CSS 代码*/
}
```

其中，E1表示网页元素（Element）。

例如，以下定义p元素样式的代码。

```
p{                      /*p 类型选择符*/
  color:green;          /*把所有的 p 元素的文字颜色定义为绿色*/
}
```

2. 通配选择符

通配选择符是一种特殊的选择符，用“*”表示，与Windows通配符“*”具有相似的功能，可以定义所有元素的样式。其格式为：

```
*{CSS 代码}
```

例如，通常在制作网页时首先将页面中所有元素的外边距和内边距设置为0，代码如下：

```
*{
  margin:0px;        /*外边距设置为 0*/
  padding:0px;       /*内边距设置为 0*/
}
```

此外，还可以对特定元素的子元素应用样式，例如以下代码：

```
*{
  font-size:12px;    /*定义文档中所有字体大小为 12px*/
}
```

上面的样式将会影响文档中的所有元素，即文档中所有字体大小都被定义为12px。因此，使用通配选择符时要慎重，一般常用于定义文档中各种元素的共同属性，如字号、字体等。

3. 包含选择符

包含选择符在样式中会常常用到，因布局中常常用到容器层和里面的子层，如果用到包含选择符就可以只对某个容器层的子层进行控制，使其他同名的对象不受该规则影响。包含选择符对象要依次选择出对象，从大到小，即从容器层到子层。包含选择符能够简化代码，实现大范围的样式控制。其格式为：

```
E1 E2
{
/*对子层控制规则*/
}
```

其中E1指父层对象，E2指子层对象，即E1对象包含E2对象。

【演示 4-3-1】包含选择符示例，本例文件 4-3-1.html 在浏览器中的显示效果如图 4-7 所示。

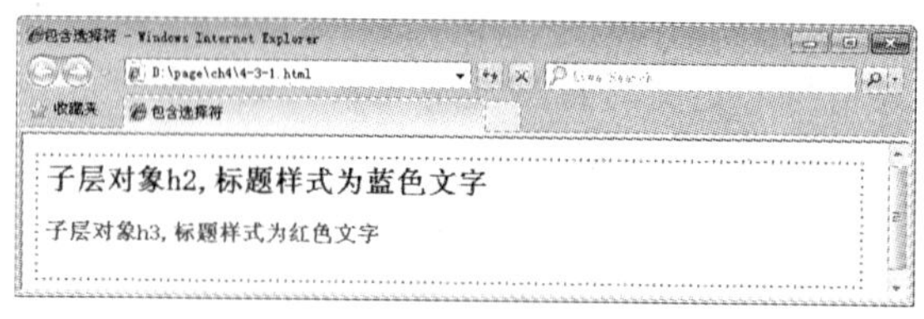

图 4-7　包含选择符示例效果

4-3-1.html 的代码如下：

```
<html>
<head>
<title>包含选择符</title>
<style type="text/css">
.div1{
   width:680px;
   border: 3px dotted #66f;                /*边框为 3px 蓝色点线*/
   padding:5px;
}
.div1 h2{
   /*定义类 div1 容器中所有 h2 的标题样式*/
   color:#00f;
}
.div1 h3{
   /*定义类 div1 容器中所有 h3 的标题样式*/
   color:#f00;
}
</style>
</head>
<body>
<div class="div1">                                           <!--父层对象 div1-->
   <h2>子层对象 h2,标题样式为蓝色文字</h2>        <!--子层对象 h2-->
   <h3>子层对象 h3,标题样式为红色文字</h3>        <!--子层对象 h3 -->
</div>
</body>
</html>
```

4．id 选择符

id 选择符用于对某个单一元素定义单独的样式。定义 id 选择符时要在 id 名称前加上一个“#”号。与类选择符相同，定义 id 选择符也有两种方法。

（1）定义非特定标签的 id 选择符

第一种方法是用 id 选择符定义样式，格式为：

```
<style type="text/css">
<!--
   #id 名 1{属性:属性值; 属性:属性值 …}
```

```
  #id名2{属性:属性值; 属性:属性值 …}
    …
  #id名n{属性:属性值; 属性:属性值 …}
-->
</style>
```

其中，“#id名”是定义的id选择符名称。该选择符名称在一个文档中是唯一的，只对页面中的唯一元素进行样式定义。这个样式定义在页面中只能出现一次，其适用范围为整个HTML文档中所有由id选择符所引用的设置。

（2）定义特定标签的id选择符

还有一种用法，在选择符中加上HTML“标签”名，其格式为：

```
<style type="text/css">
<!--
  标签1#id名1{属性:属性值; 属性:属性值 …}
  标签2#id名2{属性:属性值; 属性:属性值 …}
    …
  标签n#id名n{属性:属性值; 属性:属性值 …}
-->
</style>
```

其中，“标签”是HTML的标签名称。若在id选择符前加上HTML的标签，其适用范围将只限于该标签所包含的内容。id 选择符局限性很大，只能单独定义某个元素的样式，一般只在特殊情况下使用。使用id选择符时，需要用“#”进行标识。

【演示4-3-2】id选择符示例，本例文件4-3-2.html在浏览器中的显示效果如图4-8所示。

4-3-2.html的代码如下：

```
<html>
<head>
<title>id选择符</title>
<style type="text/css">
#top {
   line-height:20px;                /*定义行高*/
   margin:15px 0px 0px 0px;         /*定义外边距*/
   font-size:24px;                  /*定义字号大小*/
   color:#f00;                      /*定义字体颜色*/
}
</style>
</head>
<body>
<div>ID选择符以&ldquo;#&rdquo;开头（此div不带id）</div>
<div id="top">ID选择符以&ldquo;#&rdquo;开头(此div带id)</div>
</body>
</html>
```

图4-8　id选择符示例效果

5. class类选择符

class类选择符也称自定义选择符，使用元素的class属性值为一组元素指定样式，类选择符必须在元素的 class 属性值前加“.”。

（1）定义同类标签的样式

用类选择符能够把相同的标签分类定义为不同的样式。如果希望同一种标签（如<p>）在不同的地方使用不同的样式（例如，一个段落向右对齐，一个段落居中），就可以先定义两个类，在应用时只要在标签中指定它属于哪一个类，就可以使用该类的样式了。其格式为：

```
<style type="text/css">
<!--
  标签 1.类名称 1{属性:属性值; 属性:属性值 …}
  标签 2.类名称 2{属性:属性值; 属性:属性值 …}
    …
  标签 3.类名称 n{属性:属性值; 属性:属性值 …}
-->
</style>
```

“标签.类名称”仍然称为选择符。“类名称”为定义类的选择符名称，类名称可以是任意英文单词组合或者以英文字母开头的英文字母与数字的组合，一般根据其功能和效果简要命名。其适用范围为整个 HTML 文档中所有由类选择符所引用的设置。“标签”名称可以用 HTML 的标签。

（2）定义不同类标签的样式

还有一种用法，在选择符中省略 HTML 的“标签”名，这样可以把几个不同的元素定义成相同的样式。其格式为：

```
<style type="text/css">
<!--
  .类名称 1{属性:属性值; 属性:属性值 …}
  .类名称 2{属性:属性值; 属性:属性值 …}
    …
  .类名称 n{属性:属性值; 属性:属性值 …}
-->
</style>
```

有无“标签”的区别在于，若在定义 clsss 类选择符前加上 HTML 的标签，其适用范围将只限于该标签所包含的内容。这种省略 HTML 标签的类选择符是最常用的定义方法，使用这种方法，可以很方便地在任意标签上套用预先定义好的类样式。

使用 class 类选择符时，需要使用英文.（点）进行标识。

【演示 4-3-3】class 类选择符示例，本例文件 4-3-3.html 在浏览器中的显示效果如图 4-9 所示。

4-3-3.html 的代码如下：

```
<html>
<head>
<title>类选择符示例</title>
<style type="text/css">
p {
      font-size:14px;                  /*定义文字大小*/
      color:#00F;                      /*定义文字颜色为蓝色*/
      text-decoration:underline;       /*让文字带有下画线*/
```

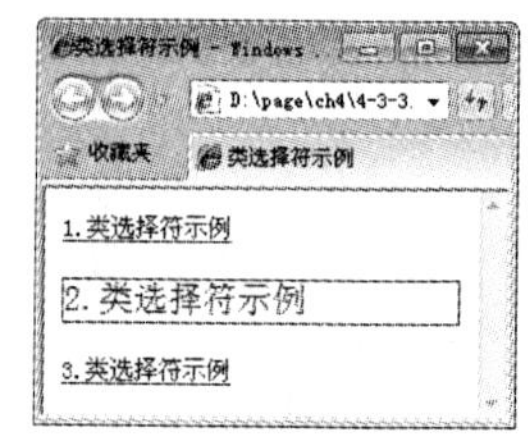

图 4-9　class 类选择符示例效果

```
}
.myContent {
        font-size:20px;                /*定义文字大小为 18px*/
        text-decoration:none;          /*让文字不再带有下画线*/
        border:1px solid #C00;         /*设置文字带边框效果*/
}
</style>
</head>
<body>
<p>1.类选择符示例</p>
<p class="myContent">2.类选择符示例</p>
<p>3.类选择符示例</p>
</body>
</html>
```

6. 分组选择符

可以对选择符进行分组，被分为一组的选择符可以共享相同的声明。用逗号将需要分组的选择符隔开，其格式为：

```
E1,E2,E3
{
  /*CSS 代码*/
}
```

当多个对象定义了相同的样式时，用户可以把它们分为一组，这样能够简化代码读写。

【演示 4-3-4】分组选择符示例，本例文件 4-3-4.html 在浏览器中的显示效果如图 4-10 所示。

4-3-4.html 的代码如下：

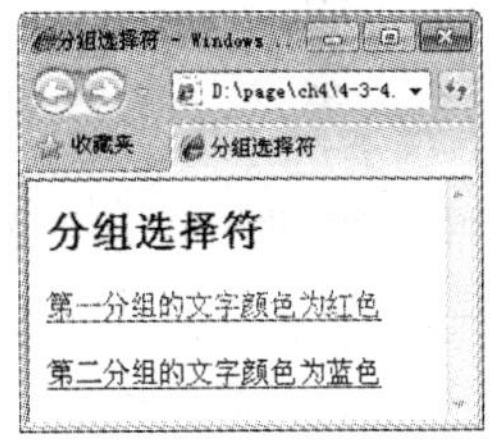

图 4-10　分组选择符示例效果

```
<html>
<head>
<title>分组选择符</title>
<style type="text/css">
.class1,.class2{
   font-size:16px;
   text-decoration:underline;
}
.class1{
   color:red;
}
.class2{
   color:blue;
}
</style>
</head>
<body>
<h2>分组选择符</h2>
<p class="class1">第一分组的文字颜色为红色</p>
<p class="class2">第二分组的文字颜色为蓝色</p>
```

```
</body>
</html>
```

【演示说明】由于分组选择符对类 class1 和类 class2 定义了相同的样式，即文字大小为 16px 且带有下画线，因此，两个段落中的文字都带有下画线。接着又定义了类 class1 的文字颜色为红色，所以应用类 class1 的第 1 个段落中的文字颜色呈现为红色。最后定义了类 class2 的文字颜色为蓝色，所以应用类 class2 的第 2 个段落中的文字颜色呈现为蓝色。

7．span 选择符

span 在样式表中作为一个选择符使用，而且它也能接受 style、class 和 id 选择符。把 span 元素加入到 HTML 中，它允许网页制作者给出样式，但无须附加在一个 HTML 的结构标签上。span 没有结构的意义，它纯粹是应用样式，所以当样式表失效时它就失去任何作用。

<span>标签也可以用来定义区域，但一般用于网页中某一个问题段落。其格式为：

```
<span id="样式名">…</span>
```

或

```
<span class="样式名">…</span>
```

8．div 选择符

div（division，分区的简写）在功能上与 span 相似，最主要的差别在于，div 是一个块级标签。div 可以包含段落、标题、表格甚至其他部分。这使 div 便于建立不同集成的类，如章节、摘要或备注。在定义区域间使用不同样式时，可使用<div>标签。其格式为：

```
<div id="样式名">…</div>
```

或

```
<div class="样式名">…</div>
```

9．伪类选择符

前面已经讲解了多个常用的选择符，除此之外还有两个比较特殊的、针对属性操作的选择符——伪类选择符和伪元素。首先讲解一下伪类选择符。

伪类之所以名字中有“伪”字，是因为它所指定的对象在文档中并不存在，它指定的是一个或与其相关的选择符的状态。伪类选择符和类选择符不同，它不能像类选择符一样随意用别的名字。

伪类可以让用户在使用页面的过程中增加更多的交互效果。例如，应用最为广泛的锚点标签<a>的几种状态（未访问链接状态、已访问链接状态、鼠标指针悬停在链接上的状态以及被激活的链接状态），具体代码如下所示。

```
a:link {color:#FF0000;}          /*未访问的链接状态*/
a:visited {color:#00FF00;}       /*已访问的链接状态*/
a:hover {color:#FF00FF;}         /*鼠标悬停到链接上的状态*/
a:active {color:#0000FF;}        /*被激活的链接状态*/
```

需要说明的是，active 样式要写到 hover 样式后面，否则是不生效的。因为当浏览者单击鼠标未松手（active）的时候其实也是获取焦点（hover）的时候，所以如果把 hover 样式写到 active 样式后面就把样式重写了。下面通过一个实例讲解伪类的用法。代码如下：

```
a:hover {
   background-color:#f6c;              /*定义背景颜色*/
   border:1px solid #f00;              /*定义边框粗细、类型及其颜色*/
   font-size:24px                      /*鼠标悬停时文字大小为 24px，字体变大*/
}
```

网页结构代码如下：

```
<p>乾坤大挪移：鼠标指向<a href="#">变脸</a>看发生了什么变化</p>
```

当鼠标悬停在“变脸”超链接的时候背景色变为其他颜色，文字字体变大，并且添加了边框线；待鼠标离开“变脸”超链接时又恢复到默认状态，如图 4-11 所示。

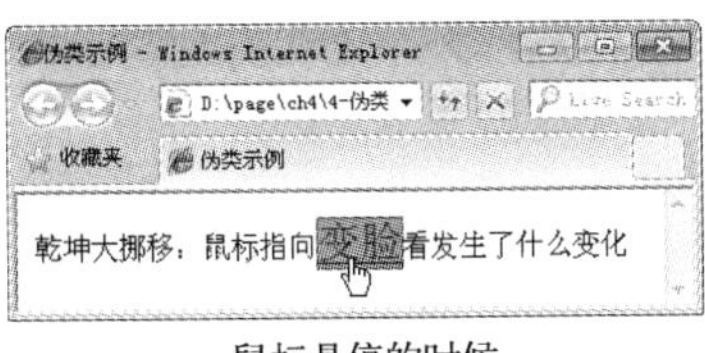

鼠标悬停的时候

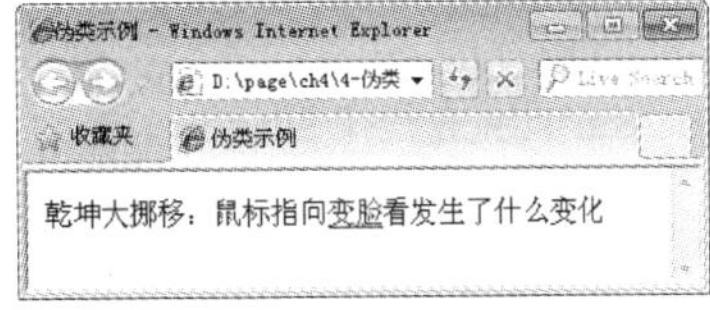

鼠标离开超链接

图 4-11　伪类的应用

10．伪元素

与伪类的方式类似，伪元素通过对插入到文档中的虚构元素进行触发，从而达到某种效果，伪元素的语法形式为：

选择符：伪元素{属性：属性值；}

伪元素的具体内容及作用见表 4-3。

表 4-3　伪元素的具体内容及作用

伪元素	作　用
:first-letter	将特殊的样式添加到文本的首字母
:first-line	将特殊的样式添加到文本的首行
:before	在某元素之前插入某些内容
:after	在某元素之后插入某些内容

【演示 4-3-5】伪元素的用法，本例文件 4-3-5.html 在 IE 浏览器中的显示效果如图 4-12 所示，在 Opera 浏览器中的浏览效果如图 4-13 所示。

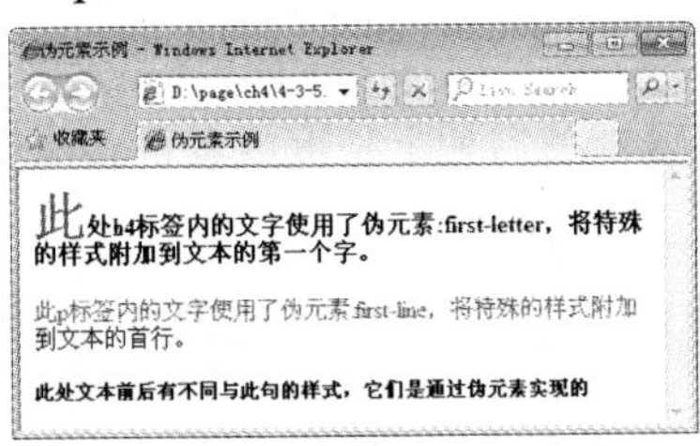

图 4-12　IE 浏览器中的伪元素效果

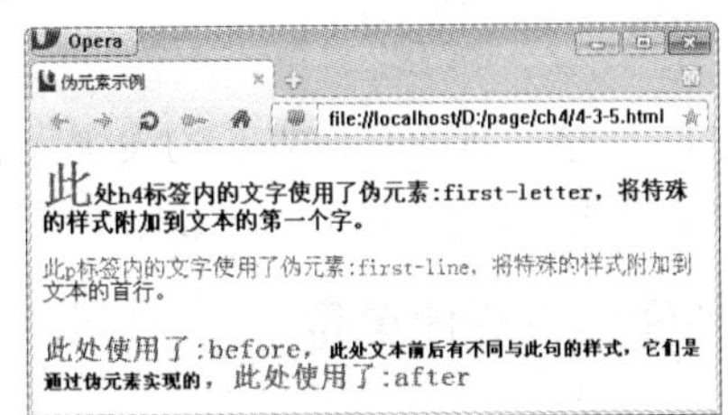

图 4-13　Opera 浏览器中的伪元素效果

4-3-5.html 的代码如下：

```
<html>
```

```
<head>
<meta charset="gb2312">
<title>伪元素示例</title>
<style type="text/css">
h4:first-letter {
        color: #ff0000;
        font-size:36px;
}
p:first-line {
        color: #ff0000;
}
h5:before {
        font-size:20px;
        color: #ff0000;
        content:"此处使用了 a:before，";
}
h5:after {
        font-size:20px;
        color: #ff0000;
        content:"，此处使用了:after";
}
</style>
</head>
<body>
<h4> 此处 h4 标签内的文字使用了伪元素:first-letter，将特殊的样式附加到文本的第一个字。</h4>
<p>此 p 标签内的文字使用了伪元素:first-line，将特殊的样式附加到文本的首行。</p>
<h5>此处文本前后有不同于此句的样式，它们是通过伪元素实现的</h5>
</body>
</html>
```

IE 浏览器在伪类和伪元素的支持上十分有限，如:before 与:after 就不被 IE 所支持。相比之下，Opera 浏览器对伪类和伪元素的支持较好。

在以上代码中，首先分别对“h4:first-letter”“p:first-line”“h5:before”和“h5:after”进行了样式指派。从图 4-13 中可以看出，凡是<h4>与</h4>之间的内容，都应用了首字号增大且变为红色的样式；凡是<p>与</p>之间的内容，都应用了首行文字变为红色的样式；而在<h5>与</h5>标签之间的文字前后，虽然页面结构代码中并没有其他文字内容，但浏览器解析后，为这段文字的前后添加了红色的文字，其原因就是 h5 元素预定义了:before 和:after 的样式。

4.4 CSS 的属性单位

在 CSS 文字、排版和边界等的设置上，常常会在属性值后加上长度或者百分比单位，通过本节的学习将掌握长度和百分比两种单位的使用。

4.4.1 长度、百分比单位

使用 CSS 进行排版时，常常会在属性值后面加上长度或者百分比的单位。

1．长度单位

长度单位有相对长度单位和绝对长度单位两种类型。

相对长度单位是指以该属性前一个属性的单位值为基础来完成目前的设置。

绝对长度单位将不会随着显示设备的不同而改变。换句话说，属性值使用绝对长度单位时，不论在哪种设备上，显示效果都是一样的，如屏幕上的 1cm 与打印机上的 1cm 是一样长的。

由于相对长度单位确定的是一个相对于另一个长度属性的长度，因而它能更好地适应不同的媒体，所以它是首选的。一个长度的值由可选的正号“+”或负号“-”，接着一个数字，后跟标明单位的两个字母组成。

长度单位见表 4-4。当使用 pt 作单位时，设置显示字体的大小不同，显示效果也会不同。

表 4-4　长度单位

长度单位	简　介	示　例	长度单位类型
em	相对于当前对象内大写字母 M 的宽度	div { font-size : 1.2em }	相对长度单位
ex	相对于当前对象内小写字母 x 的高度	div { font-size : 1.2ex }	相对长度单位
px	像素（pixel），像素是相对于显示器屏幕分辨率而言的	div { font-size : 12px }	相对长度单位
pt	点（point），1pt = 1/72in	div { font-size : 12pt }	绝对长度单位
pc	派卡（pica），相当于汉字新四号铅字的尺寸，1pc =12pt	div { font-size : 0.75pc }	绝对长度单位
in	英寸（inch），1in = 2.54cm = 25.4mm = 72pt = 6pc	div { font-size : 0.13in }	绝对长度单位
cm	厘米（centimeter）	div { font-size : 0.33cm }	绝对长度单位
mm	毫米（millimeter）	div { font-size : 3.3mm }	绝对长度单位

2. 百分比单位

百分比单位也是一种常用的相对长度类型，通常的参考依据为元素的 font-size 属性。百分比值总是相对于另一个值来说的，该值可以是长度单位或其他单位。每一个可以使用百分比值单位指定的属性，同时也自定义了这个百分比值的参照值。在大多数情况下，这个参照值是该元素本身的字体尺寸。并非所有属性都支持百分比单位。

一个百分比值由可选的正号“+”或负号“-”，接着一个数字，后跟百分号“%”组成。如果百分比值是正的，正号可以不写。正负号、数字与百分号之间不能有空格。例如：

```
p{ line-height: 200% }          /* 本段文字的高度为标准行高的 2 倍 */
hr{ width: 80% }                /* 水平线长度是相对于浏览器窗口的 80% */
```

注意，不论使用哪种单位，在设置时，数值与单位之间不能加空格。

4.4.2　色彩单位

在 HTML 网页或者 CSS 样式的色彩定义里，设置色彩的方式是 RGB 方式。在 RGB 方式中，所有色彩均由红色（Red）、绿色（Green）、蓝色（B1ue）3 种色彩混合而成。

在 HTML 标记中只提供了两种设置色彩的方法：十六进制数和色彩英文名称。CSS 则提供了 3 种定义色彩的方法：十六进制数、色彩英文名称和 rgb 函数。

1. 用十六进制数方式表示色彩值

在计算机中，定义每种色彩的强度范围为 0～255。当所有色彩的强度都为 0 时，将产生黑色；当所有色彩的强度都为 255 时，将产生白色。

在 HTML 中，使用 RGB 概念指定色彩时，前面是一个“#”号，再加上 6 个十六进制数字表示，表示方法为：#RRGGBB。其中，前两个数字代表红光强度（Red），中间两个数字代表绿光强度（Green），后两个数字代表蓝光强度（Blue）。以上 3 个参数的取值范围为：

00～ff。参数必须是两位数。对于只有 1 位的参数，应在前面补 0。这种方法一共可表示 256×256×256 种色彩，即 16M 种色彩。而红色、绿色、黑色、白色的十六进制设置值分别为：#ff0000、#00ff00、#0000ff、#000000、#ffffff。例如下面的示例代码：

```
div { color: #ff0000 }
```

如果每个参数各自在两位上的数字都相同，也可缩写为#RGB 的方式。例如：#cc9900 可以缩写为#c90。

2．用色彩名称方式表示色彩值

CSS 中也提供了与 HTML 一样的用色彩的英文名称表示色彩的方式。CSS 只提供了 16 种色彩名称，见表 2-1。例如下面的示例代码：

```
div {color: red }
```

3．用 rgb 函数方式表示色彩值

在 CSS 中，可以用 rgb 函数设置所要的色彩。其语法格式为：

```
rgb(R,G,B)
```

其中，R 为红色值，G 为绿色值，B 为蓝色值。这 3 个参数可取正整数值或百分比值，正整数值的取值范围为 0～255，百分比值的取值范围为色彩强度的百分比 0.0%～100.0%。例如下面的示例代码：

```
div { color: rgb(128,50,220) }
div { color: rgb(15%,100,60%) }
```

4.5 案例：网络花店相关商品局部页面——文档结构

【案例展示】本案例使用各种类型的元素制作网络花店的相关商品局部页面，本例文件 4-5.html 在浏览器中的显示效果如图 4-14 所示。

【学习目标】掌握文档结构的层次性及使用 CSS 设置文档结构样式的方法。

【知识要点】文档结构、继承、层叠及元素分类。

事实上文档结构在样式的应用中具有重要的意义。CSS 之所以强大，是因为它采用 HTML 文档结构来决定其样式的应用。

图 4-14　相关商品

4.5.1 文档结构

为了更好地理解“CSS 采用 HTML 文档结构来决定其样式的应用”这句话，首先需要理解文档是怎样结构化的，为以后学习继承、层叠等知识打下基础。

【演示 4-5-1】文档结构的示例，本例文件 4-5-1.html 在浏览器中的显示效果，如图 4-15 所示。

4-5-1.html 的代码如下：

```
<html>
<head>
<title>文档结构示例</title>
</head>
```

```
<body>
<h1>初识 CSS</h1>
<p>CSS 是一组格式设置规则，用于控制<em>Web</em>页面的外观。</p>
<ul>
  <li>CSS 的优点
    <ul>
      <li>表现和内容（结构）分离</li>
      <li>易于维护和<em>改版</em></li>
      <li>更好地控制页面布局</li>
    </ul>
  </li>
  <li>CSS 设计与编写原则</li>
</ul>
</body>
</html>
```

在 HTML 文档中，文档结构都是基于元素层次关系的，正如上面给出的示例代码，这种元素间的层次关系可以用图 4-16 的树形结构来描述。

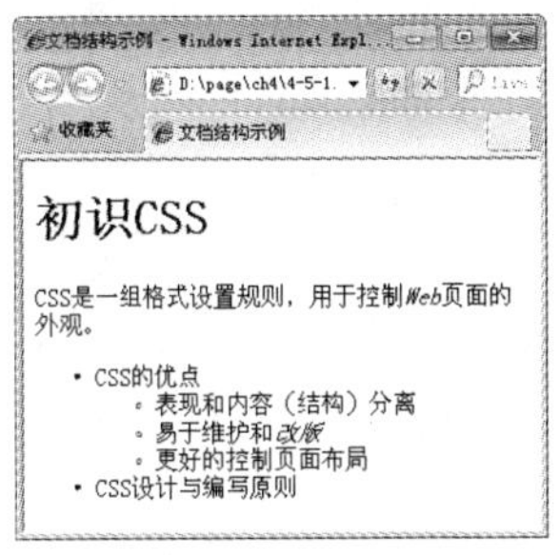

图 4-15　文档结构的示例效果

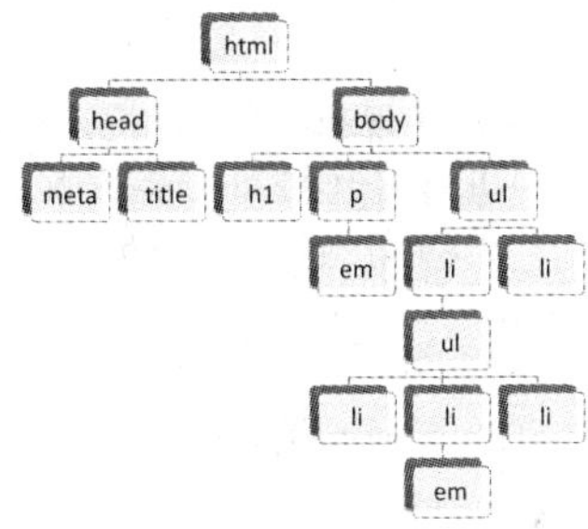

图 4-16　HTML 文档的树形结构

在这样的层次图中，每个元素都处于文档结构中的某个位置，而且每个元素或是父元素，或是子元素，或既是父元素又是子元素。例如，文档中的 body 元素既是 html 元素的子元素，又是 h1、p 和 ul 的父元素。整个代码中，html 元素是所有元素的祖先，也称为根元素。前面讲解的“包含选择符”就是建立在文档结构的基础上的。

4.5.2　继承

CSS 的主要特征就是继承（Inheritance），它依赖于祖先——子孙关系，这种特性允许样式不仅应用于某个特定的元素，同时也应用于其后代，而后代所定义的新样式，却不会影响父代样式。

根据 CSS 规则，子元素继承父元素属性。如：

```
body{font-family:"微软雅黑";}
```

通过继承，所有 body 的子元素都应该显示为“微软雅黑”字体，子元素的子元素也一样。

【演示 4-5-2】CSS 继承示例，本例文件 4-5-2.html 在浏览器中的显示效果如图 4-17 所示。

图 4-17　页面的浏览效果

4-5-2.html 的代码如下：

```
<html>
<head>
<title>继承示例</title>
<style type="text/css">
p {
      color:#00f;                          /*定义文字颜色为蓝色*/
      text-decoration:underline;           /*增加下画线*/
}
p em{                                      /*为 p 元素中的 em 子元素定义样式*/
      font-size:24px;                      /*定义文字大小为 24px*/
      color:#f00;                          /*定义文字颜色为红色*/
}
</style>
</head>
<body>
<h1>初识 CSS</h1>
<p>CSS 是一组格式设置规则，用于控制<em>Web</em>页面的外观。</p>
<ul>
  <li>CSS 的优点
    <ul>
      <li>表现和内容（结构）分离</li>
      <li>易于维护和<em>改版</em></li>
      <li>更好地控制页面布局</li>
    </ul>
  </li>
  <li>CSS 设计与编写原则</li>
</ul>
</body>
</html>
```

【演示说明】从图 4-17 的浏览效果可以看出，虽然 em 子元素重新定义了新样式，但其父元素 p 并未受到影响，而且 em 子元素中的内容还继承了 p 元素中设置的下画线样式，只是颜色和字体大小采用了自己的样式风格。

需要注意的是，不是所有属性都具有继承性，CSS 强制规定部分属性不具有继承性。下面这些属性不具有继承性：边框、外边距、内边距、背景、定位、布局、元素高度和宽度。

4.5.3 样式表的层叠、特殊性与重要性

1．样式表的层叠

层叠（cascade）是指 CSS 能够对同一个元素应用多个样式表的能力。前面介绍了在网页中插入样式表的 4 种方法，如果这 4 种方法同时出现，浏览器会以哪种方法定义的规则为准？这就涉及了样式表的优先级和层叠。一般原则是，最接近目标的样式定义优先级最高。高优先级样式将继承低优先级样式的未重叠定义，但覆盖重叠的定义。根据规定，样式表的优先级别从高到低为：内联样式表、内部样式表、链接样式表、导入样式表和默认浏览器样式表。浏览器将按照上述顺序执行样式表的规则。

样式表的层叠性就是继承性，样式表的继承规则是：外部的元素样式会保留下来，由这

个元素所包含的其他元素继承。

【演示 4-5-3】样式表的层叠，本例文件 4-5-3.html 在浏览器中的显示效果如图 4-18 所示。

图 4-18　<h2>标签的叠加样式

在文件夹 css 下用记事本新建一个名为 cascading.css 的样式表文件。代码如下：

```
h2{
   color: blue;
   text-align: left;
   font-size: 8pt;
}
```

在当前文件夹中，用记事本新建一个名为 4-5-3.html 的网页文件，代码如下：

```
<html>
<head>
<title>多重样式表的层叠</title>
<link rel="stylesheet" type="text/css" href="css/cascading.css" />
<style type="text/css">
h2{
   text-align: right;
   font-size: 16pt;
}
</style>
</head>
<body>
<h2>文字色彩为蓝色，向右对齐，大小为 16pt</h2>
</body>
</html>
```

【演示说明】代码中<h2>标签的外部样式与内部样式叠加后的样式等价于以下代码：

```
h2{
   color: blue;
   text-align: right;
   font-size: 16pt;
}
```

上述代码表示<h2>标签的叠加样式效果为“文字色彩为蓝色，向右对齐，大小为 16pt”，字体色彩从外部样式表保留下来，而当对齐方式和字体尺寸各自都有定义时，按照后定义的优先的规则使用内部样式表的定义。

【演示 4-5-4】样式表的层叠示例，本例文件 4-5-4.html 在浏览器中的显示效果如图 4-19 所示。

图 4-19　样式表的层叠示例效果

4-5-4.html 的代码如下：

```
<html>
<head>
<title>多重样式表的层叠</title>
<style type="text/css">
div {
   color: red;
   font-size:13pt;
}
p {
   color: blue;
}
</style>
</head>
<body>
<div>
   <p>这个段落的文字为蓝色 13 号字</p>     <!-- p 元素里的内容会继承 div 定义的属性 -->
</div>
</body>
</html>
```

【演示说明】显示结果为表示段落里的文字大小为 13 号字，继承 div 属性；而 color 属性则依照最后的定义，为蓝色。

2. 特殊性

特殊性描述了不同规则的相对权重，当多个规则应用到同一个元素时权重越大的样式会被优先采用。

【演示 4-5-5】样式表的特殊性示例，本例文件 4-5-5.html 在浏览器中的显示效果如图 4-20 所示。

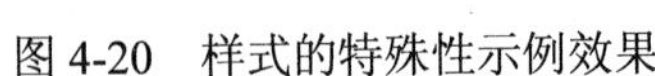

图 4-20　样式的特殊性示例效果

4-5-5.html 的代码如下：

```
<html>
<head>
<title>特殊性示例</title>
<style type="text/css">
   .color_red{color:red;}
   p{color:blue;}
</style>
</head>
<body>
<p class="color_red">这里的文字颜色是红色</p>
</body>
</html>
```

正如上述代码所示，预定义的<p>标签样式和.color_red 类样式都能匹配上面的 p 元素，那么<p>标签中的文字该使用哪一种样式呢？

根据规范，通配符选择符具有特殊性值 0；一个简单的选择符（例如 p）具有特殊性值 1；

类选择符具有特殊性值 10；id 选择符具有特殊性值 100；内联样式（style=""）具有特殊性值 1000。选择符的特殊性值越大，规则的相对权重就越大，样式会被优先采用。

对于上面的示例，显然类选择符.color_red 要比简单选择符 p 的特殊性值大，因此<p>标签中的文字的颜色是红色的。

3．重要性

不同的选择符定义相同的元素时，要考虑不同选择符之间的优先级（id 选择符、类选择符和 HTML 标签选择符），id 选择符的优先级最高，其次是类选择符，HTML 标签选择符最低。如果想超越这三者之间的关系，可以用!important 来提升样式表的优先权，例如：

```
p { color: #f00!important }
.blue { color: #00f}
#id1 { color: #ff0}
```

同时对页面中的一个段落加上这 3 种样式，它会依照被!important 申明的 HTML 标签选择符的样式，显示红色文字。如果去掉!important，则依照优先权最高的 id 选择符，显示黄色文字。

4.5.4　元素类型

在前面已经以文档结构树形图的形式讲解了文档中元素的层次关系，这种层次关系同时也要依赖于这些元素类型间的关系。CSS 使用 display 属性规定元素应该生成的框的类型。

1．块级元素（display:block）

display 属性设置为 block 将显示块级元素，块级元素的宽度为 100%，而且后面隐藏附带有换行符，使块级元素始终占据一行。如<div>常常被称为块级元素，这意味着这些元素显示为一块内容。标题、段落、列表、表格、分区 div 和 body 等元素都是块级元素。

2．行级元素（display:inline）

行级元素也称为内联元素，display 属性设置为 inline 将显示行级元素，元素前后没有换行符，行级元素没有高度和宽度，因此也就没有固定的形状，显示时只占据其内容的大小。超链接、图像、范围 span、表单元素等都是行级元素。

3．列表项元素（display:list-item）

listitem 属性值表示列表项目，其实质上也是块状显示，不过是一种特殊的块状类型，它增加了缩进和项目符号。

4．隐藏元素（display:none）

none 属性值表示隐藏并取消盒模型，所包含的内容不会被浏览器解析和显示。将 display 设置为 none，则该元素及其所有内容不再显示，也不占用文档中的空间。

5．其他分类

除了上述常用的分类之外，还包括以下分类：

display : inline-table | run-in | table | table-caption | table-cell | table-column | table-column-group | table-row | table-row-group | inherit

如果从布局角度来分析，上述显示类型都可以划归为 block 和 inline 两种，其他类型都是这两种类型的特殊显示，真正能够应用并获得所有浏览器支持的只有 4 个：none、block、inline 和 listitem。

【案例：网络花店相关商品局部页面】的制作过程如下。

① 建立目录结构。在案例文件夹下创建两个文件夹 images 和 css，分别用于存放图像素材和外部样式表文件。

② 准备素材。将本页面需要使用的图像素材存放在文件夹 images 下。

③ 外部样式表。在文件夹 css 下用记事本新建一个名为 style.css 的样式表文件。代码如下。

```
body{                           /*设置页面整体样式——父元素*/
    width:985px;
    font-family:Tahoma;
    font-size:12px;             /*设置文字大小为 12px*/
    color:#565656;              /*设置默认文字颜色为灰色*/
    position:relative           /*相对定位*/
}
p {                             /*默认段落样式*/
    margin: 0 0 10px 0;         /*上、右、下、左的外边距依次为 0px,0px,10px,0px*/
    padding: 0;                 /*内边距为 0px*/
}
img {                           /*设置图片样式*/
    border: none;               /*图片无边框*/
}
a, a:link, a:visited {          /*设置超链接及访问过链接的样式*/
    font-weight: normal;        /*字体正常粗细*/
    text-decoration: none       /*链接无修饰*/
}
a:hover {                       /*设置鼠标悬停链接的样式*/
    text-decoration: underline; /*加下画线*/
}
.cleaner {
    clear: both                 /*清除所有浮动*/
}
.h10 {
    height: 10px                /*清除浮动后保留的空白区域的高度为 10px*/
}
#center{                        /*设置相关图片所在中央区域容器的样式*/
    width: 572px;               /*设置容器宽度为 572px*/
    position:relative;          /*相对定位*/
}
#content{                       /*设置内容区域的样式*/
    padding:0px 12px 30px 20px;/*上、右、下、左的内边距依次为 0px,12px,30px,20px*/
    float:left                  /*向左浮动*/
}
#content p{                     /*设置内容区域段落的样式——继承*/
    padding:10px 0 0 5px;       /*上、右、下、左的内边距依次为 10px,0px,0px,5px*/
    margin:0px;                 /*外边距为 0px*/
    text-indent:2em;            /*首行缩进*/
```

```
}
.pad25{                          /*设置相关商品标题图片上内边距*/
    padding-top:25px;            /*图片上内边距 25px，使标题图片和明细区域保持分隔距离*/
}
.stuff{                          /*设置所有鲜花信息区域的样式*/
    margin:25px 0 0 0;           /*上、右、下、左的外边距依次为 25px,0px,0px,0px*/
    float:left;                  /*向左浮动*/
}
.item{                           /*设置单束鲜花信息区域的样式*/
    width:270px;                 /*宽度为 270px*/
    float:left;                  /*向左浮动*/
    margin:0 0 15px 0            /*上、右、下、左的外边距依次为 0px,0px,15px,0px*/
}
.item img{                       /*设置单束鲜花信息区域图片的样式——继承*/
    float:left;                  /*向左浮动*/
    border:1px solid #999;       /*图片边框为 1px 灰色实线*/
}
.item span{                      /*设置鲜花右侧简介文字区域的样式——继承*/
    font-weight:normal;          /*正常粗细文字*/
    font-size:12px;
    display:block;               /*块级元素——元素分类*/
    width:135px;
    float:left;                  /*向左浮动*/
    padding:5px 0 10px 8px;      /*上、右、下、左的内边距依次为 5px,0px,10px,8px*/
}
.name{                           /*设置鲜花名称文字的样式*/
    color:#4a4a4a;               /*设置文字颜色为深灰色*/
    text-decoration:underline;   /*加下画线*/
}
.name:link,.name:visited{        /*设置鲜花名称正常链接和访问过链接的样式*/
    text-decoration:underline    /*加下画线*/
}
.name:hover {                    /*设置鼠标悬停链接的样式*/
    text-decoration:none         /*链接无修饰*/
}
```

④ 网页结构文件。在当前文件夹中，用记事本新建一个名为 4-5.html 的网页文件，代码如下：

```
<!doctype html>
<html>
<head>
<meta charset="gb2312">
<title>网络花店相关商品</title>
<link rel="stylesheet" type="text/css" href="css/style.css" />
</head>
<body>
```

```
<div id="center">
  <div id="content">
    <img src="images/title7.gif" alt="" width="537" height="23" class="pad25" />
     <div class="stuff">
       <div class="item">
         <a href="productdetail.html"><img src="images/product/flower.jpg" alt="鲜花" width="124" height="175" /></a>
         <span><a href="#" class="name">粉玫瑰：爱的宣言</a></span>
         <span>有你的日子总是美好</span>
         <span style="color:#E27C0E">定   价：&yen;286</span>
         <span style="color:#E27C0E">优惠价：&yen;218</span>
         <span>积分：50</span>          </div>
      <div class="cleaner h10"></div>
      <a href="cart.html"><img src="images/addtocart.png" alt="加入购物车"></a>
    </div>
  </div>
</div>
</body>
</html>
```

⑤ 浏览网页。在浏览器中浏览已制作完成的页面，页面的显示效果如图 4-14 所示。

【案例说明】

① 本案例中多处使用了 CSS 继承的方法设置元素的样式，例如，#content p、.item img 和.item span。利用这种继承关系，可以大大缩短代码的编写量。

② “加入购物车”图片按钮在页面中是通过<img>标签实现的，但这种方法很难实现精确定位。这种效果也可以通过设置超链接背景图像来实现，并结合使用盒模型的定位与浮动精确地定位到输出位置，请读者参考第 5 章讲解的 CSS 盒模型的定位与浮动的相关知识。

4.6 实训：制作网络花店新闻更新局部页面

【实训展示】制作网络花店新闻更新局部页面，本例文件 4-6.html 在浏览器中的显示效果如图 4-21 所示。

【实训目标】掌握使用 CSS 的定义、使用及文档结构的相关知识。

【知识要点】链入外部样式表、常用的 CSS 选择符及文档结构。

制作本案例的文件包括网页 4-6.html 和 5 个图像文件，制作过程如下：

① 建立目录结构。在案例文件夹下创建文件夹 images 和 css，分别用来存放图像素材和外部样式表文件。

② 准备素材。将本页面需要使用的图像素材存放在文件夹 images 下。

③ 外部样式表。在文件夹 css 下新建一个名为 style.css 的样式表文件。代码如下：

图 4-21　页面浏览效果

```
/*---------页面全局样式---------*/
*{                              /*表示针对 HTML 的所有元素*/
    padding:0px;                /*内边距为 0px*/
    margin:0px;                 /*外边距为 0px*/
}
p {                             /*段落样式*/
    margin: 0 0 10px 0;         /*上、右、下、左的外边距依次为 0px,0px,10px,0px*/
    padding: 0;
}
img {                           /*设置图片样式*/
    border: none;               /*图片无边框*/
}
body{                           /*设置页面整体样式*/
    width:985px;
    margin:0 auto;              /*页面自动居中对齐*/
    font-family:Tahoma;
    font-size:12px;             /*设置文字大小为 12px*/
    color:#565656;              /*设置默认文字颜色为灰色*/
    position:relative           /*相对定位*/
}
/*---------右侧区域---------*/
#right {                        /*右侧区域容器样式*/
    width: 238px;               /*容器宽 238px*/
}
.rightblock{                    /*右侧区域内容的样式*/
    padding:0 0 0 14px          /*上、右、下、左的内边距依次为 0px,0px,0px,14px*/
}
.blocks{                        /*右侧区域 3 个子栏目的样式*/
    width:218px;                /*子栏目宽 218px*/
    background-image:url(../images/bg.gif);          /*背景图像*/
    background-position:top left;                    /*背景图像顶端左对齐*/
    background-repeat:repeat-y;                      /*背景图像垂直重复*/
    margin:0 0 2px 0
}
.blocks span{                   /*子栏目中局部文字信息的样式*/
    font-size:11px;
    font-weight:bold;           /*字体加粗*/
    display:block;              /*块级元素*/
    float:left;                 /*向左浮动*/
    width:68px;
    text-align:right;
    padding:0 7px 0 0
}
#news{                          /*设置最新消息区域的样式*/
    padding:0 5px 5px 13px;
    float:left;                 /*向左浮动*/
```

```
}
#right .date{                    /*设置消息发布日期的样式*/
        display:block;           /*块级元素*/
        width:100px;
        line-height:19px;        /*行高 19px*/
        margin:11px 0 12px 0;
        text-align:center;       /*文字居中对齐*/
        font-family:Arial;
        font-size:12px;
        font-weight:normal;      /*文字正常粗细*/
        color:#272727;
        background-image:url(../images/date.gif);
        background-position:top left;
        background-repeat:no-repeat;
}
#news p{                         /*设置最新消息区域中段落的样式*/
        display:block;           /*块级元素*/
        float:left;              /*向左浮动*/
        width:195px;
        text-indent: 2em;        /*首行缩进*/
}
.more{                           /*更多信息文字的样式*/
        display:block;           /*块级元素*/
        float:left;              /*向左浮动*/
        color:#0283DD;           /*青色文字*/
        text-decoration:underline;   /*加下画线*/
        margin:15px 0 0 0
}
```

④ 网页结构文件。在当前文件夹中，用记事本新建一个名为 **4-6.html** 的网页文件，代码如下：

```
<!doctype html>
<html>
<head>
<meta charset="gb2312">
<title>网络花店首页</title>
<link rel="stylesheet" type="text/css" href="css/style.css" />
</head>
<body>
<div id="right">
  <div class="rightblock">
    <div class="blocks"> <img src="images/top_bg.gif" width="218" height="12" />
          <div id="news">
            <img src="images/title5.gif" alt="" width="201" height="28" />
            <span class="date">2014 年 1 月 8 日</span>
            <p>网络花店与境内外 60 家银行签约合作，联手支付宝……（此处省略文字）</p>
```

```
                <a href="#" class="more">更多信息</a>
              </div>
          <img src="images/bot_bg.gif" width="218" height="10" />
        </div>
      </div>
    </div>
    </body>
    </html>
```

⑤ 浏览网页。在浏览器中浏览已制作完成的页面，页面的显示效果如图 4-21 所示。

习题 4

1．使用伪类相关的知识制作鼠标悬停效果。当鼠标未悬停在链接上时，显示如图 4-22a 所示；当鼠标悬停在链接上时，显示如图 4-22b 所示。

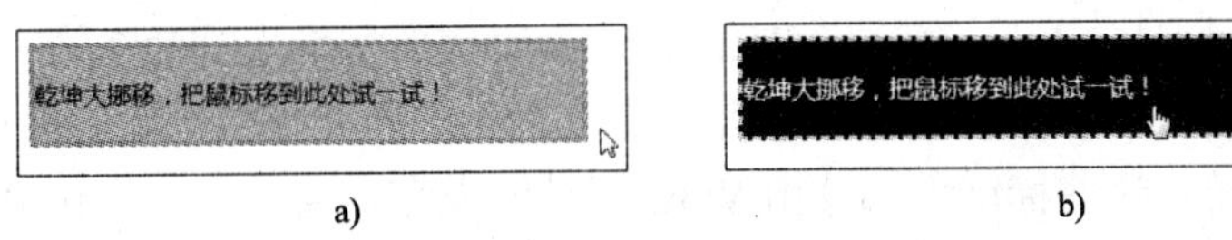

a)　　b)

图 4-22　题 1 图

a) 鼠标未悬停时　b) 鼠标悬停时

2．建立内部样式表，使用包含选择符与分组选择符制作如图 4-23 所示的页面。

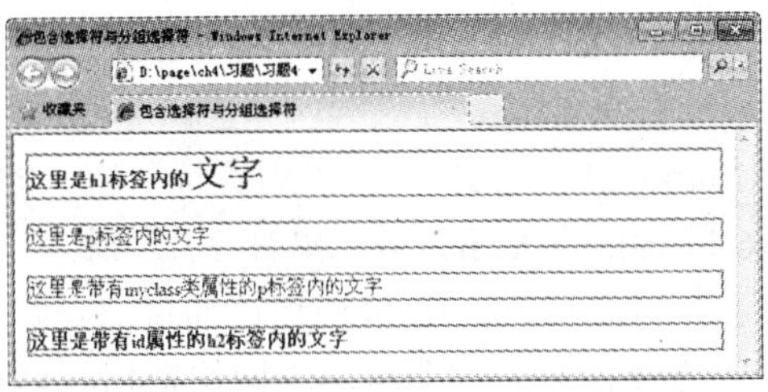

图 4-23　题 2 图

3．使用 CSS 制作网络花店服务向导局部页面，如图 4-24 所示。

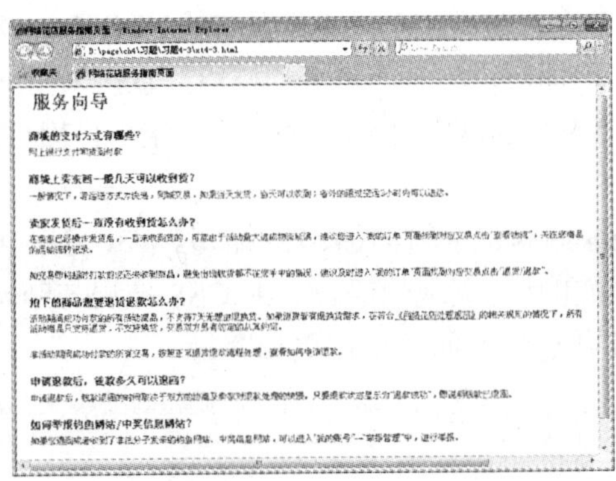

图 4-24　题 3 图

第 5 章 Div+CSS 布局页面

上一章介绍了CSS设计的代码编写和编辑方式，从本章开始将深入讲解CSS的核心原理。传统网页是采用表格进行布局的，但这种方式已经逐渐淡出设计舞台，取而代之的是符合 Web 标准的 DIV+CSS 布局方式。那么，Web 标准是什么，如何进行 Div +CSS 布局，就是本章所要介绍的内容。

5.1 Web 标准

5.1.1 Web 标准的概念

Web 标准不是某一种标准，而是一系列标准的集合。网页主要由 3 部分组成：结构（Structure）、表现（Presentation）和行为（Behavior）。对应的标准也分为 3 类：结构化标准语言主要包括 XHTML 和 XML，表现标准语言主要为 CSS，行为标准主要包括对象模型 W3C DOM、ECMAScript 等。这些标准大部分由 W3C 起草和发布，也有一些是其他标准组织制定的标准，如 ECMA（European Computer Manufacturers Association）的 ECMAScript 标准。

1．结构化标准语言

（1）HTML

HTML 是 HyperText Markup Language 的缩写，中文通常称为超文本标记语言，来源于标准通用置标语言（SGML），它是 Internet 上用于编写网页的主要语言。

（2）XML

XML 是 The eXtensible Markup Language（可扩展置标语言）的缩写。目前推荐遵循的标准是 W3C 于 2000 年 10 月 6 日发布的 XML 1.0。和 HTML 一样，XML 同样来源于 SGML，但 XML 是一种能定义其他语言的语言。XML 最初设计的目的是弥补 HTML 的不足，以强大的扩展性满足网络信息发布的需要，后来逐渐被用于网络数据的转换和描述。

（3）XHTML

XHTML 是 The eXtensible HyperText Markup Language（可扩展超文本置标语言）的缩写，目前推荐遵循的标准是 W3C 于 2000 年 10 月 6 日发布的 XML 1.0。XML 虽然数据转换能力强大，完全可以替代 HTML，但面对成千上万已有的站点，直接采用 XML 还为时过早。因此，在 HTML 4.0 的基础上，用 XML 的规则对其进行扩展，得到了 XHTML。

2．表现标准语言

CSS 是 Cascading Style Sheets（层叠样式表）的缩写。W3C 创建 CSS 标准的目的是以 CSS 取代 HTML 表格式布局、帧和其他表现的语言。纯 CSS 布局与结构式 HTML 相结合能帮助设计师分离外观与结构，使站点的访问及维护更加容易。

3．行为标准

（1）DOM

DOM 是 Document Object Model（文档对象模型）的缩写。根据 W3C DOM 规范，DOM

是一种与浏览器、平台和语言相关的接口，通过 DOM 用户可以访问页面其他的标准组件。简单理解，DOM 解决了 Netscape 的 JavaScript 和 Microsoft 的 JScript 之间的冲突，给予 Web 设计师和开发者一个标准的方法，来解决站点中的数据、脚本和表现层对象的访问问题。

（2）ECMAScript

ECMAScript 是 ECMA（European Computer Manufacturers Association）制定的标准脚本语言（JavaScript）。目前，推荐遵循的标准是 ECMAScript 262。

5.1.2 建立 Web 标准的优点

大部分人都有深刻的体验，每当主流浏览器版本升级的时候，刚建立的网站就可能变得过时，因此就需要随之升级或重新建造一遍网站。例如，从 1996~1999 年，为了兼容 Netscape 和 IE，很多网站不得不为这两种浏览器编写不同的代码。同样的，每当有新的网络技术和交互设备出现，就需要制作一个新版本来支持这种新技术或新设备，如支持手机上网的 WAP 技术。这些都是恶性循环，是巨大的浪费。

那么，如何解决这些问题呢？有识之士早已开始思考，需要建立一种普遍认同的标准来结束这种无序和混乱。建立 Web 标准的优点如下：

- 提供最大利益给最多的网站用户；
- 确保任何网站文档都能够长期有效；
- 简化代码，降低建设成本；
- 让网站更容易使用，能适应更多不同用户和更多网络设备；
- 当浏览器版本更新或者出现新的网络交互设备时，确保所有应用能够继续正确执行。

5.1.3 理解表现和结构相分离

了解了 Web 标准之后，本小节将介绍如何理解表现和结构相分离。在此以一个实例来详细说明。首先，必须先明白一些基本的概念：内容、结构、表现和行为。

1. 内容

内容就是页面实际要传达的真正信息，包含数据、文档或图片等。注意这里强调的“真正”，是指纯粹的数据信息本身，不包含任何辅助信息，如图 5-1 所示的诗歌页面等。

登鹳雀楼 作者：王之涣 白日依山尽，黄河入海流。欲穷千里目， 更上一层楼。

图 5-1 诗歌的内容

2. 结构

可以看到上面的文本信息本身已经完整，但是混乱一团，难以阅读和理解，必须将其格式化一下。把其分成标题、作者、段落和列表等，如图 5-2 所示。

3. 表现

虽然定义了结构，但是内容还是原来的样式没有改变。例如标题字体没有变大，正文的颜色也没有变化，没有背景，没有修饰等。所有这些用来改变内容外观的东西，称之为“表现”。下面是对上面文本用表现处理过后的效果，如图 5-3 所示。

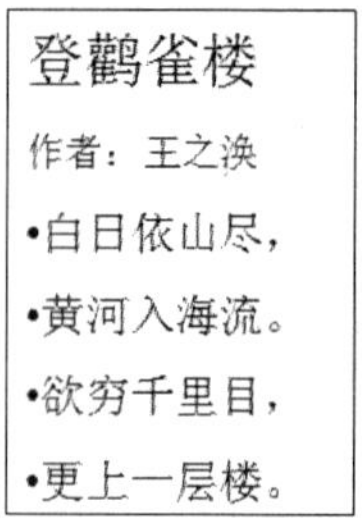

登鹳雀楼

作者：王之涣

•白日依山尽，

•黄河入海流。

•欲穷千里目，

•更上一层楼。

图 5-2　诗歌的结构

图 5-3　诗歌的表现

4．行为

行为是对内容的交互及操作效果。例如，使用 JavaScript 可以使内容动起来，可以判断一些表单提交，进行相应的一些操作。

所有 HTML 页面都由结构、表现和行为 3 个方面内容组成。内容是基础层，然后是附加上的结构层和表现层，最后再对这 3 个层做点“行为”。

5.2　认识 Div+CSS 布局

使用 Div+CSS 布局页面是当前制作网站比较流行的技术。首先，网页设计师必须按照设计要求，搭建一个可视的排版框架，这个框架有自己在页面中显示的位置、浮动方式，然后再向框架中填充排版的细节，这就是 Div+CSS 布局页面的基本理念。

5.2.1　Div+CSS 布局的优点

在传统的 HTML 标签中，既有控制结构的标签（如<title>标签和<p>标签），又有控制表现的标签（如<font>标签和<b>标签），还有本意用于结构后来被滥用于控制表现的标签（如<h1>标签和<table>标签）。页面的整个结构标签与表现标签混合在一起。

相对于其他 HTML 继承而来的元素，Div 标签的特性就是它是一种块级元素，更容易被 CSS 代码控制样式。

Div+CSS 的页面布局不仅仅是设计方式的转变，而且也是设计思想的转变，这一转变为网页设计带来了许多便利。虽然在设计中使用的元素依然没有改变，在旧的表格布局中，也会使用到 Div 和 CSS，但它们却没有被用于页面布局。采用 Div+CSS 布局方式的优点如下：

- Div 用于搭建网站结构，CSS 用于创建网站表现，将表现与内容分离，便于大型网站的协作开发和维护。
- 缩短了网站的改版时间，设计者只要简单地修改 CSS 文件就可以轻松地改版网站。
- 强大的字体控制和排版能力，使设计者能够更好地控制页面布局。
- 使用只包含结构化内容的 HTML 代替嵌套的标签，提高搜索引擎对网页的索引效率。
- 用户可以将许多网页的风格格式同时更新。

5.2.2 将页面用 Div 分块

使用 Div+CSS 布局页面完全有别于传统的网页布局习惯，它首先将页面在整体上进行 Div 标签的分块，然后对各个块进行 CSS 定位，最后再在各个块中添加相应的内容。

Div 标签是可以被嵌套的，这种嵌套的 Div 主要用于实现更为复杂的页面排版。下面以两个示例说明嵌套的 Div 之间的关系。

例如，未嵌套的 Div 容器的布局效果如图 5-4 所示。代码如下：

```
<body>
<div id="top">此处显示 id "top" 的内容</div>
<div id="main">此处显示 id "main" 的内容</div>
<div id="footer">此处显示 id "footer" 的内容</div>
</body>
</html>
```

以上代码中分别定义了 id="top"、id="main"和 id="footer"的 3 个 Div 标签，它们之间是并列关系，没有嵌套。在页面布局结构中以垂直方向顺序排列。而在实际工作中，这种布局方式并不能满足工作需要，经常会遇到 Div 之间的嵌套。

例如，嵌套的 Div 容器的 Div 的布局效果如图 5-5 所示。代码如下：

```
<body>
<div id="container">
  <div id="top">此处显示  id "top" 的内容</div>
  <div id="main">
    <div id="mainbox">此处显示  id "mainbox" 的内容</div>
    <div id="sidebox">此处显示  id "sidebox" 的内容</div>
  </div>
  <div id="footer">此处显示  id "footer" 的内容</div>
</div>
</body>
```

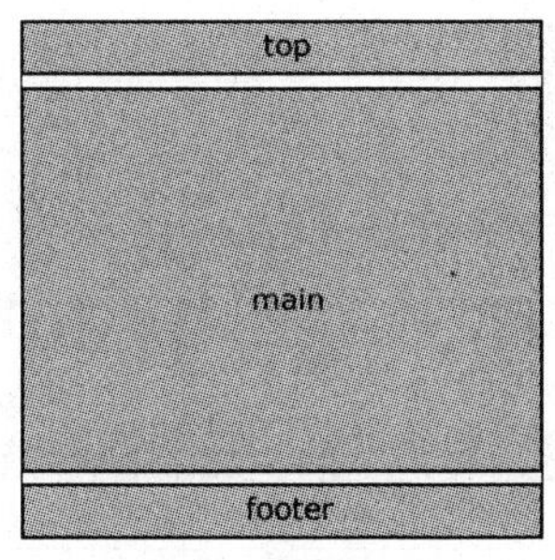

图 5-4 未嵌套的 Div

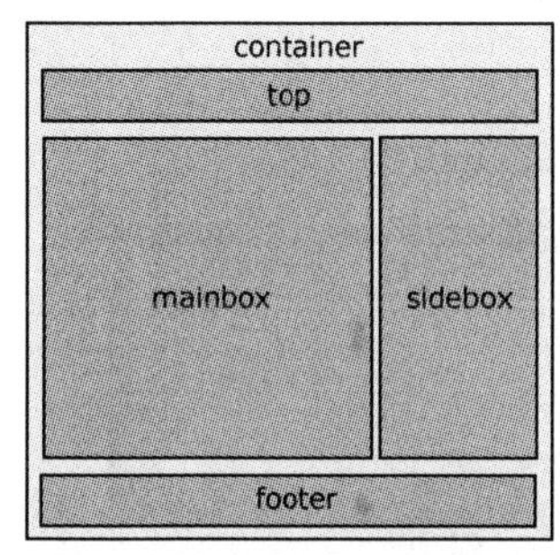

图 5-5 嵌套的 Div

在本例中，id="container"的 Div 作为盛放其他元素的容器，它所包含的所有元素对于 id="container"的 Div 来说都是嵌套关系。对于 id="main"的 Div 容器，则根据实际情况进行布局，这里分别定义 id="mainbox"和"sidebox"两个 Div 标签，虽然新定义的 Div 标签之间是并列关系，但都处于 id="main"的 Div 标签内部，因此它们与 id="main"的 Div 形成了一个嵌套关系。

5.3 案例：网络花店页面顶部的布局——盒模型

【案例展示】使用盒模型的基本知识制作网络花店页面顶部的布局，本例文件 5-3.html 在浏览器中的显示效果如图 5-6 所示。

图 5-6 页面的浏览效果

【学习目标】掌握盒模型的组成和基本属性。

【知识要点】外边距、边框、内边距、盒模型的宽度和高度。

W3C 建议把网页上所有的元素都放在一个个盒模型（Box Model）中，可以通过 CSS 来控制这些盒子的显示属性，把这些盒子进行定位，从而完成整个页面的布局，盒模型是 CSS 定位布局的核心内容。

5.3.1 盒模型简介

样式表规定了一个 CSS 盒模型，每一个整块对象或替代对象都包含在样式表生成器的 Box 容器内，它储存一个对象的所有可操作的样式。

所谓盒模型，就是把每个 HTML 元素看做一个装了东西的盒子，盒子里面的内容有属性“宽（width）”和“高（height）”；盒子里面的内容到盒子的边框之间的距离叫“内边距（padding）”；盒子本身有“边框（border）”；而盒子边框外和其他盒子之间的距离叫“外边距（margin）”，如图 5-7 所示。元素的尺寸与边框等样式表属性的关系，如图 5-8 所示。

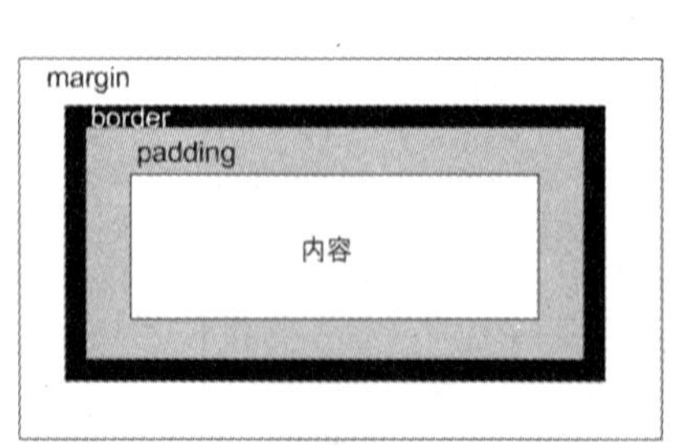

图 5-7 CSS 盒模型

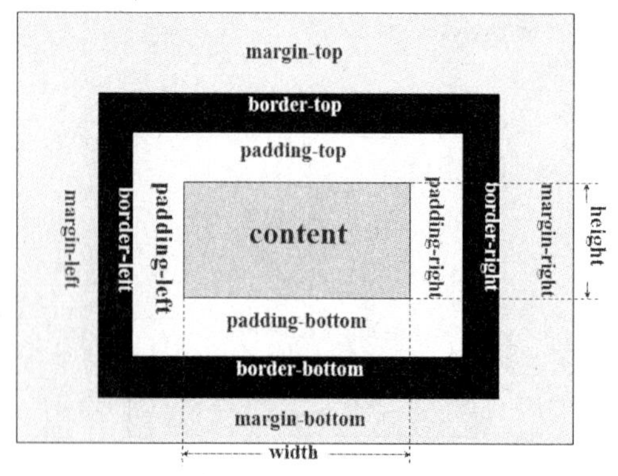

图 5-8 尺寸与边框等样式表属性的关系

盒模型最里面的部分就是实际的内容，内边距紧紧包围在内容区域的周围，如果给某个元素添加背景色或背景图像，那么该元素的背景色或背景图像也将出现在内边距中。在内边距的外侧边缘是边框，边框以外是外边距。边框的作用就是在内边外距之间创建一个隔离带，以避免视觉上的混淆。

内边距、边框和外边距这些属性都是可选的，默认值都是 0。但是，许多元素将由用户代理样式表设置外边距和内边距。为了解决这个问题，可以通过将元素的 margin 和 padding 设置为 0 来覆盖这些浏览器样式。

通常在 CSS 样式文件中输入以下代码：

```
*{
  margin: 0;
  padding: 0;
}
```

5.3.2 外边距、边框与内边距

1．外边距

外边距也称为外补丁。外边距的设置属性有 margin-top、margin-right、margin-bottom、margin-left，可分别设置，也可以用 margin 属性，一次设置所有边距。

（1）上外边距（margin-top）

语法：**margin-top : length | auto**

参数：length 是由数字和单位标识符组成的长度值或者百分数，百分数是基于父对象的高度。auto 值被设置为对边的值。

说明：设置对象上外边距，外边距始终透明。内联元素要使用该属性，必须先设定元素的 height 或 width 属性，或者设定 position 属性为 absolute。

示例：

```
body { margin-top: 11.5%  }
```

（2）右外边距（margin-right）

语法：**margin-right : length | auto**

参数：同 margin-top。

说明：同 margin-top。

示例：

```
body { margin-right: 11.5%; }
```

（3）下外边距（margin-bottom）

语法：**margin-bottom : length | auto**

参数：同 margin-top。

说明：同 margin-top。

示例：

```
body { margin-bottom: 11.5%; }
```

（4）左外边距（margin-left）

语法：**margin-left : length | auto**

参数：同 margin-top。

说明：同 margin-top。

示例：

```
body { margin-left: 11.5%; }
```

以上 4 项属性可以控制一个要素四周的边距，每一个边距都可以有不同的设置。或者设置一个边距，然后让浏览器用默认设置设定其他几个边距。可以将边距应用于文字和其他元素。

示例：

```
h4 { margin-top: 20px; margin-bottom: 5px; margin-left: 100px; margin-right: 55px }
```

设定边距参数值最常用的方法是利用长度单位（px、pt 等），也可以用比例值设定边距。

将边距值设为负值，就可以将两个对象叠在一起。例如，把下边距设为-55px，右边距为60px。

（5）外边距（margin）

语法：**margin : length | auto**

参数：length 是由数字和单位标识符组成的长度值或百分数，百分数是基于父对象的高度；对于内联元素来说，左右外边距可以是负数值。auto 值被设置为对边的值。

说明：设置对象 4 条边的外边距，如图 5-5 所示，位于盒模型的最外层，包括 4 项属性：margin-top（上外边距）、margin-right（右外边距）、margin-bottom（下外边距）、margin-left（左外边距），外延边距始终是透明的。

如果提供全部 4 个参数值，将按 margin-top（上）、margin-right（右）、margin-bottom（下）、margin-left（左）的顺序作用于 4 条边（顺时针）。每个参数中间用空格分隔。

如果只提供 1 个，将用于全部的 4 条边。

如果提供两个，第 1 个用于上、下，第 2 个用于左、右。

如果提供 3 个，第 1 个用于上，第 2 个用于左、右，第 3 个用于下。

内联元素要使用该属性，必须先设定对象的 height 或 width 属性，或者设定 position 属性为 absolute。

示例：

```
body { margin: 36pt 24pt 36pt }
body { margin: 11.5% }
body { margin: 10% 10% 10% 10% }
```

2. 边框

元素的边框是围绕元素内容和内边距的一条或多条线，border 属性允许规定元素边框的样式、宽度和颜色。常用的边框属性有 7 项：border-top、border-right、border-bottom、border-left、border-width、border-color、border-style。其中，border-width 可以一次性设置所有的边框宽度，border-color 同时设置四面边框的颜色时，可以连续写上 4 种颜色，并用空格分隔。上述连续设置的边框都是按 border-top、border-right、border-bottom、border-left 的顺序（顺时针）。

（1）所有边框宽度（border-width）

语法：**border-width : medium | thin | thick | length**

参数：medium 为默认宽度，thin 为小于默认宽度，thick 为大于默认宽度。length 由数字和单位标识符组成的长度值，不可为负值。

说明：如果提供全部 4 个参数值，将按上、右、下、左的顺序作用于 4 个边框。如果只提供一个，将用于全部的 4 条边。如果提供两个，第 1 个用于上、下，第 2 个用于左、右。如果提供 3 个，第 1 个用于上，第 2 个用于左、右，第 3 个用于下。

要使用该属性，必须先设定对象的 height 或 width 属性，或者设定 position 属性为

absolute。如果 border-style 设置为 none，本属性将失去作用。

示例：

```
span { border-style: solid; border-width: thin }
span { border-style: solid; border-width: 1px thin }
```

（2）边框样式（border-style）

语法：**border-style : none | hidden | dotted | dashed | solid | double | groove | ridge | inset | outset**

参数：border-style 属性包括了多个边框样式的参数，如下所示。

- none：无边框。与任何指定的 border-width 值无关。
- dotted：边框为点线。
- dashed：边框为长短线。
- solid：边框为实线。
- double：边框为双线。两条单线与其间隔的和等于指定的 border-width 值。
- groove：根据 border-color 的值画 3D 凹槽。
- ridge：根据 border-color 的值画菱形边框。
- inset：根据 border-color 的值画 3D 凹边。
- outset：根据 border-color 的值画 3D 凸边。

说明：如果提供全部 4 个参数值，将按上、右、下、左的顺序作用于 4 个边框。如果只提供 1 个，将用于全部的 4 条边。如果提供两个，则第 1 个用于上、下，第 2 个用于左、右。如果提供 3 个，第 1 个用于上，第 2 个用于左、右，第 3 个用于下。

要使用该属性，必须先设定对象的 height 或 width 属性，或者设定 position 属性为 absolute。

如果 border-width 不大于 0，本属性将失去作用。

示例：

```
body { border-style: double groove }
body { border-style: double groove dashed }
p { border-style: double; border-width: 3px }
```

（3）边框颜色（border-color）

语法：**border-color : color**

参数：color 指定颜色。

说明：要使用该属性，必须先设定对象的 height 或 width 属性，或者设定 position 属性为 absolute。如果 border-width 等于 0 或将 border-style 设置为 none，则本属性将失去作用。

示例：

```
body { border-color: silver red }
body { border-color: silver red rgb(223, 94, 77) }
body { border-color: silver red rgb(223, 94, 77) black }
h4 { border-color: #ff0033; border-width: thick }
p { border-color: green; border-width: 3px }
p { border-color: #666699 #ff0033 #000000 #ffff99; border-width: 3px }
```

（4）上边框宽度（border-top）

语法：**border-top : border-width || border-style || border-color**

参数：该属性是复合属性。请参阅各参数对应的属性。

说明：请参阅 border-width 属性。

示例：

```
div { border-bottom: 25px solid red; border-left: 25px solid yellow; border-right: 25px solid blue; border-top: 25px solid green }
```

（5）右边框宽度（border-right）

语法：**border-right : border-width || border-style || border-color**

参数：该属性是复合属性。请参阅各参数对应的属性。

说明：请参阅 border-width 属性。

（6）下边框宽度（border-bottom）

语法：**border-bottom : border-width || border-style || border-color**

参数：该属性是复合属性。请参阅各参数对应的属性。

说明：请参阅 border-width 属性。

（7）左边框宽度（border-left）

语法：**border-left : border-width || border-style || border-color**

参数：该属性是复合属性。请参阅各参数对应的属性。

说明：请参阅 border-width 属性。

示例：

```
h4{border-top-width: 2px; border-bottom-width: 5px; border-left-width: 1px; border-right-width: 1px}
```

【演示 5-3-1】使用外边距（margin）属性实现某个分区的缩进及位置的居中，本例文件 5-3-1.html 在浏览器中的显示效果，如图 5-9 所示。

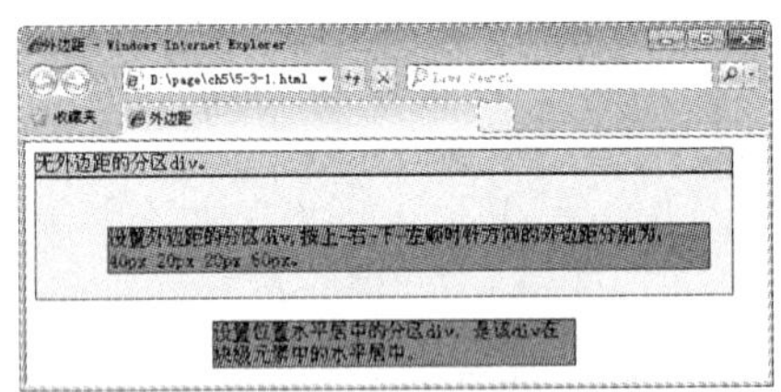

图 5-9　页面浏览效果

5-3-1.html 的代码如下：

```
<!doctype html>
<html>
<head>
   <title>外边距</title>
</head>
<style type="text/css">
.margin{
   background-color:#f66;
```

```
    border:1px solid #00f;          /*边框为 1px 蓝色实线*/
    width:500px;
    margin:40px 20px 20px 60px;     /*按上-右-下-左方向的外边距分别为：40px 20px 20px 60px*/
  }
  .automargin{
    background-color:#f66;
    border:1px solid #00f;          /*边框为 1px 的蓝色实线*/
    width:300px;
    margin:0px auto;                /*块级元素的水平居中*/
  }
  </style>
  <body>
    <div style="width:580px;border:1px solid #00f;background-color:#6ff">无外边距的分区 div。</div>
    <div style="width:580px;border:1px solid #00f;background-color:#ff6">  <!--外层容器-->
      <div  class="margin">设置外边距的分区  div,按上-右-下-左顺时针方向的外边距分别为：40px 20px 20px 60px。</div>
    </div><br/>
    <div class="automargin">设置位置水平居中的分区 div，是该 div 在块级元素中的水平居中。</div>
  </body>
  </html>
```

【演示说明】

① 如果页面第 1 行没有使用<!doctype html>声明文档类型，在 IE 浏览器中块级元素将不能实现水平居中。因此，当使用了盒子属性后切忌删除 doctype 声明。但在 Firefox 和 Opera 浏览器中，不需要加入上述文档类型声明就能实现块级元素水平居中。

② 如果要实现文字内容的水平居中，例如，设置段落<p>内的文字水平居中，则设置块级元素的“text-align:center;”属性即可实现文字水平居中。

3. 内边距

元素的内边距在边框和内容区之间，padding 属性定义元素边框与元素内容之间的空白区域。内边距包括了 4 项属性：padding-top（上内边距）、padding-right（右内边距）、padding-bottom（下内边距）、padding-left（左内边距），内边距属性的值不允许为负值。与外边距类似，内边距也可以用 padding 一次性设置所有的对象间隙，格式也和 margin 相似，这里不再一一列举。

【演示 5-3-2】使用内边距（padding）属性设置内容与边框之间的距离，盒模型的布局如图 5-10 所示，本例文件 5-3-2.html 在浏览器中的显示效果，如图 5-11 所示。

图 5-10　盒模型的布局

图 5-11　页面的浏览效果

5-3-2.html 的代码如下：

```
<!doctype html>
<html>
<head>
<title>内边距</title>
<style type="text/css">
div{
      width:126px;              /*容器内容宽度 126px=图像的宽度+图像的左右边框宽度*/
      border:2px solid red;     /*容器边框为 2px 红色实线*/
      padding:10px 20px;        /*容器上、下内边距为 10px，左、右内边距为 20px*/
}
img{
      width:124px;              /*图像宽度 124px */
      height:175px;
      border:1px solid blue;    /*图像边框为 1px 的蓝色实线*/
}
</style>
</head>
<body>
<div><img src="images/flower.jpg" /></div>
</body>
</html>
```

5.3.3 盒模型的宽度与高度

在 CSS 中 width 属性和 height 属性也经常被用到，它们分别表示内容区域的宽度和高度。增加或减少内边距、边框和外边距不会影响内容区域的尺寸，但是会增加元素的总尺寸。盒模型的宽度和高度要在 width 属性和 height 属性值的基础上加上内边距、边框和外边距。

1．盒模型的宽度

盒模型的宽度=左外边距（margin-left）+左边框（border-left）+左内边距（padding-left）+内容宽度（width）+右内边距（padding-right）+右边框（border-right）+右外边距（margin-right）

2．盒模型的高度

盒模型的高度=上外边距（margin-top）+上边框（border-top）+上内边距（padding-top）+内容高度（height）+下内边距（padding-bottom）+下边框（border-bottom）+下外边距（margin-bottom）

为了更好地理解盒模型的宽度与高度，定义某个元素的 CSS 样式，代码如下：

```
#test{
   margin:10px 20px;             /*定义元素上下外边距为 10px，左右外边距为 20px*/
   padding:20px 10px;            /*定义元素上下内边距为 20px，左右内边距为 10px*/
   border-width:10px 20px;       /*定义元素上下边框宽度为 10px，左右边框宽度为 20px*/
   border:solid #f00;            /*定义元素边框类型为实线型，颜色为红色*/
   width:100px;                  /*定义元素宽度为 100px*/
   height:100px;                 /*定义元素高度为 100px*/
}
```

盒模型的宽度=20px+20px+10px+100px+10px+20px+20px=200px

盒模型的高度=10px+10px+20px+100px+20px+10px+10px=180px

5.3.4 块级元素与行级元素宽度和高度的区别

在前面的章节中已经讲到了块级元素与行级元素的区别，本节将重点讲解两者的宽度和高度属性的区别。默认情况下，块级元素可以设置宽度和高度，但行级元素是不能设置的。

【演示 5-3-3】块级元素与行级元素的宽度和高度的区别，本例文件 5-3-3.html 在浏览器中的显示效果如图 5-12 所示。

5-3-3.html 的代码如下：

```
<!doctype html>
<html>
<head>
<style type="text/css">
.special{
        border:1px solid #036;          /*元素边框为 1px 的蓝色实线*/
        width:200px;                    /*元素宽度 200px*/
        height:50px;                    /*元素高度 50px*/
        background:#ccc;                /*背景色灰色*/
        margin:5px                      /*元素外边距 5px*/
}
</style>
</head>
<body>
   <div class="special">这是 div 元素</div>
   <span class="special">这是 span 元素</span>
</body>
</html>
```

【演示说明】代码中设置行级元素 span 的样式.special 后，由于行级元素设置宽度和高度无效，因此样式中定义的宽度 200px 和高度 50px 并未影响 span 元素的外观。

如何让行级元素也能设置宽度和高度属性呢？这里就要用到前面章节讲解的元素显示类型的知识，只需要将元素的 display 属性设置为 display:block（块级显示）即可。在上面的.special 样式的定义中添加一行定义 display 属性的代码，代码如下：

```
display:block;                  /*块级元素显示*/
```

再次浏览网页，即可看到 span 元素的宽度和高度设置为样式中定义的宽度和高度，如图 5-13 所示。

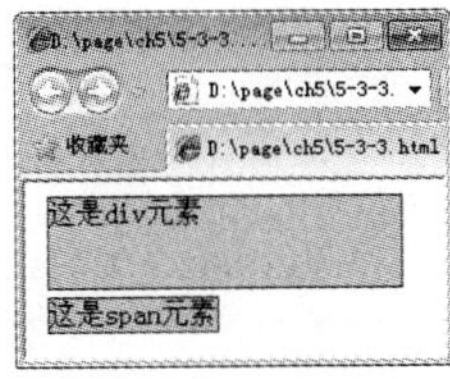

图 5-12 默认情况下行级元素不能设置高度

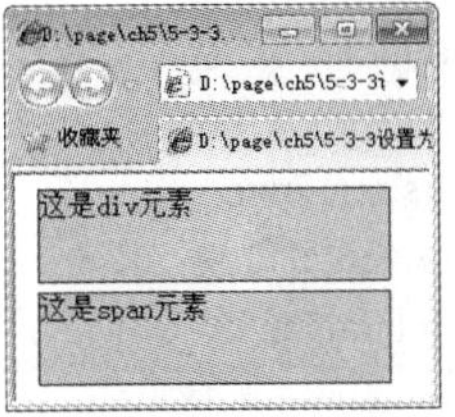

图 5-13 设置行级元素的宽度和高度

5.3.5　外边距的合并

外边距合并是指当两个垂直外边距相遇时，它们将形成一个外边距。合并后的外边距的高度等于两个发生合并的外边距中高度较大者。

例如，有几个段落组成的文本，第一个段落上面的空白区域等于段落的上外边距，如果没有外边距合并，后续所有段落之间的外边距都将是相邻上外边距和下外边距的和，这意味着段落之间的空白区域是页面顶部的两倍。如果有了外边距合并，段落之间的上外边距和下外边距合并在一起，这样每个段落之间以及段落和其他元素之间的空白区域就一样了。

1．两个元素垂直相遇时合并

当两个元素垂直相遇时，第 1 个元素的下外边距与第 2 个元素的上外边距会发生叠加合并，合并后的外边距的高度等于这两个元素中的外边距值较大者，如图 5-14 所示。

2．两个元素包含时合并

当两个元素没有内边距和边框，且一个元素包含另一个元素时，它们的上外边距或下外边距也会发生叠加合并，如图 5-15 所示。

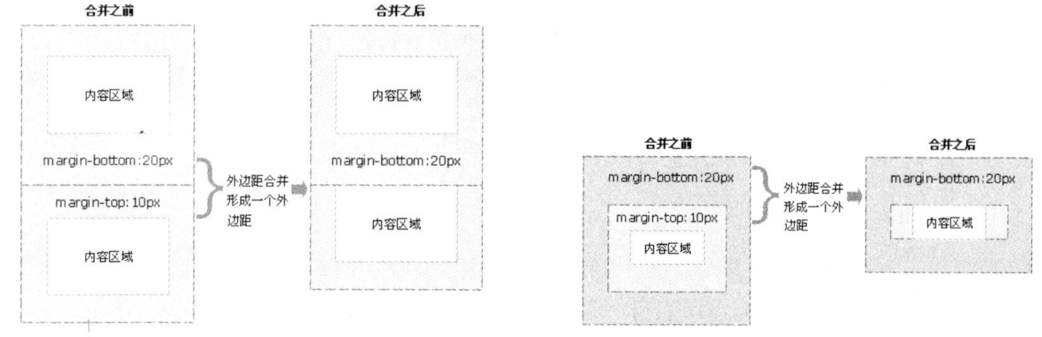

图 5-14　两个元素垂直相遇时合并　　图 5-15　两个元素包含时合并

【案例：网络花店页面顶部的布局】的制作过程如下。

① 网页结构文件。在当前文件夹中，用记事本新建一个名为 5-3.html 的网页文件，代码如下：

```
<!doctype html>
<html>
<head>
<title>网络花店页面顶部布局</title>
<style type="text/css">
body{                           /*设置页面的整体样式*/
    width:985px;
    margin:0 auto;              /*页面自动居中对齐*/
    font-family:Tahoma;
    font-size:12px;             /*设置文字大小为 12px*/
    color:#565656;              /*设置默认文字颜色为灰色*/
    position:relative           /*相对定位*/
}
p {                             /*默认段落样式*/
```

```
        margin: 0 0 10px 0;            /*上、右、下、左的外边距依次为 0px,0px,10px,0px*/
        padding: 0;                    /*内边距为 0px*/
}
img {                                  /*设置图片样式*/
        border: none;                  /*图片无边框*/
}
#header{                               /*设置页面顶部样式*/
        padding:17px 0 0 47px;         /*上、右、下、左的内边距依次为 17px,0px,0px,47px*/
}
.float{                                /*设置 Logo 图片的浮动方式及右外边距*/
        float:left;                    /*向左浮动*/
        margin-right:164px;            /*右外边距 164px*/
}
.topblock{                             /*设置购物车区块和语言区块的样式*/
        background-image:url(images/blockbg.gif);     /*背景图片*/
        background-position:top left;                 /*背景图片顶端左对齐*/
        background-repeat:no-repeat;                  /*背景图片无重复*/
        width:179px;
        height:46px;
        padding:15px 1px 0 24px;       /*上、右、下、左的内边距依次为 15px,1px,0px,24px*/
        float:right;                   /*向右浮动*/
        font-family:Tahoma;
        color:#5b5b5b;                 /*设置文字颜色为灰色*/
        font-weight:normal             /*文字正常粗细*/
}
.topblock p{                           /*设置购物车区块和语言区块段落的样式*/
        line-height:15px;              /*段落行高 15px*/
}
.topblock span{                        /*设置购物车区块和语言区块局部范围文字的样式*/
        font-weight:normal;            /*文字正常粗细*/
}
.topblock strong{                      /*设置购物车中商品数量突出显示文字的样式*/
        color:#0283dd                  /*设置文字颜色为青色*/
}
.topblock a{                           /*设置购物车区块和语言区块超链接的样式*/
        margin:5px 4px 0 0;            /*上、右、下、左的外边距依次为 5px,4px,0px,0px*/
        color:#5b5b5b;                 /*设置文字颜色为灰色*/
        text-decoration:none           /*链接无修饰*/
}
.topblock a:hover{                     /*设置购物车区块和语言区块悬停链接的样式*/
        color:#0283dd;                 /*设置文字颜色为青色*/
        text-decoration:underline      /*加下画线*/
}
.shopping{                             /*设置购物车图标的样式*/
        float:left;                    /*向左浮动*/
        padding:3px 12px 0 0           /*上、右、下、左的内边距依次为 3px,12px,0px,0px*/
```

```
}
</style>
</head>
<body>
  <div id="header">
    <a href="index.html" class="float"><img src="images/logo.jpg" width="213" height="69" /></a>
    <div class="topblock">
        语言:<br />        
        <a href="#">简体中文</a>
        <a href="#">繁体中文</a>
        <a href="#">英文</a>
    </div>
    <div class="topblock">
      <img src="images/shopping.gif" width="24" height="24" class="shopping" />
      <p><a href="#">购物车</a></p> <p><strong>3</strong> <span>个商品</span></p>
    </div>
  </div>
  </body>
</html>
```

② 浏览网页。在浏览器中浏览已制作完成的页面，页面的显示效果如图 5-6 所示。

【案例说明】在本例页面顶部中的购物车区块和语言区块的背景样式设置中，分别使用了“background-image”、“background-position”和“background-repeat”3 个背景属性，指定了背景图像在背景区域中无重复显示并且顶端左对齐，请读者参考后续章节讲解的使用 CSS 设置背景的相关知识。

5.4 案例：商城登录页面的整体布局——定位与浮动

【案例展示】使用盒模型的定位与浮动知识制作商城登录页面的整体布局页面，未使用盒子浮动前的布局效果如图 5-16 所示，使用了盒子浮动后的布局效果如图 5-17 所示。

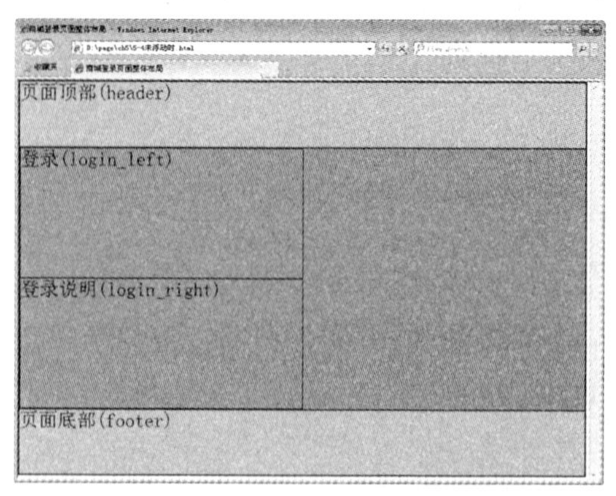

图 5-16 盒子浮动前的布局效果

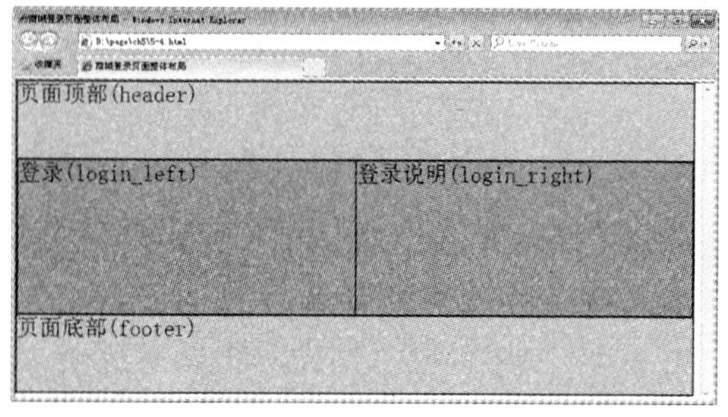

图 5-17 盒子浮动后的布局效果

【学习目标】掌握使用盒模型的定位与浮动实现各种排版需要。

【知识要点】定位属性、定位方式、浮动与清除浮动。

前面介绍了独立的盒模型，以及在标准流情况下的盒子的相互关系。如果仅仅按照标准流的方式进行排版，就只能按照仅有的几种可能性进行排版，限制太多。CSS 的制定者也想到了排版限制的问题，因此又给出了若干不同的手段以实现各种排版需要。

5.4.1 定位

定位（position）的基本思想很简单，它允许用户定义元素框相对于其正常位置应该出现的位置，这个属性定义建立元素布局所用的定位机制。

1．定位属性

（1）定位方式（position）

position 属性有 4 种不同类型的定位方式可供选择，语法如下：

```
position : static | relative | absolute | fixed
```

参数：static 静态定位为默认值，为无特殊定位，对象遵循 HTML 的定位规则。

relative 生成相对定位的元素，相对于其正常位置进行定位。

absolute 生成绝对定位的元素。元素的位置通过 left、top、right 和 bottom 属性进行规定。

fixed 生成绝对定位的元素，相对于浏览器窗口进行定位。元素的位置通过 left、top、right 以及 bottom 属性进行规定。

（2）左、右、上、下位置

语法：

```
left:auto | length
right:auto | length
top:auto | length
bottom:auto | length
```

参数：auto 无特殊定位，根据 HTML 的定位规则在文档流中分配。length 是由数字和单位标识符组成的长度值或百分数。必须定义 position 属性值为 absolute 或者 relative，此取值方可生效。

说明：用于设置对象与其最近一个定位的父对象左边相关的位置。

（3）宽度（width）

语法：**width:auto | length**

参数：auto 无特殊定位，根据 HTML 的定位规则在文档中分配。length 是由数字和单位标识符组成的长度值或百分数，百分数是基于父对象的宽度，不可为负值。

说明：用于设置对象的宽度。对于 img 对象来说，仅指定此属性，其 height 值将根据图片原尺寸进行等比例缩放。

（4）高度（height）

语法：**height:auto | length**

参数：同宽度（width）。

说明：用于设置对象的高度。对于 img 对象来说，仅指定此属性，其 width 值将根据图片原尺寸进行等比例缩放。

（5）最小高度（min-height）

语法：**min-height:auto | length**

参数：同宽度（width）。

说明：用于设置对象的最小高度，即为对象的高度设置一个最低限制。因此，元素可以比指定值高，但不能比其低，取值也不允许为负值。

需要注意的是，IE 浏览器不支持该属性。

示例：

```
<p style="min-height: 100px;background: #ccc">本段落只有一行文本，在段落内容很少的时候，它显示最小高度 100px。
</p>
```

使用不同的浏览器进行测试，在 Opera 浏览器中的显示效果如图 5-18 所示，在 IE 浏览器中的显示效果如图 5-19 所示。

图 5-18　Opera 浏览器中正常显示

图 5-19　IE 浏览器中的显示效果

如何才能让 IE 浏览器也支持 min-height 属性呢？解决该问题的方法是，使用 min-height 属性和_height 属性设置 height 属性值，代码如下：

```
<p style="min-height:100px; _height:100px; background: #ccc">本段落只有一行文本，在段落内容很少的时候，它显示最小高度 100px。
</p>
```

读者可以验证以上代码的浏览效果，这里不再赘述。

（6）可见性（visibility）

语法：**visibility:inherit | visible | collapse | hidden**

参数：inherit 继承上一个父对象的可见性。visible 使对象可见，如果希望对象可见，其父对象也必须是可见的。hidden 使对象被隐藏。collapse 主要用来隐藏表格的行或列，隐藏的行或列能够被其他内容使用，对于表格外的其他对象，其作用等同于 hidden。

说明：用于设置是否显示对象。与 display 属性不同，此属性为隐藏的对象保留其占据的物理空间，即当一个对象被隐藏后，它仍然要占据浏览器窗口中的原有空间。所以，如果将文字包围在一幅被隐藏的图像周围，则其显示效果是文字包围着一块空白区域。这条属性在编写语言和使用动态 HTML 时很有用，例如可以使某段落或图像只在鼠标指针滑过时才显示。

2．定位方式

（1）静态定位

静态定位是 position 属性的默认值，盒子按照标准流（包括浮动方式）进行布局，即该元素出现在文档的常规位置，无法重新定位。

【演示 5-4-1】静态定位示例。本例文件 5-4-1.html 在浏览器中的显示效果如图 5-20 所示。

5-4-1.html 的代码如下：

图 5-20 静态定位的示例效果

```
<!doctype html>
<html>
<head>
<title>静态定位</title>
<style type="text/css">
body{
      margin:20px;              /*页面整体的外边距为 20px*/
      font :Arial 12px;
}
#father{
      background-color:#a0c8ff;          /*父容器的背景为蓝色*/
      border:1px dashed #000000;         /*父容器的边框为 1px 的黑色实线*/
      padding:15px;                      /*父容器内边距为 15px*/
}
#block_one{
      background-color:#fff0ac;          /*盒子的背景为黄色*/
      border:1px dashed #000000;         /*盒子的边框为 1px 的黑色实线*/
      padding:10px;                      /*盒子的内边距为 10px*/
}
</style>
</head>
<body>
      <div id="father">
            <div id="block_one">盒子 1</div>
      </div>
</body>
</html>
```

【演示说明】"盒子 1"没有设置任何 position 属性，相当于使用静态定位方式，页面布局也没有发生任何变化。

（2）相对定位

使用相对定位的盒子，会相对于自身原本的位置，通过偏移指定的距离，到达新的位置。使用相对定位，除了要将 position 属性值设置为 relative 外，还需要指定一定的偏移量。其中，水平方向的偏移量由 left 和 right 属性指定；竖直方向的偏移量由 top 和 bottom 属性指定。

【演示 5-4-2】相对定位示例。本例文件 5-4-2.html 在浏览器中的显示效果如图 5-21 所示。

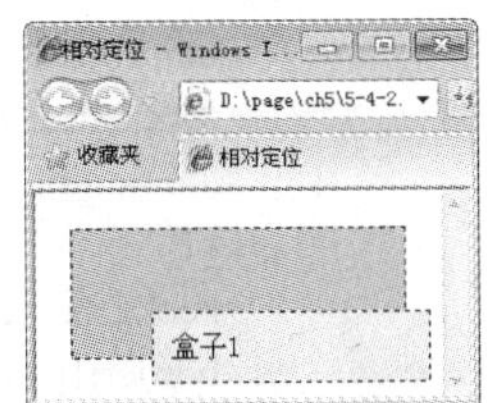

图 5-21 相对定位的示例效果

修改演示 5-4-1 中 id="block_one"盒子的 CSS 定义，5-4-2.html 的代码如下：

```
#block_one{
      background-color:#fff0ac;          /*盒子背景为黄色*/
      border:1px dashed #000000;         /*边框为 1px 的黑色实线*/
```

```
        padding:10px;                    /*盒子的内边距为 10px*/
        position:relative;               /*relative 相对定位*/
        left:30px;                       /*距离父容器左端 30px*/
        top:30px;                        /*距离父容器顶端 30px*/
    }
```

【演示说明】

① id="block_one"的盒子使用相对定位方式定位，因此向下并且“相对于”初始位置向右各移动了 30px。

② 使用相对定位的盒子仍在标准流中，它对父容器没有影响。

（3）绝对定位

使用绝对定位的盒子以它的“最近”的一个“已经定位”的“祖先元素”为基准进行偏移。如果没有已经定位的祖先元素，就以浏览器窗口为基准进行定位。

绝对定位的盒子从标准流中脱离，对其后的兄弟盒子的定位没有影响，其他的盒子就好像这个盒子不存在一样。原先在正常文档流中所占的空间会关闭，就好像元素原来不存在一样。元素定位后生成一个块级框，而不论原来它在正常流中生成何种类型的框。

【演示 5-4-3】绝对定位示例。本例文件 5-4-3.html 中的父容器包含了 3 个使用相对定位的盒子，对“盒子 2”使用绝对定位前的浏览效果如图 5-22 所示；对“盒子 2”使用绝对定位后的浏览效果如图 5-23 所示。

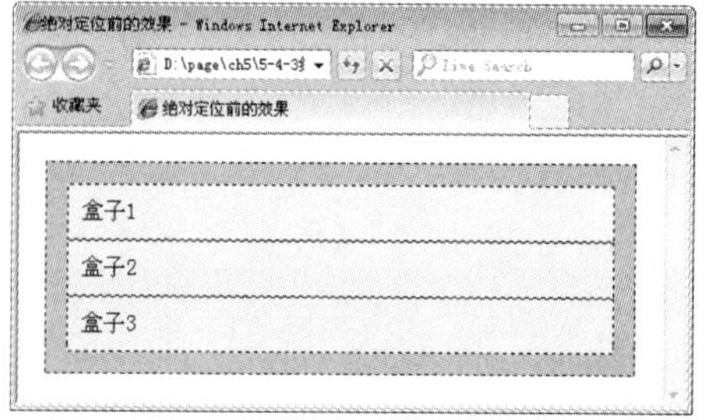

图 5-22 “盒子 2”使用绝对定位前的效果

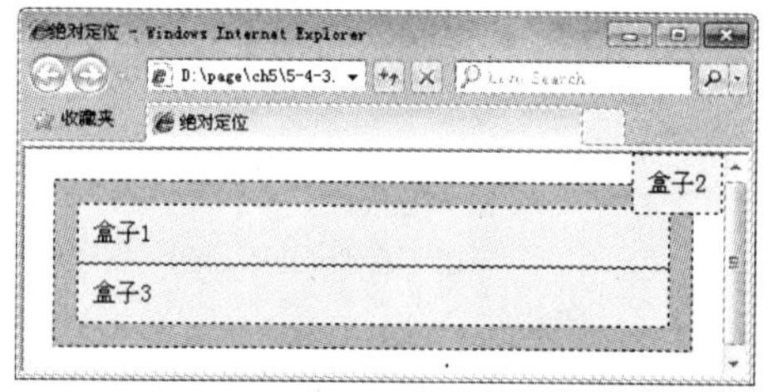

图 5-23 “盒子 2”使用绝对定位后的效果

对“盒子 2”使用绝对定位前的代码如下：

```
<!doctype html>
<html>
<head>
<title>绝对定位前的效果</title>
<style type="text/css">
body{
        margin:20px;               /*页面整体外边距为 20px*/
        font :Arial 12px;
}
#father{
        background-color:#a0c8ff;         /*父容器的背景为蓝色*/
        border:1px dashed #000000;        /*父容器的边框为 1px 的黑色实线*/
        padding:15px;                     /*父容器内边距为 15px*/
}
```

```
#block_one{
       background-color:#fff0ac;          /*盒子的背景为黄色*/
       border:1px dashed #000000;         /*盒子的边框为 1px 的黑色实线*/
       padding:10px;                      /*盒子的内边距为 10px*/
       position:relative;                 /*relative 相对定位 */
}
#block_two{
       background-color:#fff0ac;          /*盒子的背景为黄色*/
       border:1px dashed #000000;         /*盒子的边框为 1px 的黑色实线*/
       padding:10px;                      /*盒子的内边距为 10px*/
       position:relative;                 /*relative 相对定位 */
}
#block_three{
       background-color:#fff0ac;          /*盒子的背景为黄色*/
       border:1px dashed #000000;         /*盒子的边框为 1px 的黑色实线*/
       padding:10px;                      /*盒子的内边距为 10px*/
       position:relative;                 /*relative 相对定位 */
}
</style>
</head>
<body>
       <div id="father">
              <div id="block_one">盒子 1</div>
              <div id="block_two">盒子 2</div>
              <div id="block_three">盒子 3</div>
       </div>
</body>
</html>
```

父容器中包含了 3 个使用相对定位的盒子，浏览效果如图 5-22 所示。接下来，只将“盒子 2”的定位方式改为绝对定位，代码如下：

```
#block_two{
       background-color:#fff0ac;          /*盒子的背景为黄色*/
       border:1px dashed #000000;         /*盒子的边框为 1px 的黑色实线*/
       padding:10px;                      /*盒子的内边距为 10px*/
       position:absolute;                 /*absolute 绝对定位 */
       top:0;                             /*向上偏移至浏览器窗口顶端 */
       right:0;                           /*向右偏移至浏览器窗口右端 */
}
```

【演示说明】

① “盒子 2”采用绝对定位后从标准流中脱离，对其后的兄弟盒子（“盒子 3”）的定位没有影响。

② “盒子 2”最近的“祖先元素”就是 id="father"的父容器，但由于该容器不是“已经定位”的“祖先元素”。因此，对“盒子 2”使用绝对定位后，“盒子 2”以浏览器窗口为基准进行定位，向右偏移至浏览器窗口顶端，向上偏移至浏览器窗口右端，即“盒子 2”偏移至浏览器窗口的右上角，如图 5-23 所示。

怎样才能让“盒子 2”以 id="father"的父容器为基准进行定位呢？只需要为该父容器设置

定位方式即可，修改 id="father"的父容器的 CSS 定义，代码如下：

```
#father{
    background-color:#a0c8ff;          /*父容器的背景为蓝色*/
    border:1px dashed #000000;         /*父容器的边框为 1px 的黑色实线*/
    padding:15px;                      /*父容器内边距为 15px*/
    position:relative;                 /*relative 相对定位 */
}
```

重新浏览网页，“盒子 2”偏移至 id="father"父容器的右上角，浏览效果如图 5-24 所示。读者还可以修改“盒子 2”CSS 定义中的水平、垂直偏移量，改变元素在祖先元素中的相对位置，浏览效果如图 5-25 所示。代码如下：

```
#block_two{
    background-color:#fff0ac;          /*盒子的背景为黄色*/
    border:1px dashed #000000;         /*盒子的边框为 1px 的黑色实线*/
    padding:10px;                      /*盒子的内边距为 10px*/
    position:absolute;                 /*absolute 绝对定位 */
    top:10px;                          /*距离父容器顶端 10px */
    right:50px;                        /*距离父容器右端 50px•*/
}
```

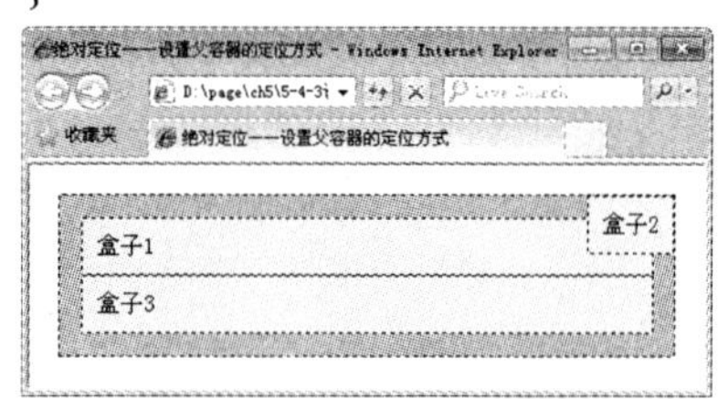

图 5-24　设置父容器的定位方式

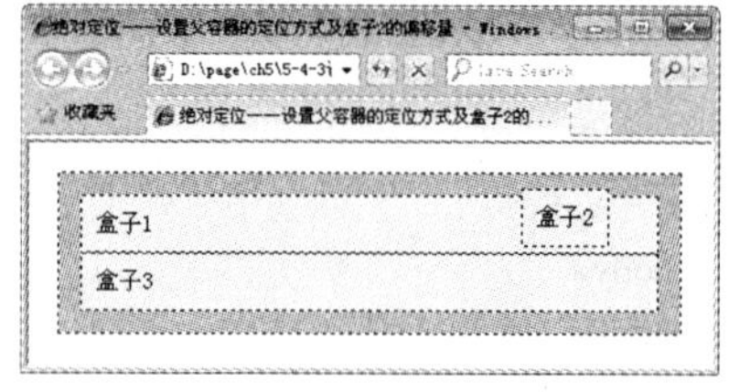

图 5-25　修改“盒子 2”的水平、垂直偏移量

（4）固定定位

固定定位（position:fixed;）其实是绝对定位的子类别，一个设置了 position:fixed 的元素是相对于视窗固定的，就算页面文档发生了滚动，它也会一直待在相同的地方。

需要说明的是，IE 浏览器不支持固定定位，读者需用 Opera 浏览器或 Firefox 浏览器浏览才能看到固定定位的效果，下面演示的示例使用的就是 Opera 浏览器。

【演示 5-4-4】固定定位示例。为了对固定定位演示得更加清楚，将“盒子 2”进行固定定位，并且调整页面高度使浏览器显示出滚动条。本例文件 5-4-4.html 在浏览器中的显示效果如图 5-26 所示。

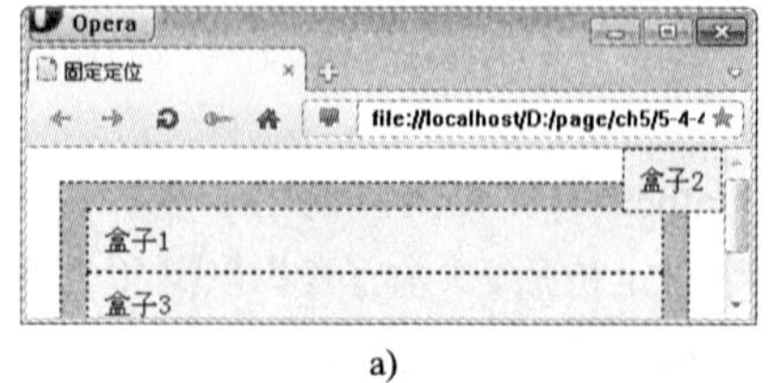

a)

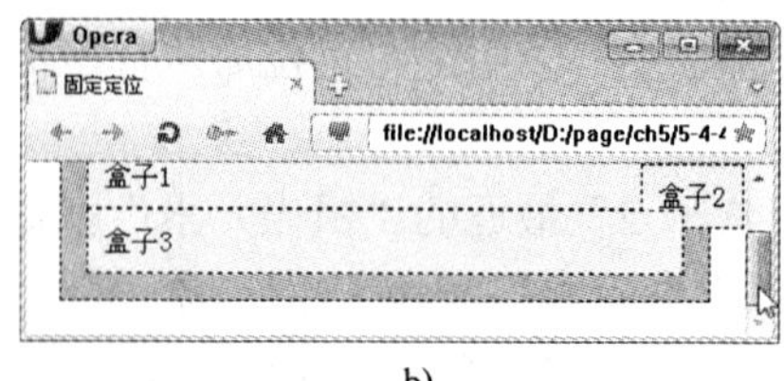

b)

图 5-26　固定定位的效果

a) 初始状态　b) 向下拖动滚动条时的状态

在【演示 5-4-3】的基础上只修改“盒子 2”的 CSS 定义即可，5-4-4.html 的代码如下：

```
#block_two{
    background-color:#fff0ac;          /*盒子的背景为黄色*/
    border:1px dashed #000000;         /*盒子的边框为 1px 黑色实线*/
    padding:10px;                      /*盒子的内边距为 10px*/
    position:fixed;                    /*fixed 固定定位*/
    top:0;                             /*向上偏移至浏览器窗口顶端 */
    right:0;                           /*向右偏移至浏览器窗口右端 */
}
```

【演示说明】在页面预览中，当向下滚动页面时注意观察页面右上角的“盒子 2”，其仍然固定于屏幕上同样的位置（浏览器窗口右上角）。

5.4.2 浮动与清除浮动

1. 浮动

浮动（float）是使用率较高的一种定位方式。浮动元素可以向左或向右移动，直到它的外边距边缘碰到包含块内边距边缘或另一个浮动元素的外边距边缘为止。float 属性定义元素在哪个方向浮动，任何元素都可以浮动，浮动元素会变成一个块状元素。

语法：**float : none | left |right**

参数：none 为对象不浮动，left 为对象浮在左边，right 为对象浮在右边。

说明：该属性的值指出了对象是否浮动及如何浮动。

【演示 5-4-5】向右浮动的元素。本例文件 5-4-5.html 页面布局的初始状态如图 5-27a 所示，“盒子 1”向右浮动后的结果如图 5-27b 所示。

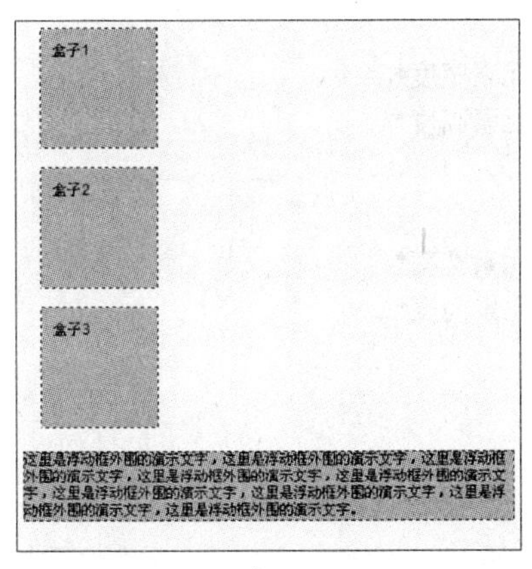

a)

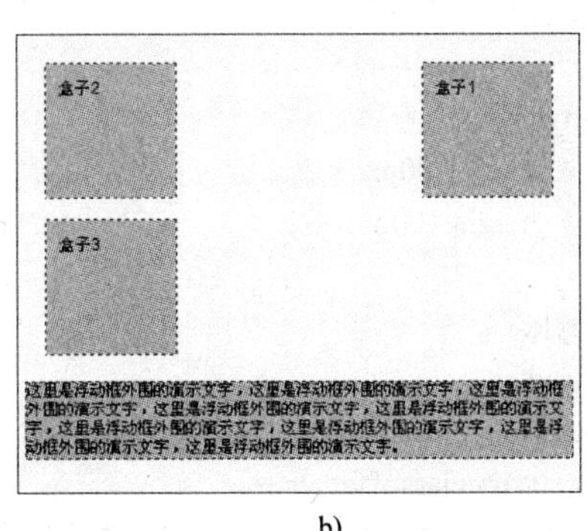

b)

图 5-27 向右浮动的元素

a) 没有浮动的初始状态 b) 向右浮动的“盒子 1”

5-4-5.html 的代码如下：

```
<!doctype html>
<html>
<head>
```

```
<title>向右浮动</title>
<style type="text/css">
body{
        margin:15px;
        font-family:Arial; font-size:12px;
        }
.father{                                    /*设置容器的样式*/
        background-color:#ffff99;
        border:1px solid #111111;
        padding:5px;
        }
.father div{                                /*设置容器中 div 标签的样式*/
        padding:10px;
        margin:15px;
        border:1px dashed #111111;
        background-color:#90baff;
        }
.father p{                                  /*设置容器中段落的样式*/
        border:1px dashed #111111;
        background-color:#ff90ba;
        }
.son_one{
        width:100px;                        /*设置元素宽度*/
        height:100px;                       /*设置元素高度*/
        float:right;                        /*向右浮动*/
}
.son_two{
        width:100px;                        /*设置元素宽度*/
        height:100px;                       /*设置元素高度*/
}
.son_three{
        width:100px;                        /*设置元素宽度*/
        height:100px;                       /*设置元素高度*/
}
</style>
</head>
<body>
        <div class="father">
                <div class="son_one">盒子 1</div>
                <div class="son_two">盒子 2</div>
                <div class="son_three">盒子 3</div>
                <p>这里是浮动框外围的演示文字，这里是浮动框外围的……（此处省略文字）</p>
        </div>
</body>
</html>
```

【演示说明】本例页面中首先定义了一个类名为.father 的父容器，然后在其内部又定义了 3 个并列关系的 Div 容器。当给其中类名为.son_one 的 Div（“盒子 1”）增加“float:right;”属性后，“盒子 1”便脱离文档流向右移动，直到它的右边缘碰到包含框的右边缘。

【演示 5-4-6】向左浮动的元素。使用上面的【演示 5-4-5】继续讨论，只将“盒子 1”向左浮动的页面布局如图 5-28a 所示，所有元素向左浮动后的结果如图 5-28b 所示。

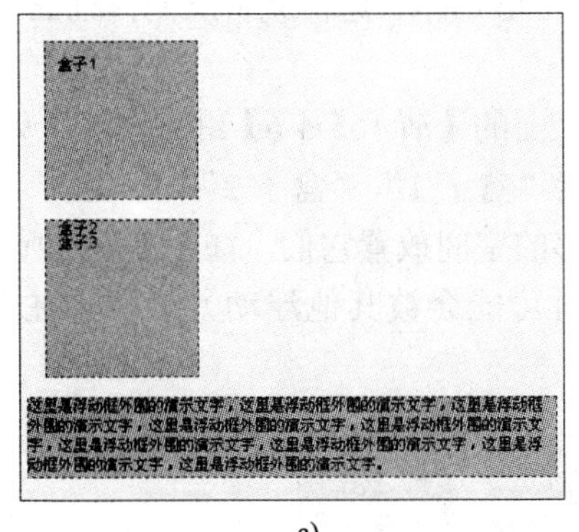

a)

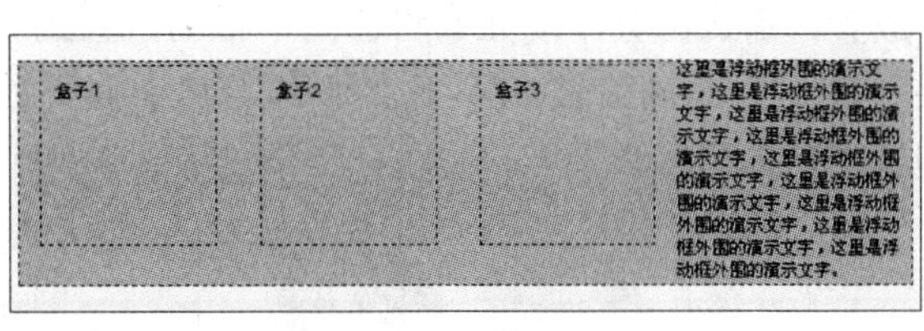

b)

图 5-28　向左浮动的元素

a) 单个元素向左浮动　b) 所有元素向左浮动

单个元素向左浮动的布局中只修改了“盒子 1”的 CSS 定义，代码如下：

```
.son_one{
    width:100px;            /*设置元素宽度*/
    height:100px;           /*设置元素高度*/
    float:left;             /*向左浮动*/
}
```

在所有元素向左浮动的布局中修改了“盒子 1”、“盒子 2”和“盒子 3”的 CSS 定义，代码如下：

```
.son_one{
    width:100px;            /*设置元素宽度*/
    height:100px;           /*设置元素高度*/
    float:left;             /*向左浮动*/
}
.son_two{
    width:100px;            /*设置元素宽度*/
    height:100px;           /*设置元素高度*/
    float:left;             /*向左浮动*/
}
.son_three{
    width:100px;            /*设置元素宽度*/
    height:100px;           /*设置元素高度*/
    float:left;             /*向左浮动*/
}
```

【演示说明】

① 本例页面中如果只将“盒子 1”向左浮动，该元素同样脱离文档流向左移动，直到它的左边缘碰到包含框的左边缘，如图 5-28a 所示。由于“盒子 1”不再处于文档流中，所以它不占据空间，实际上覆盖了“盒子 2”，导致“盒子 2”从布局中消失。

② 如果所有元素向左浮动，那么“盒子 1”向左浮动直到碰到左边框时静止，另外两个盒子也向左浮动，直到碰到前一个浮动框也静止，如图 5-28b 所示，这样就将纵向排列的 Div 容器，变成了横向排列。

【演示 5-4-7】父容器空间不够时的元素浮动。使用上面的【演示 5-4-6】继续讨论，如果类名为.father 的父容器宽度不够，无法容纳 3 个浮动元素“盒子 1”、“盒子 2”和“盒子 3”并排放置，那么部分浮动元素将会向下移动，直到有足够的空间放置它们，如图 5-29a 所示。如果浮动元素的高度彼此不同，那么当它们向下移动时可能会被其他浮动元素“挡住”，如图 5-29b 所示。

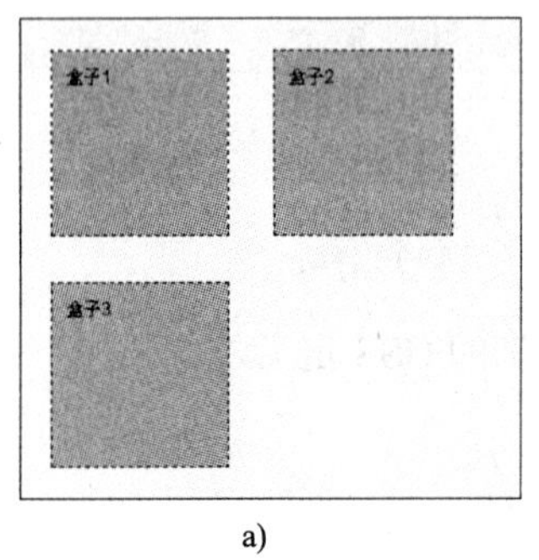

a)

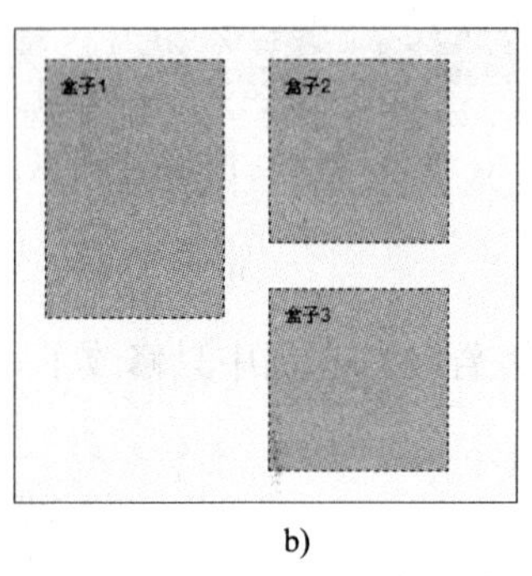

b)

图 5-29　父容器空间不够时的元素浮动

a) 父容器宽度不够时的状态　b) 父容器宽度不够且不同高度的浮动元素

当父容器宽度不够时，浮动元素“盒子 1”、“盒子 2”和“盒子 3”的 CSS 定义同【演示 5-4-6】，此处只修改了父容器的 CSS 定义；同时，为了看清盒子之间的排列关系，去掉了父容器中段落的样式定义及结构代码，添加的父容器 CSS 定义的代码如下：

```
.father{                          /*设置容器的样式*/
      background-color:#ffff99;
      border:1px solid #111111;
      padding:5px;
      width:330px;                /*父容器的宽度不够，导致浮动元素“盒子 3”向下移动*/
      float:left;                 /*向左浮动*/
      }
```

当出现父容器宽度不够且不同高度的浮动元素时，“盒子 1”、“盒子 2”和“盒子 3”的 CSS 定义代码如下：

```
.son_one{
      width:100px;                /*设置元素宽度*/
      height:150px;               /*浮动元素高度不同导致盒子 3 向下移动时被盒子 1“挡住”*/
      float:left;                 /*向左浮动*/
}
```

```
.son_two{
      width:100px;                /*设置元素宽度*/
      height:100px;               /*设置元素高度*/
      float:left;                 /*向左浮动*/
}
.son_three{
      width:100px;                /*设置元素宽度*/
      height:100px;               /*设置元素高度*/
      float:left;                 /*向左浮动*/
}
```

【演示说明】由于浮动元素“盒子 1”的高度超过了向下移动的浮动元素“盒子 3”的高度，因此才会出现“盒子 3”向下移动时被“盒子 1”挡住的现象。如果浮动元素“盒子 1”的高度小于浮动元素“盒子 3”的高度，就不会发生“盒子 3”向下移动时被“盒子 1”挡住的现象。

2．清除浮动

在页面布局时，当容器的高度设置为 auto 且容器的内容中有浮动元素时，容器的高度不能自动伸长以适应内容的高度，使得内容溢出到容器外面导致页面出现错位，这个现象被称为浮动溢出。为了防止这个现象的出现而进行的 CSS 处理，就叫做清除浮动。

语法：**clear : none | left |right | both**

参数：none 允许两边都可以有浮动对象，both 不允许有浮动对象，left 不允许左边有浮动对象，right 不允许右边有浮动对象。

【演示 5-4-8】清除浮动示例。使用上面的【演示 5-4-6】继续讨论，将“盒子 1”、“盒子 2”设置为向左浮动，“盒子 3”设置为向右浮动，未清除浮动时的段落文字填充在“盒子 2”与“盒子 3”之间，如图 5-30a 所示，清除浮动后的状态如图 5-30b 所示。

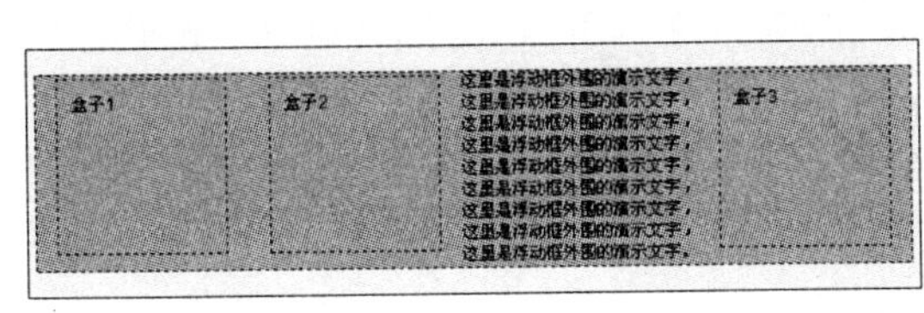

a)

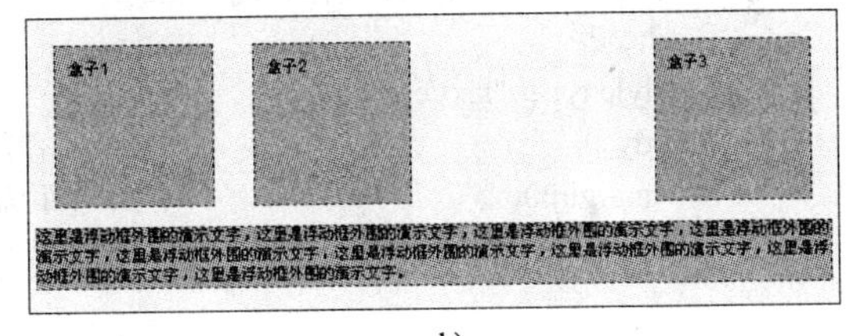

b)

图 5-30　向左浮动的元素

a) 未清除浮动时的状态　b) 清除浮动后的状态

将“盒子 1”、“盒子 2”设置为向左浮动，“盒子 3”设置为向右浮动的 CSS 代码如下：

```
.son_one{
      width:100px;                /*设置元素宽度*/
      height:100px;               /*设置元素高度*/
      float:left;                 /*向左浮动*/
}
.son_two{
      width:100px;                /*设置元素宽度*/
      height:100px;               /*设置元素高度*/
```

```
        float:left;                    /*向左浮动*/
    }
    .son_three{
        width:100px;                   /*设置元素宽度*/
        height:100px;                  /*设置元素高度*/
        float:right;                   /*向右浮动*/
    }
```

设置段落样式中清除浮动的 CSS 代码如下：

```
    .father p{                         /*设置容器中段落的样式*/
        border:1px dashed #111111;
        background-color:#ff90ba;
        clear:both;                    /*清除所有浮动*/
    }
```

【演示说明】在对段落设置了“clear:both;”清除浮动后，可以将段落之前的浮动全部清除，使段落按照正常的文档流显示，如图 5-30b 所示。

【案例：商城登录页面整体布局】的制作过程如下：

① 布局规划。wrapper 是整个页面的容器，header 是页面的顶部区域，main 是页面的主体内容，其中又包含登录表单区域 login_left 和表单说明区域 login_right，footer 是页面的底部区域。

② 网页结构文件。在当前文件夹中，用记事本新建一个名为 5-4.html 的网页文件，代码如下：

```
<html>
<head>
<title>商城登录页面整体布局</title>
</head>
<style type="text/css">
body {                              /*body 容器的样式*/
  margin:0px;                       /*外边距为 0px*/
  padding:0px;                      /*内边距为 0px*/
}
div{                                /*设置各 div 块的边框、字体和颜色*/
  border:1px solid #00f;
  font-size:30px;
  font-famliy:宋体;
}
#wrapper{                           /*整个页面容器 wrapper 的样式*/
  width:900px;
  margin:0px auto;                  /*容器自动居中*/
}
#header{                            /*顶部区域的样式*/
  width:100%;                       /*宽度占 100%*/
  height:100px;                     /*高度为 100%*/
  background:#6ff;
}
```

```
#main{                              /*主体内容区域的样式*/
  width:100%;                       /*宽度占 100%*/
  height:200px;                     /*高度为 200px*/
  background:#f93;
  position:relative;                /*relative 相对定位 */
}
.login_left{                        /*登录表单区域的样式*/
  width:50%;                        /*宽度占 50%*/
  height:100%;                      /*高度占 100%*/
  float:left;                       /*向左浮动*/
}
.login_right{                       /*表单说明区域的样式*/
  width:50%;                        /*宽度占 50%*/
  height:100%;                      /*高度占 100%*/
  float:left;                       /*向左浮动*/
}
#footer{                            /*底部区域的样式*/
  width:100%;                       /*宽度占 100%*/
  height:100px;                     /*高度占 100%*/
  background:#6ff;
}
</style>
<body>
  <div id="wrapper">
    <div id="header">页面顶部(header)</div>
    <div id="main">
      <div class="login_left">登录(login_left)</div>
      <div class="login_right">登录说明(login_right)</div>
    </div>
    <div id="footer">页面底部(footer)</div>
  </div>
</body>
</html>
```

③ 浏览网页。在浏览器中浏览已制作完成的页面，页面的显示效果如图 5-17 所示。

【案例说明】在定义 login_left 和 login_right 的样式时，如果没有设置“float:left;”向左浮动，则登录说明区域将另起一行显示（见图 5-16），这样显然是不符合布局要求的。

5.5 典型的 CSS 布局样式

进入了 Web 2.0 时代后，网页设计师为了让页面外观与结构分离，就要用 CSS 样式来规范布局。使用 CSS 样式规范布局可以让代码更加简洁和结构化，使站点的访问和维护更加容易。通过前面的学习，读者已经对页面布局的实现过程有了基本了解。

网页设计的第一步是设计版面布局，就像传统的报纸杂志编辑一样，将网页看做一张报纸或者一本杂志来进行排版布局。本节将结合目前较为常用的 CSS 布局样式，向读者进一步讲解布局的实现方法。

5.5.1 两列布局样式

许多网站都有一些共同的特点，即页面顶部放置一个大的导航或广告条，右侧是链接或图片，左侧放置主要内容，页面底部放置版权信息等，如图 5-31 所示的布局就是经典的两列布局。

一般情况下，此类页面布局的两列都有固定的宽度，而且从内容上很容易区分主要内容区域和侧边栏。页面布局整体上分为上、中、下 3 个部分，即 header 区域、container 区域和 footer 区域。其中的 container 又包含了 mainBox（主要内容区域）和 sideBox（侧边栏），布局示意图如图 5-32 所示。

图 5-31　经典的两列布局

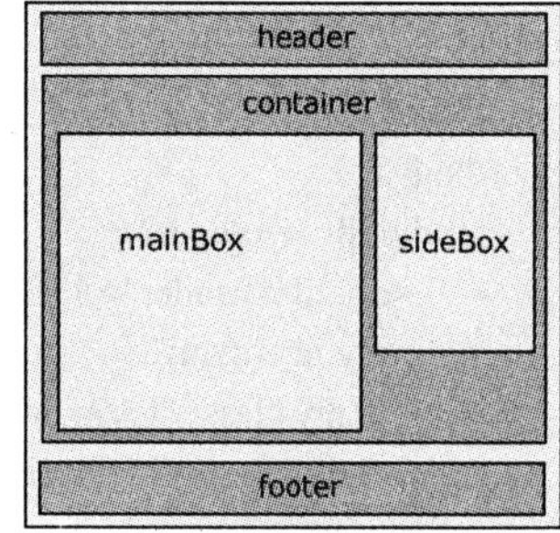

图 5-32　两列布局示意图

这里以最经典的三行两列宽度固定布局为例讲解最基础的固定分栏布局。

【演示 5-5-1】三行两列宽度固定布局。首先，使用 id="wrap"的 Div 容器将所有内容包裹起来。在 wrap 内部，id="header"的 Div 容器、id="container"的 Div 容器和 id="footer"的 Div 容器把页面分成 3 个部分，而中间的 container 又被 id="mainBox"的 Div 容器和 id="sideBox"的 Div 容器分成两块，本例文件 5-5-1.html 在浏览器中的页面显示效果如图 5-33 所示。

图 5-33　三行两列宽度固定布局的页面效果

5-5-1.html 的代码如下：

```
<html>
<head>
<title>常用的 CSS 布局</title>
<style type="text/css">
* {
    margin:0;
    padding:0;
}
body {                  /*设置页面全局参数*/
    font-family:"华文细黑";
    font-size:20px;
}
#wrap {                 /*设置页面容器的宽度，并居中放置*/
    margin:0 auto;
    width:900px;
}
#header {               /*设置页面头部信息区域*/
    height:50px;
    width:900px;
    background:#f96;
    margin-bottom:5px;
}
#container {            /*设置页面中部区域*/
    width:900px;
    height:200px;
    margin-bottom:5px;
}
#mainBox {              /*设置页面主内容区域*/
    float:left;         /*因为是固定宽度，采用浮动方法可避免 ie 3 像素 bug*/
    width:695px;
    height:200px;
    background:#fd9;
}
#sideBox {              /*设侧边栏区域*/
    float:right;        /*向右浮动*/
    width:200px;
    height:200px;
    background:#fc6;
}
#footer {               /*设置页面底部区域*/
    width:900px;
    height:50px;
    background:#f96;
}
</style>
```

```
</head>
<body>
<div id="wrap">
  <div id="header">这里是 header 区域</div>
  <div id="container">
    <div id="mainBox">这里是</div>
    <div id="sideBox">这里是侧边栏</div>
  </div>
  <div id="footer">这里是 footer 区域，放置版权信息等内容</div>
</div>
</body>
</html>
```

【演示说明】

① 两列宽度固定指的是 mainBox 和 sideBox 两个块级元素的宽度固定，通过样式控制将其放置在 container 区域的两侧。两列布局的方式主要是以 mainBox 和 sideBox 的浮动实现的。

② 需要注意的是，演示中的布局规则并不能满足实际情况的需要。例如，当 mainBox 中的内容过多时，在 Opera 浏览器和 Firefox 浏览器中就会出现错位的情况，如图 5-34 所示。

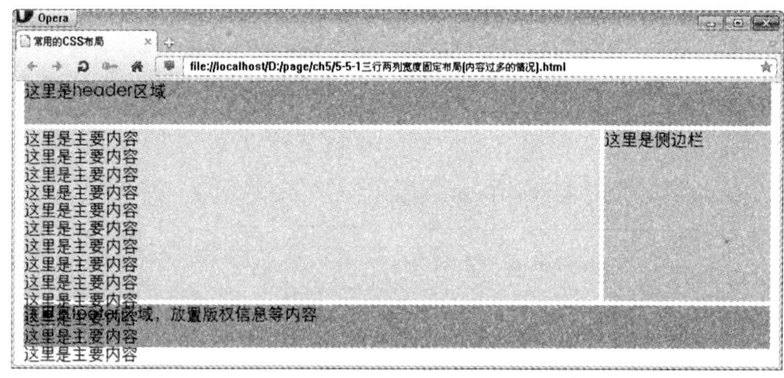

图 5-34 Opera 浏览器中 mainBox 中内容过多时的情况

对于高度和宽度都固定的容器，当内容超过容器所容纳的范围时，可以使用 CSS 样式中的 overflow 属性将溢出的内容隐藏或者设置滚动条。

如果要真正解决这个问题，就要使用高度自适应的方法，即当内容超过容器高度时，容器能够自动地延展。要实现这种效果，就要修改 CSS 样式的定义。首先要做的是删除样式中容器的高度属性，并将其后面的元素清除浮动。

下面的示例讲解了如何对 CSS 样式进行修改。

【演示 5-5-2】使用高度自适应的方法进行三行两列宽度固定布局。在【演示 5-5-1】的基础上，删除 CSS 样式中 container、mainBox 和 sideBox 的高度，并且清除 footer 的浮动效果，本例文件 5-5-2.html 在浏览器中的页面显示效果如图 5-35 所示。

修改 container、mainBox、sideBox 和 footer 的 CSS 定义，代码如下：

```
#container {            /*设置页面的中部区域*/
    margin-bottom:5px;
}
```

```
#mainBox {              /*设置页面的主内容区域*/
    float:left;         /*因为是固定宽度，采用浮动方法可避免 ie 3 像素 bug*/
    width:695px;
    background:#fd9;
}
#sideBox {              /*设侧边栏区域*/
    float:right;
    width:200px;
    background:#fc6;
}
#footer {               /*设置页面的底部区域*/
    clear:both;         /*清除 footer 的浮动效果*/
    width:900px;
    height:50px;
    background:#f96;
}
```

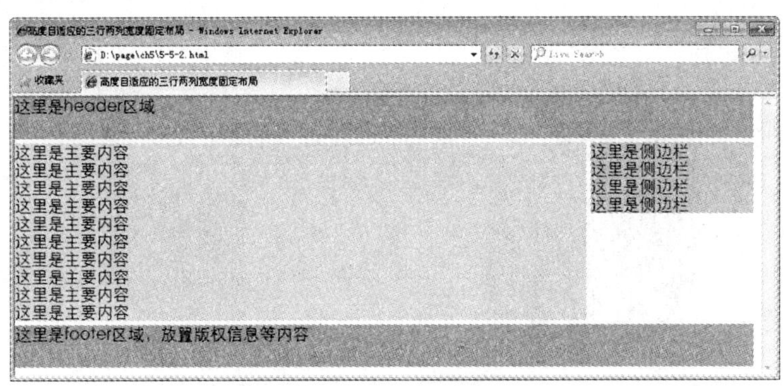

图 5-35　高度自适应的三行两列宽度固定布局的页面效果

【演示说明】因为修改了 CSS 样式定义，所以在 mainBox 和 sideBox 标签内部添加任何内容，都不会出现溢出容器之外的现象，容器会根据内容的多少自动调节高度。

5.5.2　三列布局样式

三列布局在网页设计时更为常用，如图 5-36 所示。对于这种类型的布局，浏览者的注意力最容易集中在中间栏的信息区域，其次才是左右两侧的信息。

三列布局与两列布局非常相似，在处理方式上可以利用两列布局结构的方式进行处理，如图 5-37 所示的就是 3 个独立的列组合而成的三列布局。三列布局仅比两列布局多了一列内容，无论形式上怎么变化，最终还是基于两列布局结构演变出来的。

1．两列定宽中间自适应的三列结构

设计人员可以利用负边距原理实现两列定宽中间自适应的三列结构，这里负边距值指的是将某个元素的 margin 属性值设置成负值，对于使用负边距的元素可以将其他容器“吸引”到身边，从而解决页面布局的问题。

【演示 5-5-3】两列定宽、中间自适应的三列结构。页面中 id="container"的 Div 容器包含了主要内容区域（mainBox）、次要内容区域（SubsideBox）和侧边栏（sideBox），效果如图 5-38 所示。如果将浏览器窗口进行缩放，可以看到中间列自适应宽度的效果，本例文件 5-5-3.html 在浏览器中的页面显示效果如图 5-39 所示。

图 5-36　经典的三列布局

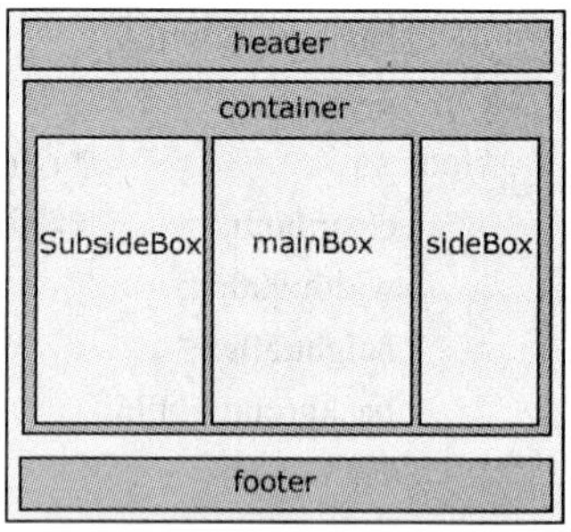

图 5-37　三列布局示意图

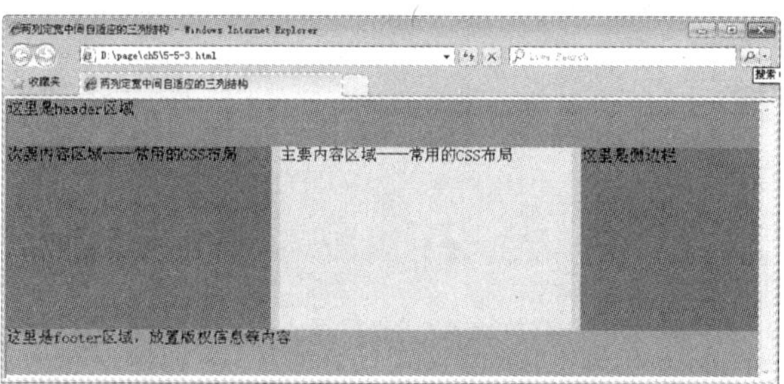

图 5-38　两列定宽、中间自适应的三列结构的页面效果

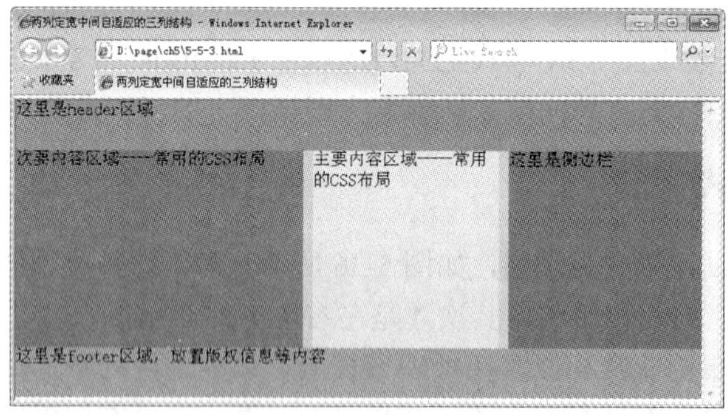

图 5-39　中间列自适应宽度的效果（浏览器窗口缩小时的状态）

5-5-3.html 的代码如下：

```
<html>
<head>
<title>两列定宽、中间自适应的三列结构</title>
<style type="text/css">
* {
```

```
        margin:0;
        padding:0;
}
body {
        font-family:"宋体";
        font-size:18px;
        color:#000;
}
#header {
        height:50px;                /*设置元素高度*/
        background:#0cf;
}
#container {
        overflow:auto;              /*溢出自动延展*/
}
#mainBox {
        float:left;                 /*向左浮动*/
        width:100%;
        background:#6ff;
        height:200px;               /*设置元素高度*/
}
#content {
        height:200px;               /*设置元素高度*/
        background:#ff0;
        margin:0 210px 0 310px;     /*右外边距空白 210px，左外边距空白 310px*/
}
#submainBox {
        float:left;                 /*向左浮动*/
        height:200px;               /*设置元素高度*/
        background:#c63;
        width:300px;
        margin-left:-100%;          /*使用负边距的元素可以将其他容器“吸引”到身边*/
}
#sideBox {
        float:left;                 /*向左浮动*/
        height:200px;               /*设置元素高度*/
        width:200px;                /*设置元素宽度*/
        margin-left:-200px;         /*使用负边距的元素可以将其他容器“吸引”到身边*/
        background:#c63;
}
#footer {
        clear:both;                 /*清除浮动*/
        height:50px;                /*设置元素高度*/
        background:#3cf;
}
</style>
```

```
</head>
<body>
<div id="header">这里是 header 区域</div>
<div id="container">
  <div id="mainBox">
    <div id="content">主要内容区域——常用的 CSS 布局</div>
  </div>
  <div id="submainBox">次要内容区域——常用的 CSS 布局</div>
  <div id="sideBox">这里是侧边栏</div>
</div>
<div id="footer">这里是 footer 区域，放置版权信息等内容</div>
</body>
</html>
```

【演示说明】本示例中的主要内容区域（mainBox）中又包含具体的内容区域（content），设计思路是利用 mainBox 的浮动特性，将其宽度设置为 100%，再结合 content 的左右外边距所留下的空白，利用负边距原理将次要内容区域（SubsideBox）和侧边栏（sideBox）“吸引”到身边。

2．三列自适应结构

上一节讲解的示例中左右两列都是固定宽度的，能否将其中一列或两列都变成自适应结构呢？首先，介绍一下三列自适应结构的特点，如下所示。

- 三列都设置为自适应宽度。
- 中间列的主要内容首先出现在网页中。
- 可以允许任一个列的内容为最高。

下面演示如何实现三列自适应结构。

【演示 5-5-4】三列自适应结构。三列自适应结构的页面效果如图 5-40 所示。将浏览器窗口进行缩放，可以清楚地看到三列自适应宽度的效果，本例文件 5-5-4.html 在浏览器中的页面显示效果如图 5-41 所示。

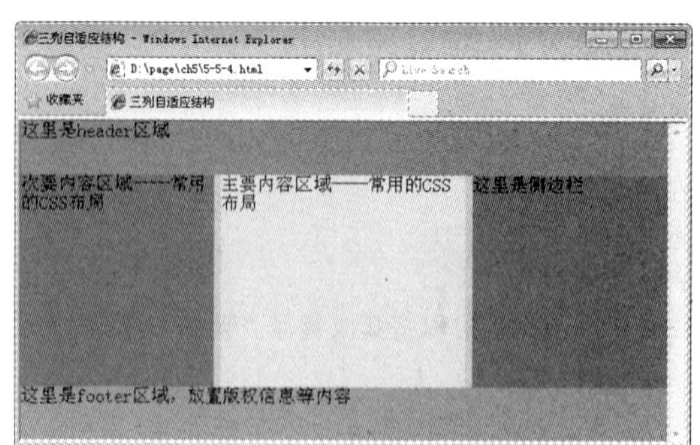

图 5-40　三列自适应结构的页面效果

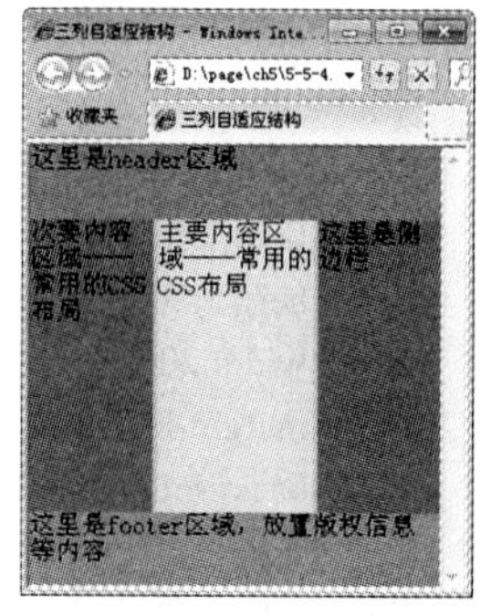

图 5-41　浏览器窗口缩小时的状态

本例只修改了 content、submainBox 和 sideBox 元素的 CSS 定义，代码如下：

```
#content {
    height:200px;                    /*设置元素高度*/
```

```
        background:#ff0;
        margin:0 31% 0 31%;          /*设置外边距左右距离为自适应*/
    }
    #submainBox {
        float:left;                  /*向左浮动*/
        height:200px;                /*设置元素高度*/
        background:#c63;
        width:30%;                   /*设置宽度为 30%*/
        margin-left:-100%;           /*设置负边距为-100%*/
    }
    #sideBox {
        float:left;                  /*向左浮动*/
        height:200px;                /*设置元素高度*/
        width:30%;                   /*设置宽度为 30%*/
        margin-left:-30%;            /*设置负边距为-30%*/
        background:#c63;
    }
```

【演示说明】要实现三列自适应结构，要从改变列的宽度入手。首先，要将 submainBox 和 sideBox 两列的宽度设置为自适应。其次，要调整左右两列有关负边距的属性值。最后，要对内容区域 content 容器的外边距 margin 值加以修改。

5.6 实训：网络花店热卖鲜花局部页面

本节主要讲解网络花店热卖鲜花局部页面的布局方法，重点练习 Div+CSS 布局页面的相关知识。

【实训展示】制作网络花店热卖鲜花局部页面，本例文件 product.html 在浏览器中的显示效果如图 5-42 所示，页面布局示意图如图 5-43 所示。

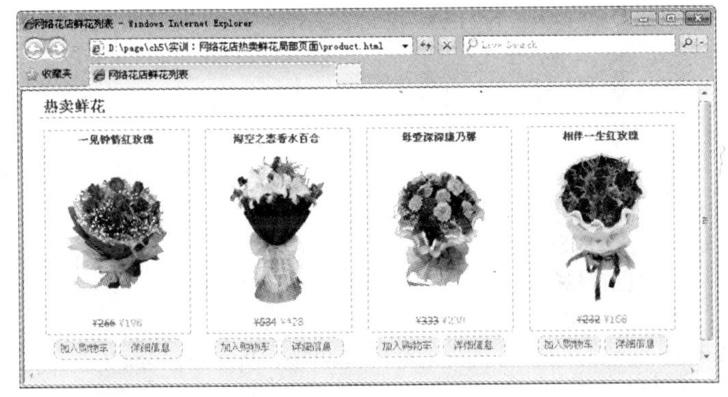

图 5-42 热卖鲜花局部页面的效果

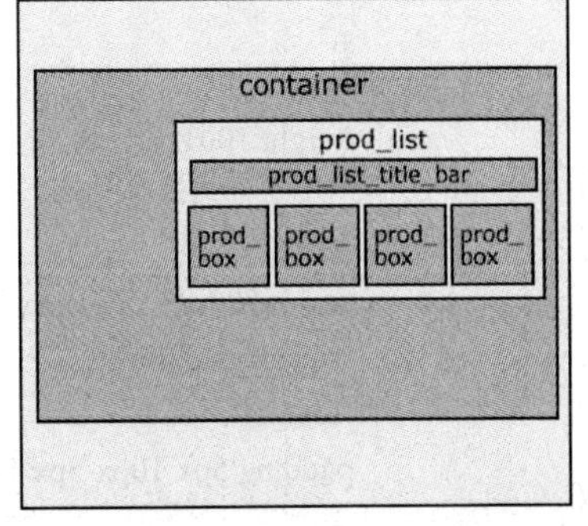

图 5-43 页面布局示意图

【实训目标】掌握综合使用 Div+CSS 布局页面的技术。

【知识要点】盒模型的特点及常用属性、盒子的定位与浮动。

制作过程如下：

① 页面布局规划。页面布局的首要任务是弄清网页的布局方式，分析版式结构。从页面布局示意图可以看出，由于“热卖鲜花”局部信息在整个页面中位于主体内容右侧上方，因此，在布局规划中，container 是页面主体内容的容器，prod_list 是页面主体内容的右侧区域，其中又包含 4 个子区域 prod_box，用于显示鲜花信息。

② 建立目录结构。在实训文件夹下创建文件夹 images 和 css，分别用于存放图像素材和外部样式表文件。

③ 准备素材。将本页面需要使用的图像素材存放在文件夹 images 下。

④ 外部样式表。在文件夹 css 下新建一个名为 style.css 的样式表文件，代码如下：

```
*{                                /* *表示针对 HTML 的所有元素*/
    padding:0px;                  /*内边距为 0px*/
    margin:0px;                   /*外边距为 0px*/
}
body{                             /*设置页面的整体样式*/
    width:985px;
    margin:0 auto;                /*页面自动居中对齐*/
    font-family:Tahoma;
    font-size:12px;               /*设置文字大小为 12px*/
    color:#565656;                /*设置默认文字颜色为灰色*/
    position:relative             /*相对定位*/
}
img {                             /*设置图片样式*/
    border: none;                 /*图片无边框*/
}
a, a:link, a:visited {            /*设置超链接及访问过链接的样式*/
    font-weight: normal;          /*字体正常粗细*/
    text-decoration: none         /*链接无修饰*/
}
a:hover {                         /*设置鼠标悬停链接的样式*/
    text-decoration: underline;   /*加下画线*/
}
#container {                      /*设置主体内容容器的样式*/
    height:100%                   /*高度相对单位*/
}
#prod_list {                      /*设置热卖鲜花区域的样式*/
    width:780px;                  /*宽度为 780px*/
    background:#FFF;              /*白色背景*/
    float:left;                   /*向左浮动*/
    padding:5px 10px 5px 15px; /*上、右、下、左的内边距依次为 5px,10px,5px,15px*/
}
.prod_list_title_bar {            /*设置热卖鲜花区域标题的样式*/
    width:780px;                  /*宽度 780px*/
    height:31px;                  /*高度 31px*/
    float:left;                   /*向左浮动*/
    padding:0 0 0 10px;           /*上、右、下、左的内边距依次为 0px,0px,0px,10px*/
```

```
    line-height:31px;               /*行高为 31px*/
    font-size:18px;                 /*字体大小为 18px*/
    color:#565656;                  /*灰色文字*/
    font-weight:bold;               /*字体加粗*/
    background: url(../images/title8.gif) no-repeat left center;   /*背景图像无重复左端中央对齐*/
}
.prod_box {                         /*设置单束鲜花区域的样式*/
    width:173px;                    /*宽度为 173px*/
    height:auto;                    /*高度自适应*/
    float:left;                     /*向左浮动*/
    padding:10px 10px 10px 11px;        /*上、右、下、左的内边距依次为 10px,10px,10px,11px*/
}
.center_prod_box {                  /*设置单束鲜花中央区域的样式*/
    width:173px;                    /*宽度为 173px*/
    height: auto;                   /*高度自适应*/
    float:left;                     /*向左浮动*/
    text-align:center;              /*文字居中对齐*/
    padding:0px;                    /*内边距为 0px*/
    margin:0px;                     /*外边距为 0px*/
    border:1px #c5c5c5 solid;       /*边框为 1px 的浅灰色实线*/
}
.product_title {                    /*设置单束鲜花标题区域的样式*/
    padding:5px 0 5px 0;            /*上、右、下、左的内边距依次为 5px,0px,5px,0px*/
    font-weight:bold;               /*字体加粗*/
}
.product_title a {                  /*设置单束鲜花标题区域超链接的样式*/
    color:#565656;                  /*灰色文字*/
    text-decoration:none;           /*链接无修饰*/
    padding:5px 0 5px 0;            /*上、右、下、左的内边距依次为 5px,0px,5px,0px*/
    font-weight:bold;               /*字体加粗*/
    border:none;                    /*无边框*/
}
.product_title a:hover {            /*设置单束鲜花标题区域悬停链接的样式*/
    color:#0283DD;                  /*青色文字*/
}
.product_img {                      /*设置鲜花图片的样式*/
    padding:5px 0 5px 0;            /*上、右、下、左的内边距依次为 5px,0px,5px,0px*/
}
.prod_price {                       /*设置鲜花价格区域的样式*/
    padding:5px 0 5px 0;            /*上、右、下、左的内边距依次为 5px,0px,5px,0px*/
}
span.reduce {                       /*设置鲜花原价的样式*/
    color:#666666;                  /*灰色文字*/
    text-decoration:line-through; /*加穿越线*/
}
span.price {                        /*设置鲜花优惠价的样式*/
```

```
        color: #ff8a00;                 /*橘黄色文字*/
    }
    .prod_details_tab {                 /*设置加入购物车和详细信息按钮区域的样式*/
        width:173px;                    /*宽度为 173px*/
        height:31px;                    /*高度为 31px*/
        float:left;                     /*向左浮动*/
        margin:3px 0 0 0;               /*上、右、下、左的外边距依次为 3px,0px,0px,0px*/
        padding-left: 10px;             /*左内边距为 10px*/
    }
    a.prod_buy,a.prod_details,a.prod_like {   /*设置按钮链接的样式*/
        width:75px;                     /*宽度为 75px*/
        height:24px;                    /*高度为 24px*/
        display:block;                  /*块级元素*/
        float:left;                     /*向左浮动*/
        background: url(../images/link_bg.gif) no-repeat center;     /*背景图像无重复中央对齐*/
        margin:2px 5px 0 0;             /*上、右、下、左的外边距依次为 2px,5px,0px,0px*/
        text-align:center;              /*文字居中对齐*/
        line-height:24px;               /*行高为 24px*/
        text-decoration:none;           /*链接无修饰*/
        color:#159dcc;
    }
```

⑤ 网页结构文件。在当前文件夹中，用记事本新建一个名为 product.html 的网页文件，代码如下：

```
<!doctype html>
<html>
<head>
<meta charset="gb2312">
<title>网络花店鲜花列表</title>
<link rel="stylesheet" type="text/css" href="css/style.css" />
</head>
<body>
<div id="container">
    <div id="prod_list">
      <div class="prod_list_title_bar">热卖鲜花</div>
      <div class="prod_box">
        <div class="center_prod_box">
          <div class="product_title">
            <a href="#" target="_blank">一见钟情红玫瑰</a>
          </div>
          <div class="product_img">
            <a   href="productdetail.html"><img   src="images/product/flower1.jpg"   width="124"
height="175" border="0" /></a>
          </div>
          <div class="prod_price">
```

```
            <span class="reduce">&yen;266 </span> <span class="price">&yen;198</span>
          </div>
        </div>
        <div class="prod_details_tab">
          <a href="cart.html" class="prod_buy">加入购物车</a>
          <a href="productdetail.html" class="prod_details">详细信息</a>
        </div>
      </div>
      <div class="prod_box">
        <div class="center_prod_box">
          <div class="product_title">
            <a href="#" target="_blank">海空之恋香水百合</a>
          </div>
          <div class="product_img">
            <a  href="productdetail.html"><img  src="images/product/flower2.jpg"  width="124"
height="175" border="0" /></a>
          </div>
          <div class="prod_price">
            <span class="reduce">&yen;534</span> <span class="price">&yen;428</span>
          </div>
        </div>
        <div class="prod_details_tab">
          <a href="cart.html" class="prod_buy">加入购物车</a>
          <a href="productdetail.html" class="prod_details">详细信息</a>
        </div>
      </div>
      <div class="prod_box">
        <div class="center_prod_box">
          <div class="product_title">
            <a href="#" target="_blank">母爱深深康乃馨</a>
          </div>
          <div class="product_img">
            <a  href="productdetail.html"><img  src="images/product/flower3.jpg"  width="124"
height="175" border="0" /></a>
          </div>
          <div class="prod_price">
            <span class="reduce">&yen;333</span> <span class="price">&yen;238</span>
          </div>
        </div>
        <div class="prod_details_tab">
          <a href="cart.html" class="prod_buy">加入购物车</a>
          <a href="productdetail.html" class="prod_details">详细信息</a>
        </div>
```

```
            </div>
            <div class="prod_box">
              <div class="center_prod_box">
                <div class="product_title">
                  <a href="#" target="_blank">相伴一生红玫瑰</a>
                </div>
                <div class="product_img">
                  <a  href="productdetail.html"><img  src="images/product/flower4.jpg"  width="124"
height="175" border="0" /></a>
                </div>
                <div class="prod_price">
                  <span class="reduce">&yen;232</span> <span class="price">&yen;168</span>
                </div>
              </div>
              <div class="prod_details_tab">
                <a href="cart.html" class="prod_buy">加入购物车</a>
                <a href="productdetail.html" class="prod_details">详细信息</a>
              </div>
            </div>
          </div>
        </div>
      </body>
      </html>
```

⑥ 浏览网页。在浏览器中浏览已制作完成的页面，页面的显示效果如图 5-42 所示。

【实训说明】 由于样式表目录 style 和图像目录 images 是同级目录，因此，样式中访问图像时使用的是相对路径“../images/图像文件名”的写法。

习题 5

1．制作如图 5-44 所示的两列固定宽度型布局。

2．制作如图 5-45 所示的三列固定宽度居中型布局。

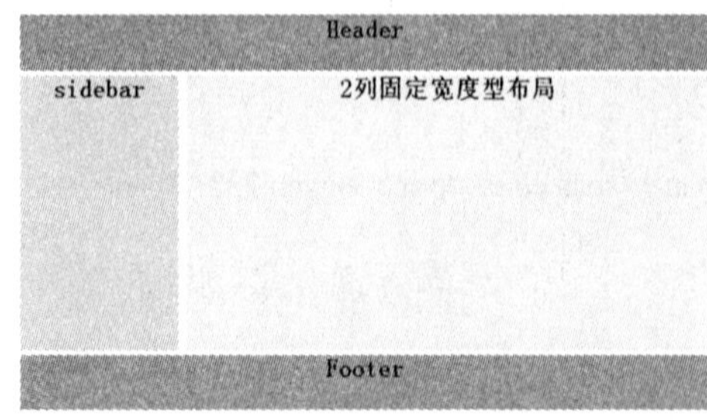

图 5-44　题 1 图

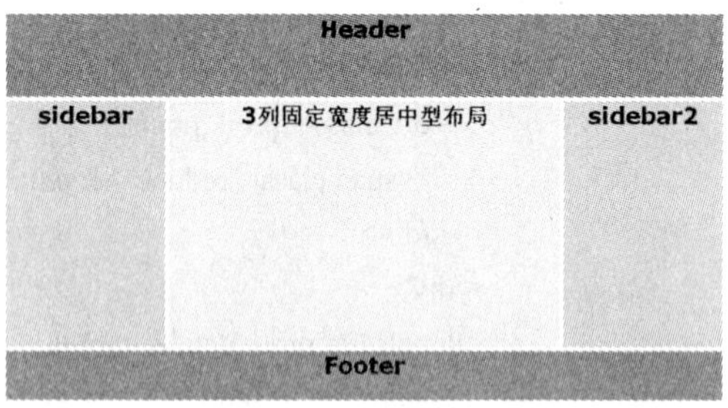

图 5-45　题 2 图

3．综合使用 Div+CSS 布局技术创建如图 5-46 所示的网络花店结算页面的局部信息。

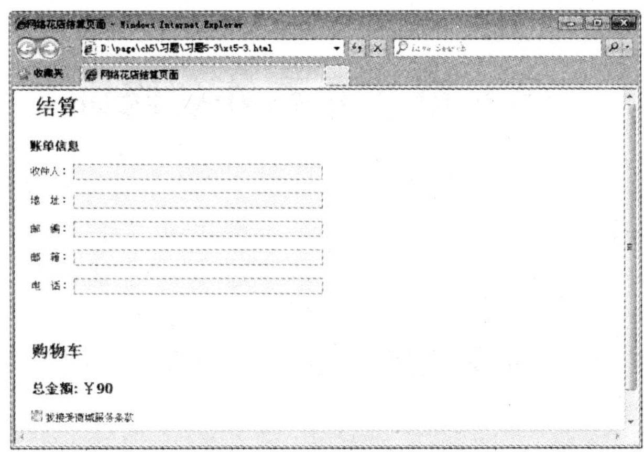

图 5-46　题 3 图

第 6 章　元素外观修饰

前面章节已经介绍了 CSS 设计中必须了解的 4 个核心基础——盒模型、标准流、浮动和定位。有了这 4 个核心的基础，从本章开始将逐一介绍网页设计的各种元素，如文本、图像、表格、表单、链接、列表和导航菜单等，以及如何使用 CSS 来进行样式设置。

6.1　案例：网络花店服务向导页面——设置文本样式

【案例展示】使用 CSS 文本修饰的基本知识制作网络花店服务向导页面的局部信息，本例文件 6-1.html 在浏览器中的显示效果如图 6-1 所示。

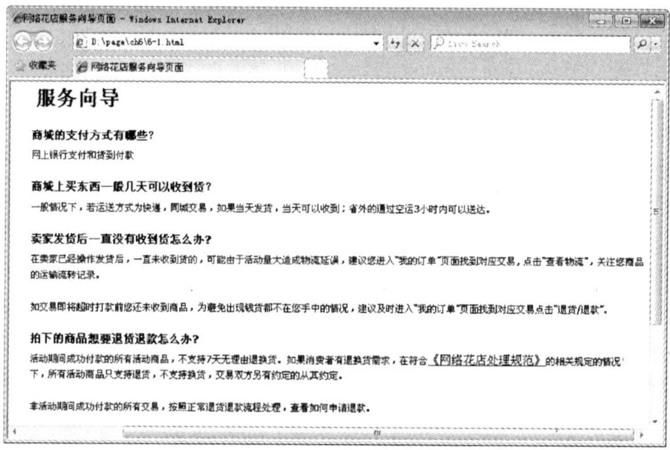

图 6-1　页面浏览效果

【学习目标】掌握 CSS 文本修饰的常用属性。

【知识要点】字体类型、大小、粗细、颜色、修饰、文本对齐方式、缩进和行高。

CSS 的网页排版功能十分强大，不仅可以控制文本的大小、颜色、对齐方式、字体，还可以控制行高、首行缩进、字母间距和字符间距等。

CSS 样式中有关文本修饰的常用属性见表 6-1。

表 6-1　文本修饰的常用属性

属　性	说　明
font-family	设置字体的类型
font-size	设置字体的大小
font-weight	设置字体的粗细
font-style	设置字体的倾斜
text-decoration	设置添加到文本的修饰效果

（续）

属　性	说　　明
Color	设置文本的颜色
text-align	设置文本的水平对齐方式
text-indent	设置段落的首行缩进
line-height	设置行高

6.1.1　设置字体类型

字体具有两方面的作用：一是传递语义功能，二是美学效应。由于不同的字体给人带来不同的风格感受，所以对于网页设计人员来说，首先需要考虑的问题就是准确地选择字体。

除了利用 HTML 的 face 标签来设置字体外，也可以用 CSS 的 font-family 属性来设置需要的字体。

语法：**font-family：字体名称**

参数：字体名称按优先顺序排列，以逗号隔开。如果字体名称包含空格，则应用引号括起。

说明：当浏览器找不到字体队列中的字体时，会用后面相邻的字体代替，以此类推；当浏览器完全找不到字体时，则使用默认字体（宋体）。

【演示 6-1-1】字体类型设置，本例页面 6-1-1.html 的浏览效果如图 6-2 所示。

6-1-1.html 的代码如下：

```
<html>
<head>
<meta charset="gb2312">
<title>字体设置</title>
<style type="text/css">
  h1{
    font-family:黑体;
  }
  p{
    font-family: Arial, "Times New Roman";
  }
</style>
</head>
<body>
<h1>网络花店简介</h1>
<p>网络花店是全国最大的综合性鲜花购物中心，由国内著名的花卉园艺机构、创业基金共同投资成立，现已成长为中国最具影响力的鲜花网站。网站主要提供 24 小时网上订购鲜花礼品，是专业经营各类鲜花礼品速递的电子商务网站。</p>
</body>
</html>
```

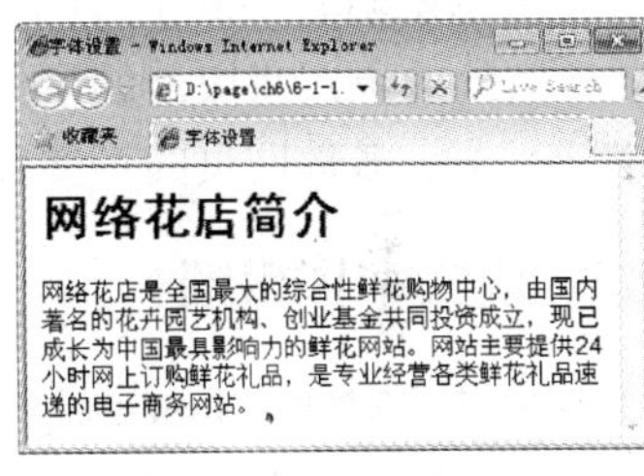

图 6-2　页面浏览效果

【演示说明】

① 页面中字体的种类应控制在 2～3 种，这样整个页面的视觉效果较好。

② 中文页面尽量首先使用“宋体”，英文页面可以首先选用“Arial”和“Verdana”等字体。

6.1.2 设置字体大小

在设计页面时，通常使用不同大小的字体来突出要表现的主题，在 CSS 样式中使用 font-size 属性设置字体的大小。

语法：**font-size : 绝对大小 | 相对大小**

参数：绝对大小以 px 为单位，以绝对大小的方式来设置字号。可以指定精确的大小，如 16px，或者使用关键字来指定大小，如：font-size 属性的关键字（xx-small | x-small | small | medium | large | x-large | xx-large）。在不同的设备下，这些关键字可能会显示不同的字号。

相对大小是利用百分比或者 em 以相对父元素大小的方式来设置字体大小。

【例 6-1-2】字体大小设置，本例页面 6-1-2.html 的浏览效果如图 6-3 所示。

在【演示 6-1-1】的基础上，本例只修改了段落的 CSS 定义，代码如下：

```
p{
   font-family: Arial, "Times New Roman";
   font-size:16pt;
}
```

图 6-3　页面浏览效果

【演示说明】不同字号的字在网页中有些是美观的，有些却不合适。本例为了演示正文字体放大的效果，将段落的字体大小定义为 16pt。但在实际的应用中，宋体 9pt 是公认的美观字号，绝大多数网页的正文都用它。11pt 也好看，多用于正文。

6.1.3 设置字体粗细

CSS 样式中使用 font-weight 属性设置字体的粗细。

语法：**font-weight : bold | number | normal | lighter | 100-900**

参数：normal 表示默认字体，bold 表示粗体，bolder 表示粗体再加粗，lighter 表示比默认字体还细，100-900 共分为 9 个层次（100、200……、900），数字越小字体越细、数字越大字体越粗。

说明：设置文本字体的粗细。

【演示 6-1-3】字体粗细设置，本例页面 6-1-3.html 的浏览效果如图 6-4 所示。

6-1-3.html 的代码如下：

```
<html>
<head>
<title>字体粗细设置</title>
<style type="text/css">
  h1{
     font-family:黑体;
  }
  p{
```

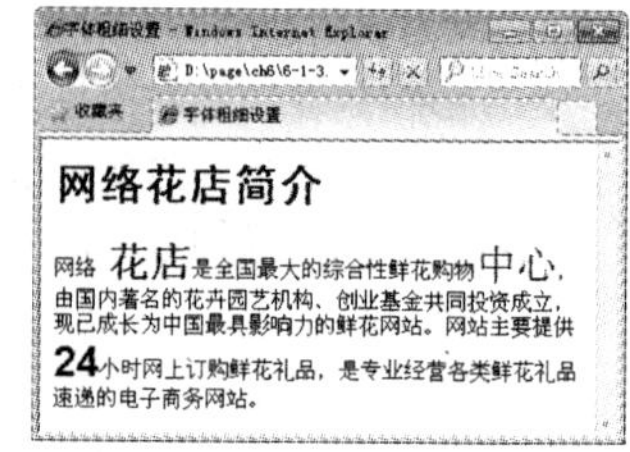

图 6-4　页面的浏览效果

```
    font-family: Arial, "Times New Roman";
  }
  .one {
    font-weight:bold;
    font-size:30px;
  }/*设置字体为粗体*/
  .two {
    font-weight:400;
    font-size:30px;
  }/*设置字体为 400 粗细*/
  .three {
    font-weight:900;
    font-size:30px;
  }/*设置字体为 900 粗细*/
</style>
</head>
<body>
<h1>网络花店简介</h1>
<p>网络 <span class="one">花店</span>是全国最大的综合性鲜花购物<span class="two">中心
</span>，由国内著名的花卉园艺机构、创业基金共同投资成立，现已成长为中国最具影响力的鲜花网
站。网站主要提供<span class="three">24</span>小时网上订购鲜花礼品，是专业经营各类鲜花礼品速递
的电子商务网站。</p>
</body>
</html>
```

【演示说明】 需要注意的是，实际上大多数操作系统和浏览器还不能很好地实现非常精细的文字加粗设置，通常只能设置“正常”（normal）和“加粗”（bold）两种粗细。

6.1.4 设置字体倾斜

CSS 中的 font-style 属性用来设置字体的倾斜。

语法：**font-style : normal || italic || oblique**

参数：normal 为“正常”（默认值），italic 为“斜体”，oblique 为“倾斜体”。

说明：设置文本字体的倾斜。

【演示 6-1-4】 字体倾斜设置，本例页面 6-1-4.html 的浏览效果如图 6-5 所示。

6-1-4.html 的代码如下：

图 6-5 页面浏览效果

```
<html>
<head>
<meta charset="gb2312">
<title>字体倾斜设置</title>
<style type="text/css">
  h1{
    font-family:黑体;
  }
  p{
```

```
    font-family: Arial, "Times New Roman";
  }
  .italic {
    font-style:italic;
    font-size:30px;
  }/*设置斜体*/
  .oblique {
    font-style:oblique;
    font-size:30px;
  }/*设置倾斜体*/
</style>
</head>
<body>
<h1>网络花店简介</h1>
<p>网络花店是全国最大的综合性<span class="italic">鲜花购物中心</span>，由国内著名的花卉园艺机构、创业基金共同投资成立，现已成长为中国最具影响力的鲜花网站。网站主要提供 24 小时网上订购鲜花礼品，是专业经营各类鲜花礼品速递的<span class="oblique">电子商务网站</span>。</p>
</body>
</html>
```

【演示说明】 italic 和 oblique 都是向右倾斜的文字，但区别在于 italic 是指斜体字，而 oblique 是倾斜的文字，对于没有斜体的字体应该使用 oblique 属性值来实现倾斜的文字效果。

6.1.5 设置字体修饰

使用 CSS 样式可以对文本进行简单的修饰，text 属性所提供的 text-decoration 属性，主要实现文字加下画线、顶线、删除线及文字闪烁等效果。

语法：**text-decoration : underline || blink || overline || line-through | none**

参数：underline 为下画线，blink 为闪烁，overline 为上画线，line-through 为贯穿线，none 为无装饰。

说明：设置对象中文本的修饰。对象 a、u、ins 的文字修饰默认值为 underline。对象 strike、s、del 的默认值是 line-through。如果应用的对象不是文本，则此属性不起作用。

【演示 6-1-5】 字体修饰设置，本例页面 6-1-5.html 的浏览效果如图 6-6 所示。

6-1-5.html 的代码如下：

图 6-6 页面浏览效果

```
<html>
<head>
<meta charset="gb2312">
<title>字体修饰设置</title>
<style type="text/css">
  h1{
    font-family:黑体;
  }
  p{
    font-family: Arial, "Times New Roman";
```

```
    }
    .one {
      font-size:30px;
      text-decoration: overline;
    }/*设置上画线*/
    .two {
      font-size:30px;
      text-decoration: line-through;
    }/*设置贯穿线*/
    .three {
      font-size:30px;
      text-decoration: underline;
    }/*设置下画线*/
</style>
</head>
<body>
<h1>网络花店简介</h1>
<p>网络花店是全国最大的综合性<span class="one">鲜花购物中心</span>，由国内著名的花卉园艺机构、创业基金共同投资成立，现已成长为中国最具影响力的<span class="two">鲜花网站</span>。网站主要提供 24 小时网上订购鲜花礼品，是专业经营各类鲜花礼品速递的<span class="three">电子商务网站</span>。</p>
</body>
</html>
```

【演示说明】本例中只演示了 overline、line-through 和 underline 这 3 种文字修饰效果，另外还有一个 blink 属性值能够使字体不断闪烁，但是由于 IE 浏览器不支持该效果，所以在 IE 浏览器中文字没有闪烁，用户可以在 Opera 浏览器中看到 blink 闪烁效果。

6.1.6 设置字体颜色

在 CSS 样式中，对文字增加颜色修饰十分简单，只需添加 color 属性即可。

语法：**color:颜色值;**

说明：HTML 语言使用十六进制的 RGB 颜色值对颜色进行控制，即颜色可以通过英文名称或者十六进制来表现。如标准的红色，可以用 red 作为名称来表现，也可以用#ff0000 作为十六进制来表现。常用的有 16 种颜色包括 black、olive、teal、red、blue、maroon、navy、gray、lime、fuchsia、white、green、purple、silver、yellow 和 aqua。

【演示 6-1-6】字体颜色设置，本例页面 6-1-6.html 的浏览效果如图 6-7 所示。

6-1-6.html 的代码如下：

图 6-7 页面浏览效果

```
<html>
<head>
<meta charset="gb2312">
<title>字体颜色设置</title>
<style type="text/css">
body {
```

```
    color:blue;                    /*body 中的文本显示为蓝色*/
}
h1 {
    color:#666;                    /*h1 标签的文本显示为灰色*/
    font-family:黑体;
}
.red {
    font-size:30px;
    color:rgb(255,0,0);            /*局部信息的文本显示为红色*/
}
</style>
</head>
<body>
<h1>网络花店简介</h1>
<p>网络花店是全国最大的综合性<span class="red">鲜花购物中心</span>，由国内著名的花卉园艺机构、创业基金共同投资成立，现已成长为中国最具影响力的鲜花网站。网站主要提供 24 小时网上订购鲜花礼品，是专业经营各类鲜花礼品速递的电子商务网站。</p>
</body>
</html>
```

【演示说明】由于在 body 中定义了文本颜色为蓝色，因此，没有应用任何样式的普通段落的文字为蓝色；而段落中应用了“.red”样式的局部信息的文本颜色为红色。

6.1.7 设置文本对齐方式

使用 text-align 属性可以设置元素中文本的水平对齐方式。

语法：**text-align : left | right | center | justify**

参数：left 为左对齐，right 为右对齐，center 为居中，justify 为两端对齐。

说明：设置对象中文本的对齐方式。

示例：

```
<p style=" text align: center; ">
居中对齐的文字
</p>
<p style=" text-align: left; ">
居左对齐的文字
</p>
<p style=" text-align: right; ">
居右对齐的文字
</p>
```

浏览器中的浏览效果如图 6-8 所示。

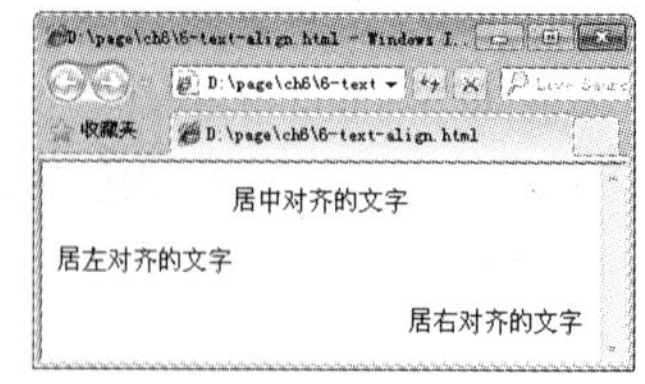

图 6-8 text- align 属性的浏览效果

6.1.8 设置首行缩进

段落的首行缩进是一种最常用的文本格式化手段。使用 text-indent 属性可以方便地实现文本缩进。

可以为所有块级元素应用 text-indent，但不能应用于行级元素。如果想把一个行级元素的第 1 行缩进，可以用左内边距或外边距创造这种效果。

语法：**text-indent : length**

参数：length 为百分比数字或由浮点数字、单位标识符组成的长度值，允许为负值。

说明：设置对象中的文本段落的缩进。本属性只应用于整块的内容。

【演示 6-1-7】设置首行缩进，本例页面 6-1-7.html 的浏览效果如图 6-9 所示。

在【演示 6-1-1】的基础上，本例只修改了段落的 CSS 定义，代码如下：

```
p{
  font-family: Arial, "Times New Roman";
  text-indent:2em;        /*设置段落缩进两个相对长度*/
}
```

【演示说明】text-indent 属性是以各种长度为属性值，为了缩进两个汉字的距离，最经常用的是“2em”这个距离。1em 等于一个中文字符，两个英文字符相当于一个中文字符，因此，细心的读者一定发现英文段落的首行缩进了 4 个英文字符。如果用户需要英文段落的首行缩进两个英文字符，只需设置“text-indent:1em;”。

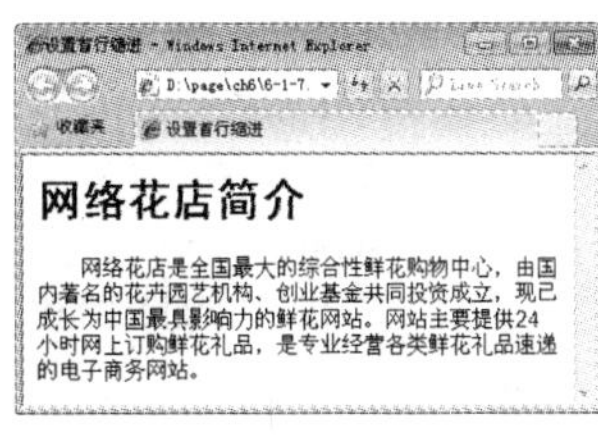

图 6-9　页面浏览效果

6.1.9　设置首字下沉

在许多文档的排版中经常出现首字下沉的效果，所谓首字下沉指的是设置段落的第一行的第一个字的字体变大，并且向下一定的距离，而段落的其他部分保持不变。

在 CSS 样式中伪对象:first-letter 可以实现对象内第一个字符的样式控制。

【演示 6-1-8】设置首字下沉，本例页面 6-1-8.html 的浏览效果如图 6-10 所示。

在【演示 6-1-1】的基础上，本例只修改了段落的 CSS 定义，代码如下：

```
p:first-letter {
        float:left;             /*设置浮动占据多行空间*/
        font-size:2em;          /*下沉字体大小为其他字体的 2 倍*/
        font-weight:bold; /*设置首字体加粗显示*/
}
```

图 6-10　页面浏览效果

【演示说明】如果不使用伪对象“:first-letter”来实现首字下沉的效果，就要对段落中第 1 个文字添加<span>标签，然后定义<span>标签的样式。但是这样做的后果是，每个段落都要对第 1 个文字添加<span>标签，非常繁琐。因此，使用伪对象“:first-letter”来实现首字下沉可提高网页排版的效率。

6.1.10　设置行高

段落中两行文字之间垂直的距离称为行高。在 HTML 中是无法控制行高的，在 CSS 样式中，使用 line-height 属性可控制行与行之间的垂直间距。

语法：**line-height : length | normal**

参数：length 为由百分比数字或由数值、单位标识符组成的长度值，允许为负值，其百分比取值是基于字体的高度尺寸。normal 为默认行高。

说明：设置对象的行高。

【演示 6-1-9】设置行高，本例页面 6-1-9.html 的浏览效果如图 6-11 所示。

6-1-9.html 的代码如下：

```
<html>
<head>
<meta charset="gb2312">
<title>设置行高</title>
<style type="text/css">
  h1{
    font-family:黑体;
  }
  p.one {
    line-height:20px;  /*绝对像素值设置行高为 20px*/
  }
  p.two {
    line-height:200%; /*百分比值设置行高为 200%*/
  }
</style>
</head>
<body>
<h1>网络花店简介</h1>
<p class="one">网络花店是全国最大的综合性鲜花购物中心，由国内著名的花卉园艺机构、创业基金共同投资成立，现已成长为中国最具影响力的鲜花网站。网站主要提供 24 小时网上订购鲜花礼品服务，是专业经营各类鲜花礼品速递的电子商务网站。</p>
<p class="two">网络花店是全国最大的综合性鲜花购物中心，由国内著名的花卉园艺机构、创业基金共同投资成立，现已成长为中国最具影响力的鲜花网站。网站主要提供 24 小时网上订购鲜花礼品，是专业经营各类鲜花礼品速递的电子商务网站。</p>
</body>
</html>
```

图 6-11　页面浏览效果

【演示说明】需要注意的是，虽然可以使用像素值对行高进行设置，但如果将当前文字字号放大或缩小，原本适合的行间距也会变得过紧或过松。解决的方法是，在 line-height 属性中使用百分比或数值对行高进行设置。因为设置的百分比值是基于当前字体尺寸的百分比行间距，而没有单位的数值会与当前的字体尺寸相乘，使用相乘的结果来设置行间距，不会出现文字字号变化而行间距不变的情况。

【案例：网络花店服务向导页面】的制作过程如下：

① 网页结构文件。在当前文件夹中，用记事本新建一个名为 6-1.html 的网页文件，代码如下：

```
<html>
<head>
<title>网络花店服务向导页面</title>
```

```
<style type="text/css">
body{                               /*设置页面整体样式*/
    width:985px;
    margin:0 auto;                  /*页面自动居中对齐*/
    font-family:Tahoma;
    font-size:12px;                 /*设置文字大小为 12px*/
    color:#565656;                  /*设置默认文字颜色为灰色*/
    position:relative               /*相对定位*/
}
#container {                        /*主体容器样式*/
    height:100%                     /*容器高度相对单位*/
}
p {                                 /*默认段落样式*/
    margin: 0 0 10px 0;             /*上、右、下、左的外边距依次为 0px,0px,10px,0px*/
    padding: 0;                     /*内边距为 0px*/
    line-height:20px;               /*设置行高为 20px*/
}
h1 {                                /*设置 h1 标题立的样式*/
    font-size: 26px;                /*设置文字大小为 26px*/
    margin: 0 0 15px 5px;
    padding: 5px 0
}
h5 {                                /*设置 h5 标题的样式*/
    font-size: 14px;                /*设置文字大小为 14px*/
    margin: 0 0 10px;
    padding: 0;
}
#faqs{                              /*服务向导区域的样式*/
    padding:0px 12px 30px 20px; /*上、右、下、左的内边距依次为 0px,12px,30px,20px*/
    width:780px;                    /*区域宽度为 780px*/
}
#faqs p {                           /*服务向导区域中段落的样式*/
    margin-bottom: 20px;            /*下外边距为 20px*/
}
#faqs h5 {                          /*服务向导区域中 h5 标题的样式*/
    margin-bottom: 5px              /*下外边距为 5px*/
}
.float_r {                          /*设置区域浮动样式*/
    float: right                    /*向右浮动*/
}
.underline {
    font-size:15px;                 /*设置文字大小为 15px*/
    color:#0283dd;                  /*设置文字颜色为青色*/
    text-decoration: underline;     /*设置下画线*/
}
</style>
```

```
</head>
<body>
  <div id="container">
    <div id="faqs" class="float_r">
      <h1>服务向导</h1>
      <h5>商城的支付方式有哪些？</h5>
      <p>网上银行支付和货到付款</p>
      <h5>商城上买东西一般几天可以收到货？</h5>
      <p>一般情况下，若运送方式为快递，同城交易，如果当天发货，当天可以收到；省外的通过空运 3 小时内可以送达。</p>
      <h5>卖家发货后一直没有收到货怎么办?</h5>
      <p>在卖家已经操作发货后，一直未收到货的，可能由于活动量大造成物流延误，建议您进入“我的订单”页面找到对应交易，点击“查看物流”，关注您商品的运输流转记录。</p>
      <p>如交易即将超时打款前您还未收到商品，为避免出现钱货都不在您手中的情况，建议及时进入“我的订单”页面找到对应交易点击“退货/退款”。</p>
      <h5>拍下的商品想要退货退款怎么办?</h5>
      <p>活动期间成功付款的所有活动商品，不支持 7 天无理由退换货。如果消费者有退换货需求，在符合<span class="underline">《网络花店处理规范》</span>的相关规定的情况下，所有活动商品只支持退货，不支持换货，交易双方另有约定的从其约定。</p>
      <p>非活动期间成功付款的所有交易，按照正常退货退款流程处理，查看如何申请退款。</p>
      <h5>申请退款后，钱款多久可以退回？</h5>
      <p>申请退款后，钱款退回的时间取决于双方的协商及卖家对退款处理的快慢。只要退款状态显示为“退款成功”，即说明钱款已退回。</p>
      <h5>如何举报钓鱼网站/中奖信息网站？</h5>
      <p>如果您遇到或者收到了非法分子发来的钓鱼网站、中奖信息网站，可以进入“我的账号”—“举报管理”中，进行举报。</p>
    </div>
  </div>
</body>
</html>
```

② 浏览网页。在浏览器中浏览已制作完成的页面，页面的显示效果如图 6-1 所示。

【案例说明】 在本例页面《网络花店处理规范》文字的样式设置中，分别使用了“font-size”、“color”和“text-decoration”3 个属性进行修饰，产生了一种类似于超链接的修饰效果。在实际的完整案例中，此处是采用超链接来实现的，读者在学习了后续章节中讲解的使用 CSS 设置链接的知识后，可以尝试使用超链接的样式实现此处的效果。

6.2 案例：玫瑰花简介页面——设置图像与背景样式

【案例展示】 使用 CSS 设置图像与背景样式的基本知识制作玫瑰花简介页面，本例文件 6-2.html 在浏览器中的浏览效果如图 6-12 所示。

【学习目标】 掌握设置图像与背景样式的常用属性。

【知识要点】 设置图像边框、图像缩放、背景图像、背景图像位置和重复方式。

图 6-12　页面浏览效果

6.2.1　设置图像样式

图像是网页中不可缺少的内容，它能使页面更加丰富多彩，能让人更直观地感受网页所要传达给浏览者的信息。在 HTML 中，读者已经学习过图像元素的基本知识。图像即 img 元素，作为 HTML 的一个独立对象，需要占据一定的空间。因此，img 元素在页面中的风格样式仍然用盒模型来设计。

1．设置图像边框

在 HTML 中可以直接通过<img>标记的 border 属性值为图片添加边框，属性值为边框的粗细，以像素为单位。当设置 border 属性值为 0 时，则显示为没有边框。例如以下示例代码：

```
<img src="images/flower.jpg" border="0">          <!--显示为没有边框-->
<img src="images/flower.jpg" border="1">          <!--设置边框的粗细为 1px-->
<img src="images/flower.jpg" border="2">          <!--设置边框的粗细为 2px -->
<img src="images/flower.jpg" border="3">          <!--设置边框的粗细为 3px -->
```

通过浏览器的解析，图片的边框粗细从左至右依次递增，效果如图 6-13 所示。

图 6-13　在 HTML 中控制图片的边框

然而使用这种方法存在很大的限制，即所有的边框都只能是黑色，而且风格十分单一，都是实线，只是在边框粗细上能够进行调整。

如果希望更换边框的颜色，或者换成虚线边框，仅仅依靠 HTML 是无法实现的。下面的演示讲解了如何用 CSS 样式美化图片的边框。

【演示 6-2-1】设置图片边框，本例页面 6-2-1.html 的浏览效果如图 6-14 所示。

6-2-1.html 的代码如下：

图 6-14　页面浏览效果

```
<html>
<head>
<title>设置边框</title>
<style type="text/css">
.test1{
   border-style:dotted;          /* 点画线边框*/
   border-color:#996600;         /* 边框颜色为金黄色*/
   border-width:4px;             /* 边框粗细为 4px*/
   margin:2px;
}
.test2{
   border-style:dashed;          /* 虚线边框 */
   border-color:blue;            /* 边框颜色为蓝色*/
   border-width:2px;             /* 边框粗细为 2px*/
   margin:2px;
}
.test3{
   border-style:solid dotted dashed double;    /*边框的线型依次为实线、点画线、虚线和双线边框 */
   border-color:red green blue purple;         /*边框的颜色依次为红色、绿色、蓝色和紫色*/
   border-width:1px 2px 3px 4px;               /*边框粗细依次为 1px、2px、3px 和 4px*/
   margin:2px;
}
</style>
</head>
<body>
   <img src="images/flower.jpg" class="test1">
   <img src="images/flower.jpg" class="test2">
   <img src="images/flower.jpg" class="test3">
</body>
</html>
```

【演示说明】 如果希望分别设置 4 条边框的不同样式，在 CSS 中也是可以实现的，只需要分别设定 border-left、border-right、border-top 和 border-bottom 的样式即可，依次对应于左、右、上、下 4 条边框。

2．设置图像缩放

使用 CSS 样式控制图片的大小，可以通过 width 和 height 两个属性来实现。需要注意的是，当 width 和 height 两个属性的取值使用百分比数值时，它是相对于父元素而言的。如果将这两个属性设置为相对于 body 的宽度或高度，就可以实现当浏览器窗口改变时，图片大小也发生相应变化的效果。

【演示 6-2-2】 设置图片缩放，本例页面 6-2-2.html 的浏览效果如图 6-15 所示。

图 6-15　页面浏览效果

6-2-2.html 的代码如下：

```
<html>
<head>
<title>设置图片的缩放</title>
<style type="text/css">
#box {
   padding:2px;
   width:550px;
   height:180px;
   border:2px dashed #9c3;
}
img.test1{
   width:30%;          /* 相对宽度为 30% */
   height:40%;         /* 相对高度为 40% */
}
img.test2{
   width:150px;        /* 绝对宽度为 150px */
   height:150px;       /* 绝对高度为 150px */
}
</style>
</head>
<body>
<div id="box">
   <img src="images/flower.jpg">                      <!--图片的原始大小-->
   <img src="images/flower.jpg" class="test1">        <!--相对于父元素缩放的大小-->
   <img src="images/flower.jpg" class="test2">        <!--绝对像素缩放的大小-->
</div>
</body>
</html>
```

【演示说明】

① 本例中图片的父元素为 id="box"的 Div 容器，在 img.test1 中定义 width 和 height 两个属性的取值为百分比数值，该数值是相对于 id="box"的 Div 容器而言的，而不是相对于图片本身。

② img.test2 中定义 width 和 height 两个属性的取值为绝对像素值，图片将按照定义的像素值显示大小。

6.2.2 设置背景样式

在网页设计中，无论是单一的纯色背景，还是加载的背景图像，都能够给整个页面带来丰富的视觉效果。CSS 允许应用颜色作为背景，也可以使用图像作为背景。

需要注意的是，背景占据元素的所有内容区域，包括 padding 和 border，但不包括元素的 margin。在 Opera 和 IE 8 浏览器中，background 包括 padding 和 border，如图 6-16 所示。在 IE 6 和 IE 7 浏览器中，background 没把 border 计算在内，如图 6-17 所示。

1. 设置背景颜色

在 HTML 中，可以使用标签的 bgcolor 属性设置网页的背景颜色，而在 CSS 里，不仅可以用 background-color 属性来设置网页的背景颜色，还可以设置文字的背景颜色。

图 6-16　Opera 浏览器中背景的效果

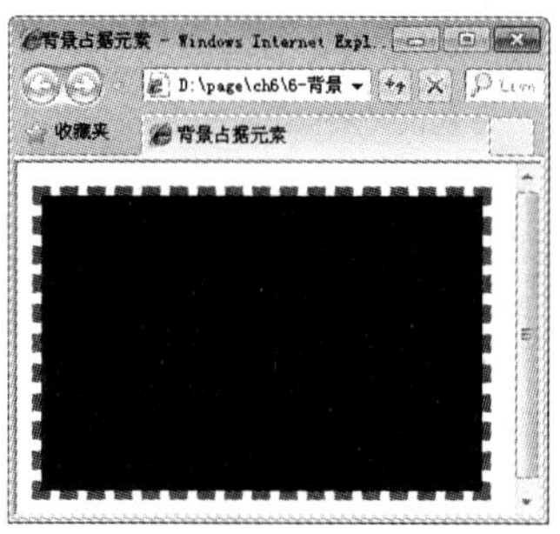

图 6-17　IE 6 浏览器中背景的效果

语法：**background-color : color | transparent**

参数：color 指定颜色。transparent 表示透明的意思，也是浏览器的默认值。

说明：background-color 不能继承，默认值是 transparent，如果一个元素没有指定背景色，那么背景就是透明的，这样其父元素的背景才能看见。

【演示 6-2-3】设置背景颜色，本例页面 6-2-3.html 的浏览效果如图 6-18 所示。

在【演示 6-1-1】的基础上，本例增加了 body 背景色的定义，并为 h1 和 p 增加了背景色的定义，6-2-3.html 的代码如下：

```
body{
    background-color:#eee;      /*十六进制色彩的背景色*/
}
h1{
    font-family:黑体;
    background-color:orange;  /*英文色彩名称的背景色*/
}
p{
    font-family: Arial, "Times New Roman";
    background-color:rgb(0,255,255);        /*rgb 函数的背景色*/
}
```

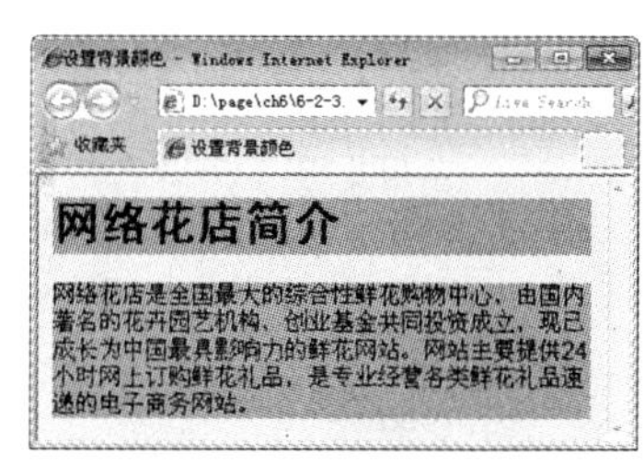

图 6-18　页面浏览效果

2．设置背景图像

在 CSS 样式中，可以使用 background-image 属性来设置背景图片。

语法：**background-image : url(url) | none**

参数：url 表示要插入背景图片的路径；none 表示不加载图片。

说明：设置对象的背景图像。若把图像添加到整个浏览器窗口，可以将其添加到<body>标签。

【演示 6-2-4】设置背景图像，本例页面 6-2-4.html 的浏览效果如图 6-19 所示。

6-2-4.html 的代码如下：

图 6-19　页面浏览效果

```
body {
```

```
        background-color:#66f;
        background-image:url(images/flower.jpg);
        background-repeat:no-repeat;
}
```

【演示说明】需要说明的是，如果网页中某元素同时具有 background-image 属性和 background-color 属性，那么 background-image 属性优先于 background-color 属性，也就是说背景图片永远覆盖于背景色之上。

3. 设置背景重复

当背景图像的大小小于元素区域时，可以使用 background-repeat 属性设置是否及如何重复背景图像。

在默认情况下，图像会自动向水平和竖直两个方向平铺。如果不希望平铺，或者只希望沿着一个方向平铺，可以使用 background-repeat 属性来控制。

语法：**background-repeat : repeat | no-repeat | repeat-x | repeat-y**

参数：repeat 表示背景图像在水平和垂直方向平铺，是默认值；repeat-x 表示背景图像在水平方向平铺；repeat-y 表示背景图像在垂直方向平铺；no-repeat 表示背景图像不平铺。

说明：设置对象的背景图像是否平铺及如何平铺。必须先指定对象的背景图像。

【演示 6-2-5】设置背景重复，本例页面 6-2-5.html 的浏览效果如图 6-20 所示。

a)

b)

c)

d)

图 6-20　页面的浏览效果

a) 背景不重复　b) 背景重复　c) 背景水平重复　d) 背景垂直重复

背景不重复的 CSS 定义代码如下：

```
body {
        background-color:#66f;
        background-image:url(images/flower.jpg);
        background-repeat: no-repeat;
}
```

背景重复的 CSS 定义代码如下：

```
body {
        background-color:#66f;
        background-image:url(images/flower.jpg);
        background-repeat: repeat;
```

```
}
```

背景水平重复的 CSS 定义代码如下：

```
body {
    background-color:#66f;
    background-image:url(images/flower.jpg);
    background-repeat: repeat-x;
}
```

背景垂直重复的 CSS 定义代码如下：

```
body {
    background-color:#66f;
    background-image:url(images/flower.jpg);
    background-repeat: repeat-y;
}
```

4．设置背景图片位置

当在网页中插入背景图片时，每一次插入的位置，都是位于网页的左上角，可以通过 background-position 属性来改变图片的插入位置。

语法：

background-position : length || length
background-position : position || position

参数：length 为百分比或者由数字和单位标识符组成的长度值。position 可取 top、center、bottom、left、center、right 之一。

说明：利用百分比和长度来设置图片位置时，都要指定两个值，并且这两个值都要用空格隔开。一个代表水平位置，一个代表垂直位置。水平位置的参考点是网页页面的左边，垂直位置的参考点是网页页面的上边。在水平方向的关键字主要有 left、center、right，在垂直方向的关键字主要有 top、center、bottom。水平方向和垂直方向相互搭配使用。

设置背景定位有以下 3 种方法。

（1）使用关键字进行背景定位

关键字参数的取值及含义如下。

- top：将背景图像同元素的顶部对齐。
- bottom：将背景图像同元素的底部对齐。
- left：将背景图像同元素的左边对齐。
- right：将背景图像同元素的右边对齐。
- center：将背景图像相对于元素水平居中或垂直居中。

【演示 6-2-6】使用关键字进行背景定位，本例页面 6-2-6.html 的浏览效果如图 6-21 所示。

图 6-21　页面的浏览效果（演示 6-2-6）

6-2-6.html 的代码如下：

```
<html>
<head>
<title>设置背景定位</title>
<style type="text/css">
body {
   background-color:#66f;
}
#box {
   width:400px;                /*设置元素宽度*/
   height:300px;               /*设置元素高度*/
   border:6px dashed #f33;     /*边框为 6px 的红色虚线*/
   background-image:url(images/flower.jpg);
   background-repeat:no-repeat;            /*背景图像不重复*/
   background-position:center bottom;      /*定位背景向 box 的底部中央对齐*/
}
</style>
</head>
<body>
<div id="box"></div>
</body>
</html>
```

【演示说明】 根据规范，关键字可以按任何顺序出现，只要保证不超过两个关键字，一个对应水平方向，另一个对应垂直方向。如果只出现一个关键字，则认为另一个关键字是 center。

（2）使用长度进行背景定位

长度参数可以对背景图像的位置进行更精确的控制，实际上定位的是图片左上角相对于元素左上角的位置。

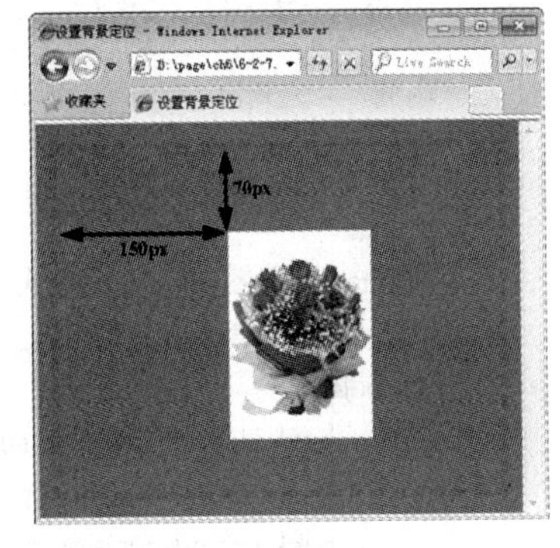

图 6-22　页面的浏览效果（演示 6-2-7）

【演示 6-2-7】 使用长度进行背景定位，本例页面 6-2-7.html 的浏览效果如图 6-22 所示。

在【演示 6-2-6.html】的基础上，修改 box 的 CSS 定义，6-2-7.html 的代码如下：

```
#box {
   width:400px;                /*设置元素宽度*/
   height:300px;               /*设置元素高度*/
   border:6px dashed #f33;     /*边框为 6px 的红色虚线*/
   background-image:url(images/flower.jpg);
   background-repeat:no-repeat;
   background-position: 150px 70px;      /*定位背景在距容器左 150px、距顶 70px 的位置*/
}
```

（3）使用百分比进行背景定位

使用百分比进行背景定位，其实是将背景图像的百分比指定的位置和元素的百分比位置对齐。也就是说，百分比定位改变了背景图像和元素的对齐基点，不再像使用关键字或长度单位定位时，使用背景图像和元素的左上角为对齐基点。

【演示 6-2-8】使用百分比进行背景定位，本例页面 6-2-8.html 的浏览效果如图 6-23 所示。

在【演示 6-2-6.html】的基础上，修改 box 的 CSS 定义，6-2-8.html 的代码如下：

```
#box {
  width:400px;                /*设置元素宽度*/
  height:300px;               /*设置元素高度*/
  border:6px dashed #f33;     /*边框为 6px 的红色虚线*/
  background-image:url(images/flower.jpg); /*背景图像*/
  background-repeat:no-repeat;     /*背景图像不重复*/
  background-position: 100% 50%;
/*背景在容器 100%(水平方向)、50%(垂直方向)的位置*/
}
```

图 6-23　页面浏览效果（演示 6-2-8）

【演示说明】本例中使用百分比进行背景定位时，其实就是将背景图像的“100%(right),50%(center)”这个点和 box 容器的“100%(right),50%(center)”这个点对齐。

【案例：玫瑰花简介页面】的制作过程如下：

① 网页结构文件。在当前文件夹中，用记事本新建一个名为 6-2.html 的网页文件，代码如下：

```
<html>
<head>
<title>设置图像与背景样式</title>
<style type="text/css">
  body{
     background-image:url(images/back.jpg);          /*页面背景图像*/
     background-repeat: repeat-x;        /*背景水平重复*/
     background-position:center bottom;/*定位背景向页面底部中央对齐*/
     margin:0px;                        /*外边距为 0px*/
     padding:0px;                       /*内边距为 0px*/
  }
 h1{
    font-family:黑体;
    color:#c69ce6;                      /*文字颜色为紫红色*/
    text-align:center;                  /*文字居中对齐*/
    padding-top:10px;
  }
  img{
    float:right;                        /*文字环绕图片，图片向右浮动*/
    margin:0 15px;                      /*设置左右外边距为 15px，增加图片与文字之间的间隔*/
    border:6px double purple;           /*图片边框为 6px 的紫色双线*/
  }
  p{
```

```
        color:#000000;                  /*文字颜色为黑色*/
        margin:0px;                     /*外边距为 0px*/
        padding-top:10px;
        padding-left:5px;
        padding-right:5px;
    }
    span{
        float:left;                     /*向左浮动*/
        font-size:60px;                 /*首字放大*/
        font-family:黑体;
        color:red;                      /*文字颜色为红色*/
        margin:0px;
        padding-right:5px;
    }
</style>
</head>
<body>
<h1>玫瑰花简介</h1>
<img src="images/flower.jpg">
<p><span>玫瑰</span>（学名：Rosa rugosa），属蔷薇目，蔷薇科落叶……（此处省略文字）</p>
</body>
</html>
```

② 浏览网页。在浏览器中浏览已制作完成的页面，页面的显示效果如图 6-12 所示。

6.3 案例：畅销鲜花排行榜页面——设置表格样式

【案例展示】使用 CSS 设置表格样式的基本知识制作畅销鲜花排行榜页面，本例文件 6-3.html 在浏览器中的浏览效果如图 6-24 所示。

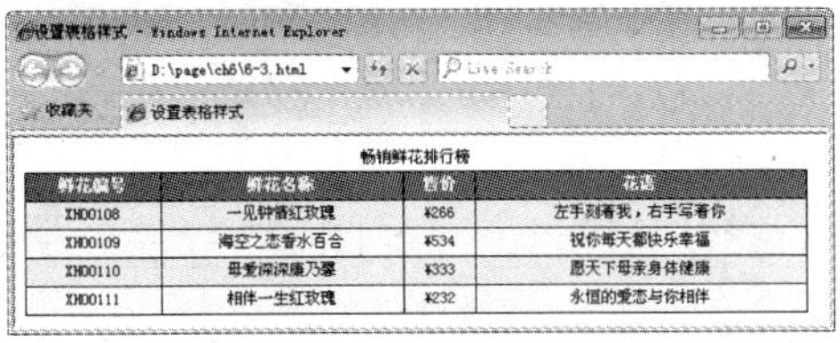

图 6-24 页面的浏览效果

【学习目标】掌握设置表格样式的常用属性。

【知识要点】表格边框合并、单元格间距。

在前面的章节中已经讲解了表格的基本用法，本节将重点讲解如何使用 CSS 设置表格样式进而美化表格的外观。

虽然我们一直强调网页的布局形式应该是 Div+CSS，但并不是所有的布局都应该如此，在某些时候使用表格布局更为便利。CSS 表格属性可以帮助设计者极大地改善表格的外观。常用的 CSS 表格属性见表 6-2。

表 6-2　常用的 CSS 表格属性

属　性	说　　明
border-collapse	设置表格的行和单元格的边是合并在一起，还是按照标准的 HTML 样式分开
border-spacing	设置当表格边框独立时，行和单元格的边框在横向和纵向上的间距
caption-side	设置表格的 caption 对象是在表格的哪一边
empty-cells	设置当表格的单元格无内容时，是否显示该单元格的边框

6.3.1　设置表格边框合并

border-collapse 属性用于设置表格的边框是合并成单边框，还是分别有各自的边框。

语法：**border-collapse : separate | collapse**

参数：separate 为默认值，表示边框分开，不合并；collapse 表示边框合并，即如果两个边框相邻，则共用同一个边框。

示例：

```
<table style="border-collapse:collapse;background-color:#66f;width:100%">
    <tr style="background-color:#ff6;">
        <td>使用 collapse 合并时表格的效果</td>
        <td>使用 collapse 合并时表格的效果</td>
    </tr>
    <tr style="background-color:#ff6;">
        <td>使用 collapse 合并时表格的效果</td>
        <td>使用 collapse 合并时表格的效果</td>
    </tr>
</table>
```

上面的示例在浏览器中的浏览效果如图 6-25 所示，没有设置 border-collapse 样式或设置样式为"border-collapse:separate;"时的传统表格效果如图 6-26 所示。

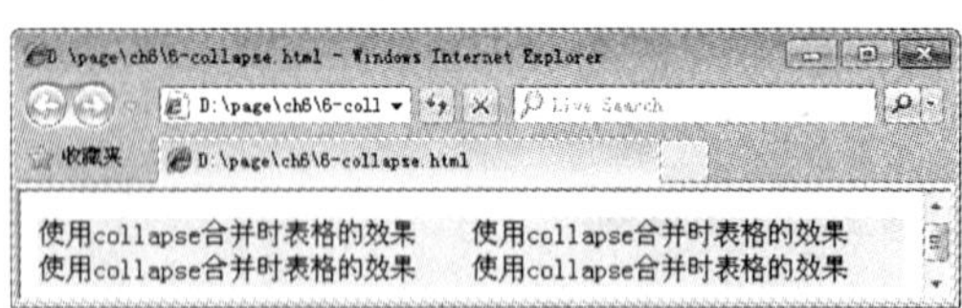

图 6-25　使用 collapse 合并时表格的效果

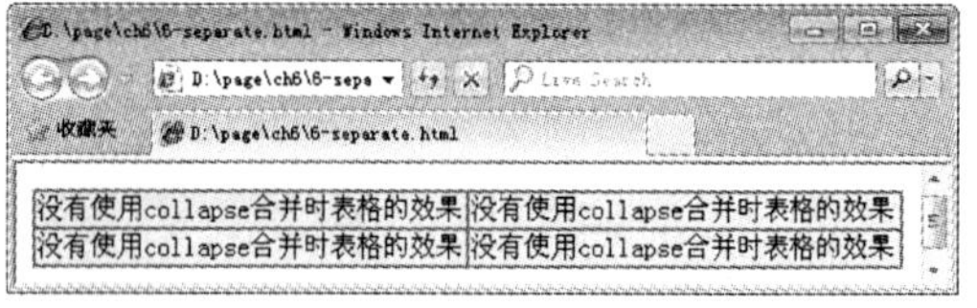

图 6-26　没有使用 collapse 合并时表格的效果

6.3.2　设置单元格间距

border-spacing 属性用于设置相邻单元格边框间的距离。

语法：**border-spacing : length || length**

参数：由浮点数字和单位标识符组成的长度值，不可为负值。

说明：该属性用于设置当表格边框独立（border-collapse 属性等于 separate）时，单元格的边框在横向和纵向上的间距。当只指定一个 length 值时，这个值将作用于横向和纵向上的间距；当指定了全部两个 length 值时，第 1 个作用于横向间距，第 2 个作用于纵向间距。

【演示 6-3-1】使用 border-spacing 属性设置相邻单元格边框间的距离，本例页面 6-3-1.html 的浏览效果如图 6-27 所示。

6-3-1.html 的代码如下：

```
<!doctype html>
<html>
<head>
<style type="text/css">
table.one
{
  border-collapse: separate;    /*表格边框独立*/
  border-spacing: 10px        /*单元格水平、垂直距离均为 10px*/
}
table.two
{
  border-collapse: separate;  /*表格边框独立*/
  border-spacing: 10px 50px /*单元格水平距离为 10px、垂直距离均为 50px*/
}
</style>
</head>
<body>
<table class="one" border="1">
        <tr>
                <td>ASP 编程</td><td>JSP 编程</td>
        </tr>
        <tr>
                <td>PHP 编程</td><td>C#编程</td>
        </tr>
</table>
<br />
<table class="two" border="1">
        <tr>
                <td>ASP 编程</td><td>JSP 编程</td>
        </tr>
        <tr>
                <td>PHP 编程</td><td>C#编程</td>
        </tr>
</table>
</body>
</html>
```

图 6-27　页面的浏览效果

【演示说明】如果让 IE 浏览器支持 border-spacing 属性，必须在页面代码的第 1 行声明 doctype 的类型为<!doctype html>。

6.3.3　设置表格标题位置

caption-side 属性用于设置表格标题的位置。

语法：**caption-side : top| bottom | left |right**

参数：top 为默认值，表示把表格标题定位在表格之上；bottom 表示把表格标题定位在表格之下；left 表示把表格标题定位在表格左侧；right 表示把表格标题定位在表格右侧。

说明：caption-side 属性必须和表格的 caption 标签一起使用。

6.3.4　设置是否显示单元格边框

empty-cells 属性用于设置当表格的单元格无内容时，是否显示该单元格的边框。

语法：**empty-cells : hide | show**

参数：show 为默认值，表示当表格的单元格无内容时显示单元格的边框；hide 表示当表格的单元格无内容时隐藏单元格的边框。

说明：只有当表格边框独立时，该属性才起作用。

【演示 6-3-2】使用 border-spacing 属性设置相邻单元格边框间的距离，本例页面 6-3-2.html 的浏览效果如图 6-28 所示。

6-3-2.html 的代码如下：

图 6-28　页面的浏览效果

```
<!doctype html>
<html>
<head>
<style type="text/css">
table
{
      border-collapse: separate;      /*表格边框独立*/
      empty-cells: hide;              /*表格的单元格无内容时隐藏单元格的边框*/
}
</style>
</head>
<body>
<table border="1">
      <tr>
            <td>ASP 编程</td><td>JSP 编程</td>
      </tr>
      <tr>
            <td>PHP 编程</td><td></td>
      </tr>
</table>
</body>
</html>
```

【演示说明】如果让 IE 浏览器支持 empty-cells 属性，必须在页面代码的第 1 行中声明 doctype 的类型为<!doctype html>。

【案例：玫瑰花简介页面】的制作过程如下。

① 网页结构文件。在当前文件夹中，用记事本新建一个名为 6-3.html 的网页文件，代码如下：

```
<!doctype html>
<head>
<meta charset="gb2312" />
<title>设置表格样式</title>
<style type="text/css">
table {                              /*设置表格样式*/
      border:1px solid #000000;
      font:12px/1.5em "宋体";
      border-collapse:collapse;      /*合并单元格边框*/
      border-spacing: 3px;           /*单元格水平、垂直距离均为 3px*/
}
caption {                            /*设置表格标题样式*/
      text-align:center;             /*设置标题信息居中显示 */
}
th {                                 /*设置表头的样式（表头文字颜色、边框、背景色）*/
      color:#F4F4F4;
      border:1px solid #000000;
      background: #328aa4;
}
td {            /*设置所有 td 内容单元格的文字居中显示，并添加黑色边框和背景颜色*/
      text-align:center;
      border:1px solid #000000;
      background: #e5f1f4;
}
.tr_bg td {     /*通过 tr 标签的类名修改相对应的单元格的背景颜色 */
      background:#FDFBCC;
}
</style>
</head>
<body>
<table width="600" border="0">
  <caption>畅销鲜花排行榜</caption>
  <tr>
    <th>鲜花编号</th>
    <th>鲜花名称</th>
    <th>售价</th>
    <th>花语</th>
  </tr>
  <tr>
    <td>XH00108</td>
    <td>一见钟情红玫瑰</td>
    <td>&yen;266</td>
    <td>左手刻着我，右手写着你</td>
  </tr>
```

```
    <tr class="tr_bg">
      <td>XH00109</td>
      <td>海空之恋香水百合</td>
      <td>&yen;534</td>
      <td>祝你每天都快乐幸福</td>
    </tr>
    <tr>
      <td>XH00110</td>
      <td>母爱深深康乃馨</td>
      <td>&yen;333</td>
      <td>愿天下母亲身体健康</td>
    </tr>
    <tr class="tr_bg">
      <td>XH00111</td>
      <td>相伴一生红玫瑰</td>
      <td>&yen;232</td>
      <td>永恒的爱恋与你相伴
      </td>
    </tr>
  </table>
  </body>
  </html>
```

② 浏览网页。在浏览器中浏览已制作完成的页面，页面的显示效果如图 6-24 所示。

【案例说明】 当表格的行和列都很多时，单元格若采用相同的背景色，用户在实际应用时会感到凌乱，通常的解决方法就是采用本案例中制作的隔行变色表格。

6.4 案例：网络花店联系我们表单——设置表单样式

【案例展示】 使用 CSS 设置表单样式的基本知识制作“网络花店联系我们”表单，本例文件 6-4.html 在浏览器中的浏览效果如图 6-29 所示。

【学习目标】 掌握设置表单样式的常用方法。

【知识要点】 设置表单边框、表单元素外观。

在前面章节中讲解的表单设计大多采用表格布局，这种布局方法对表单元素的样式控制很少，仅局限于功能上的实现。本节将主要讲解如何使用 CSS 控制和美化表单。

表单中的元素很多，包括常用的输入框、文本框、单选钮、复选框、下拉菜单和按钮等。表单元素用于收集用户信息，帮助用户进行功能性控制，表单的交互设计与视觉设计都是网站设计中的重要部分。从表单视觉设计来说，经常需要摆脱 HTML 提供的默认的比较粗糙的视觉样式。下面通过一个演示讲解怎样使用 CSS 美化常用的表单元素。

【演示 6-4-1】 使用 CSS 美化常用的表单元素，本例页面 6-4-1.html 在没有美化之前的显示效果如图 6-30 所示，美化后的显示效果如图 6-31 所示。

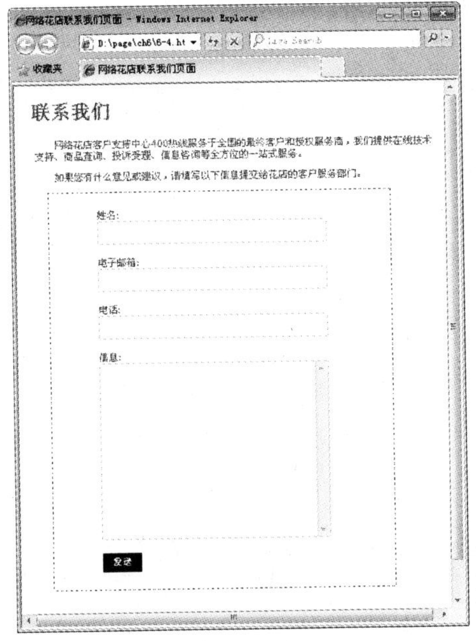

图 6-29　页面的浏览效果

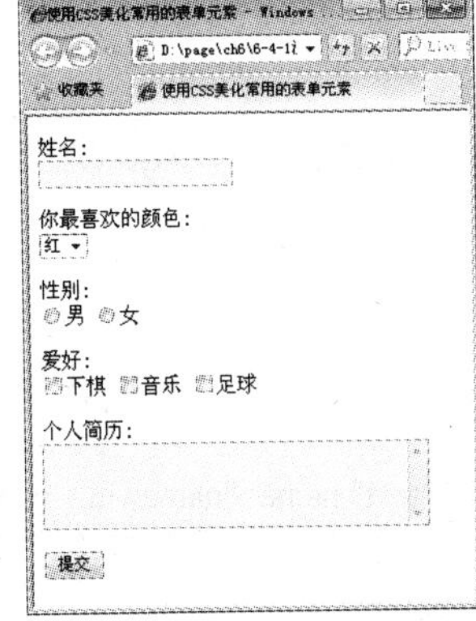

图 6-30　没有美化之前的表单

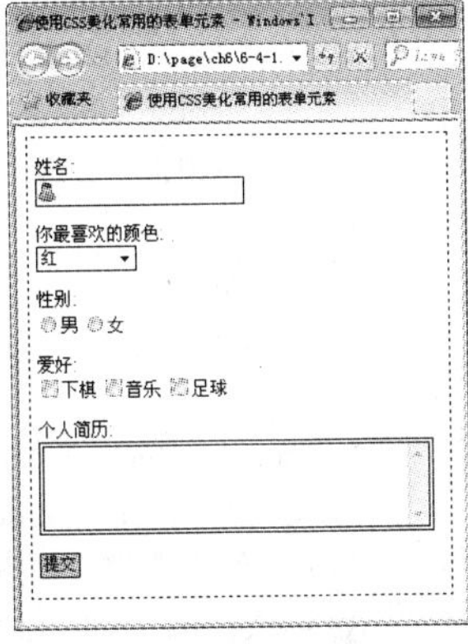

图 6-31　美化之后的表单

6-4-1.html 的代码如下：

```
<!doctype html>
<head>
<meta charset="gb2312" />
<title>使用 CSS 美化常用的表单元素</title>
<style type="text/css">
form{                                   /*表单样式*/
      border: 1px dashed #00008B;       /*虚线边框*/
      padding: 1px 6px 1px 6px;
      margin:0px;
      font:14px Arial;
}
input{                                  /*所有 input 标记*/
      color: #00008B;
}
input.txt{                              /*文本框单独设置*/
      border: 1px solid #00008B;
      padding:2px 0px 2px 16px;     /*文本框左内边距为 16px，以便为背景图像预留显示空间*/
      background:url(images/username_bg.jpg) no-repeat left center;   /*文本框背景图像*/
}
input.btn{                              /*按钮单独设置*/
      color: #00008B;
      background-color: #ADD8E6;
      border: 1px solid #00008B;
      padding: 1px 2px 1px 2px;
}
```

```
select{                                   /*菜单样式*/
    width: 80px;
    color: #00008B;
    border: 1px solid #00008B;
}
textarea{                                 /*文本域样式*/
    width: 300px;
    height: 60px;
    color: #00008B;
    border: 4px double #00008B;          /*双线边框*/
}
</style>
</head>
<body>
<form method="post">
<p>姓名:<br><input type="text" name="name" id="name" class="txt"></p>
<p>你最喜欢的颜色:<br>
<select name="color" id="color">
    <option value="red">红</option>
    <option value="green">绿</option>
    <option value="blue">蓝</option>
</select></p>
<p>性别:<br>
    <input type="radio" name="sex" id="male" value="male">男
    <input type="radio" name="sex" id="female" value="female">女</p>
<p>爱好:<br>
    <input type="checkbox" name="hobby" id="book" value="book">下棋
    <input type="checkbox" name="hobby" id="net" value="net">音乐
    <input type="checkbox" name="hobby" id="sleep" value="sleep">足球</p>
<p>个人简历:<br><textarea name="comments" id="comments"></textarea></p>
<p><input type="submit" name="btnSubmit" class="btn" value="提交"></p>
</form>
</body>
</html>
```

【演示说明】本例中设置文本框左内边距为 16px，目的是为了给文本框背景图像（图像宽度 16px）预留显示空间，否则输入的文字将覆盖在背景图像之上，以致用户在输入文字时看不清输入的内容。

【案例：网络花店联系我们表单】的制作过程如下：

① 网页结构文件。在当前文件夹中，用记事本新建一个名为 6-4.html 的网页文件，代码如下：

```
<!doctype html>
<html>
<head>
<meta charset="gb2312">
```

```
<title>网络花店联系我们页面</title>
<style type="text/css">
body{                      /*页面整体样式*/
    width:985px;
    margin:0 auto;         /*页面居中对齐*/
    font-family:Tahoma;
    font-size:12px;        /*文字大小为 12px*/
    color:#565656;         /*灰色文字*/
    position:relative      /*相对定位*/
}
#contact{                  /*主体容器样式*/
    padding:0px 12px 30px 20px;
    float:left             /*向左浮动*/
}
#contact p{                /*容器中的段落样式*/
    padding:0 0 10px 5px;
    margin:0px;
    text-indent:2em;       /*首行缩进*/
}
#contact_content{          /*内容区域样式*/
    width:500px;
}
#contact_form {            /*表单容器样式*/
    padding:20px 60px;
    width: 300px;
    margin:0 0 40px 20px;
    border:1px dashed #5a5a5a;          /*表单边框为 1px 的灰色虚线*/
}
#contact_form form {                    /*表单样式*/
    margin: 0px;
    padding: 0px;
}
#contact_form form .input_field {       /*表单中文本框的样式*/
    font-family: Arial, Helvetica, sans-serif;
    width: 270px;
    padding: 5px;
    color: #808b98;
    background: #fff;
    border: 1px solid #dedede;          /*文本框边框为 1px 的灰色实线*/
}
#contact_form form label {              /*表单中标签的样式*/
    display: block;                     /*块级元素*/
    width: 100px;
    margin-right:12px;
    font-size: 11px
}
```

```
#contact_form form textarea {              /*表单中文本域的样式*/
        font-family: Arial, Helvetica, sans-serif;
        width: 270px;
        height: 200px;
        padding: 5px;
        color: #808b98;
        background: #fff;
        border: 1px solid #dedede;         /*文本域边框为 1px 的灰色实线*/
}
#contact_form form .submit_btn {           /*表单中按钮的样式*/
        display: block;                    /*块级元素*/
        padding: 5px 12px;
        text-align: center;                /*文字居中对齐*/
        text-decoration: none;
        font-weight: bold;                 /*文字加粗*/
        background-color: #000;            /*黑色背景*/
        border: 1px solid #fff;
        color: #fff;                       /*白色文字*/
        font-size:11px;
}
</style>
</head>
<body>
<div id="contact">
        <h1>联系我们</h1>
        <div id="contact_content">
        <p>网络花店客户支持中心 400 热线服务于全国的最终客户和授权服务商，我们提供在线技术支持、商品查询、投诉受理、信息咨询等全方位的一站式服务。</p>
        <p>如果您有什么意见或建议，请填写以下信息提交给花店的客户服务部门。</p>
                <div id="contact_form">
                        <form method="post" name="contact" action="#">
                                <label for="author">姓名:</label>
                                <input type="text" id="author" name="author" class="input_field" /><br><br>
                                <label for="email">电子邮箱:</label>
                                <input type="text" id="email" name="email" class="input_field" /><br><br>
                                <label for="phone">电话:</label>
                                <input type="text" name="phone" id="phone" class="input_field" /><br><br>
                                <label for="text">信息:</label>
                                <textarea id="text" name="text" rows="0" cols="0"></textarea><br><br>
                                <input type="submit" class="submit_btn" id="submit" value="发送" />
                        </form>
                </div>
        </div>
</div>
</body>
</html>
```

② 浏览网页。在浏览器中浏览已制作完成的页面，页面的显示效果如图 6-29 所示。

【案例说明】本例中设置表单容器的边框样式为“border:1px dashed #5a5a5a;”，即表单边框线为 1px 的灰色虚线，这是一种常用的对表单外部轮廓进行修饰的方法，可突出表单的显示效果，引起浏览者的注意。

6.5 实训：网络花店环保社区页面

本节将主要讲解网络花店环保社区页面的制作，重点练习使用 CSS 设置常用网页元素样式的相关知识。

【实训展示】制作网络花店环保社区页面，本例文件 protect.html 在浏览器中的浏览效果如图 6-32 所示，页面局部布局示意图如图 6-33 所示。

图 6-32 网络花店环保社区页面的效果

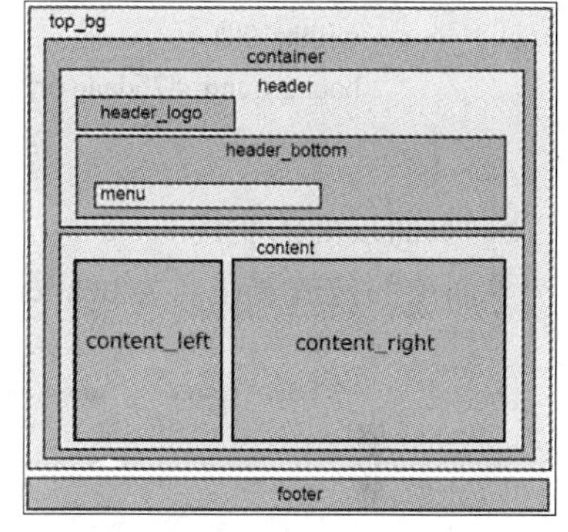

图 6-33 页面布局示意图

【实训目标】掌握综合使用 CSS 设置常用网页元素样式的技术。

【知识要点】设置文本样式、图像与背景样式、表格样式和表单样式。

制作过程如下：

① 页面布局规划。页面布局的首要任务是弄清网页的布局方式，分析版式结构。从页面布局示意图可以看出，页面中的主要内容包括顶部的宣传语及广告条、左侧的登录表单及新闻频道、右侧的主体内容及图片列表、底部的版权信息。

② 建立目录结构。在实训文件夹下创建文件夹 images 和 css，分别用于存放图像素材和外部样式表文件。

③ 准备素材。将本页面需要使用的图像素材存放在文件夹 images 下。

④ 外部样式表。在文件夹 css 下新建一个名为 style.css 的样式表文件，样式表中各区域的样式设计如下。

a．页面整体的样式

页面整体 body、超链接风格和整体容器 top_bg 的 CSS 定义代码如下：

```
body {
    background: #232524;            /*设置浅绿色环保主题的背景色*/
    margin: 0;                      /*外边距为 0px*/
    padding:0;                      /*内边距为 0px*/
    font-family: "宋体", Arial, Helvetica, sans-serif;
    font-size: 12px;
    line-height: 1.5em;
    width: 100%;                    /*设置元素百分比宽度*/
}
a:link, a:visited {
    color: #069;
    text-decoration: underline;     /*下画线*/
}
a:active, a:hover {
    color: #990000;
    text-decoration: none;          /*链接无修饰*/
}
#top_bg {
    width:100%;                     /*设置元素百分比宽度*/
    background: #7bdaae url(../images/top_bg.jpg) repeat-x;    /*设置页面背景图像水平重复*/
}
```

b．页面顶部的制作

页面顶部被放置在名为 header 的 Div 容器中，用于显示页面宣传语，如图 6-34 所示。

图 6-34　页面顶部的显示效果

CSS 代码如下：

```
#container {                    /*页面容器 container 的 CSS 规则*/
    width: 900px;               /*设置元素宽度*/
    margin: 0 auto;             /*设置元素自动居中对齐*/
}
#header {                       /*页面顶部容器 header 的 CSS 规则*/
    width: 100%;                /*设置元素百分比宽度*/
    height: 280px;              /*设置元素高度*/
}
#header_logo {                  /*页面顶部 logo 区域的 CSS 规则*/
    float: left;
    display:inline;             /*此元素会被显示为内联元素*/
```

```
    width: 500px;
    height: 20px;
    font-family:Tahoma, Geneva, sans-serif;
    font-size: 20px;
    font-weight: bold;
    color: #678275;
    margin: 28px 0 0 15px;
    padding: 0;
}
#header_logo span {             /*页面顶部 logo 区域宣传语的 CSS 规则*/
    margin-left:10px;           /*设置宣传语距“环保社区”左外边距为 10px*/
    font-size: 11px;
    font-weight: normal;
    color: #000;
}
#header_bottom {                /*页面顶部背景图片及菜单区域的 CSS 规则*/
    float: left;                /*向左浮动*/
    width: 873px;               /*设置元素宽度*/
    height: 216px;              /*设置元素高度*/
    background: url(../images/header_bottom_bg.png) no-repeat;     /*设置顶部背景图像无重复*/
    margin: 15px 0 0 15px;      /*上、右、下、左的外边距依次为 15px,0px, 0px,15px*/
}
#menu {                         /*菜单区域的 CSS 规则*/
    float: left;                /*菜单向左浮动*/
    width: 465px;               /*设置元素宽度*/
    height: 29px;               /*设置元素高度*/
    margin: 170px 0 0 23px;     /*上、右、下、左的外边距依次为 170px,0px, 0px,23px*/
    display:inline;             /*内联元素*/
    padding: 0;                 /*内边距为 0px*/
}
#menu ul {                      /*菜单列表的 CSS 规则*/
    list-style: none;           /*不显示项目符号*/
    display: inline;            /*内联元素*/
}
#menu ul li {                   /*菜单列表项的 CSS 规则*/
    float:left;                 /*将纵向导航菜单转换为横向导航菜单，该设置至关重要*/
    padding-left:20px;          /*左内边距为 20px*/
    padding-top:5px;            /*上内边距为 5px*/
}
#menu ul li a {                 /*菜单列表项超链接的 CSS 规则*/
    font-family:"黑体";
    font-size:16px;
    color:#393;
    text-decoration:none;       /*无修饰*/
}
#menu ul li a:hover {           /*菜单列表项鼠标悬停的 CSS 规则*/
```

```
        color:#fff;
        background:#396;
    }
```

c．页面中部的制作

页面中部的内容被放置在名为 content 的 Div 容器中，主要用于显示“环保社区”栏目的登录表单、新闻频道、挑战与职责及动物世界图片等内容，如图 6-35 所示。

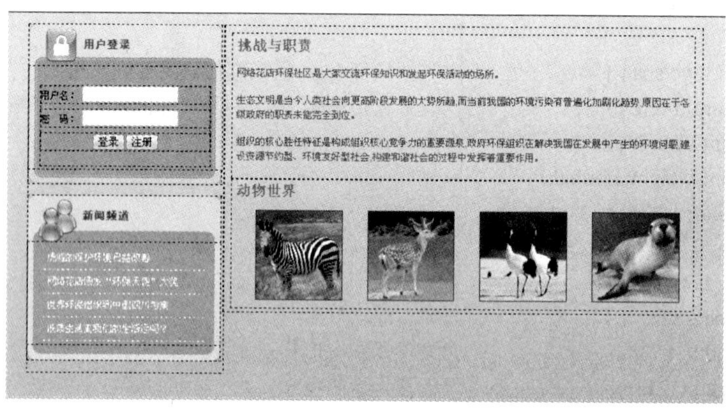

图 6-35　页面中部的效果

CSS 代码如下：

```
#content {                          /*页面中部容器的 CSS 规则*/
    overflow:auto;                  /*溢出内容自动处理*/
    margin: 15px;                   /*外边距为 15px*/
    padding: 0;                     /*内边距为 0px*/
}
#content_left {                     /*页面中部左侧区域的 CSS 规则*/
    float:left;                     /*向左浮动*/
    width: 250px;
    margin: 0 0 0 10px;             /*上、右、下、左的外边距依次为 0px,0px,0px,10px*/
    padding: 0;                     /*内边距为 0px*/
}
#section {                          /*左侧区域表单容器的 CSS 规则*/
    margin: 0 0 15px 0;             /*上、右、下、左的外边距依次为 0px,0px,15px,0px*/
    padding: 0;                     /*内边距为 0px*/
}
#section_1_top {                    /*左侧区域表单上方登录图片及用户登录文字的 CSS 规则*/
    width: 176px;
    height: 36px;
    font-family:"黑体";
    font-weight: bold;
    font-size: 14px;
    color: #276b45;
    background: url(../images/section_1_top_bg.jpg) no-repeat;    /*表单上方背景图像无重复*/
```

```
    margin: 0px;                    /*外边距为 0px*/
    padding: 15px 0 0 70px;         /*上、右、下、左的内边距依次为 15px,0px,0px,70px*/
}
#section_1_mid {                    /*左侧区域表单中间部分的 CSS 规则*/
    width: 217px;
    background: url(../images/section_1_mid_bg.jpg) repeat-y;   /*表单中间背景图像垂直重复*/
    margin: 0;                      /*外边距为 0px*/
    padding: 5px 15px;              /*上、下内边距为 5px、右、左内边距为 15px*/
}
#section_1_mid .myform {            /*左侧区域表单本身的 CSS 规则*/
    margin: 0;                      /*外边距为 0px*/
    padding: 0;                     /*内边距为 0px*/
}
.myform .frm_cont {                 /*表单内容下外边距的 CSS 规则*/
    margin-bottom:8px;              /*下外边距为 8px*/
}
.myform .username input, .myform .password input {          /*表单元素输入框的 CSS 规则*/
    width:120px;
    height:18px;
    padding:2px 0px 2px 15px;   /*上、右、下、左的内边距依次为 2px,0px,2px,15px*/
    border:solid 1px #aacfe4;       /*边框为 1px 的细线*/
}
.myform .btns {                     /*表单元素按钮的 CSS 规则*/
    text-align:center;
}
#section_1_bottom {                 /*左侧区域表单下方的 CSS 规则*/
    width: 246px;
    height: 17px;
    background: url(../images/section_1_bottom_bg.jpg) no-repeat;   /*表单底部细线的背景图像*/
}
#section2 {                         /*左侧区域“新闻频道”容器的 CSS 规则*/
    margin: 0 0 15px 0;             /*上、右、下、左的外边距依次为 0px,0px,15px,0px*/
    padding: 0;                     /*内边距为 0px*/
}
#section_2_top {                    /*新闻频道上方图片及文字的 CSS 规则*/
    width: 176px;
    height: 42px;
    font-family:"黑体";
    font-weight: bold;
    font-size: 14px;
    color: #276b45;
    background:  url(../images/section_2_top_bg.jpg) no-repeat;     /*新闻频道上方的背景图像*/
    margin: 0;                      /*外边距为 0px*/
    padding: 15px 0 0 70px;         /*上、右、下、左的内边距依次为 15px,0px,0px,70px*/
}
#section_2_mid {                            /*新闻频道中间区域的 CSS 规则*/
```

```
	width: 246px;
	background:   url(../images/section_2_mid_bg.jpg) repeat-y;
	margin: 0;                    /*外边距为 0px*/
	padding: 5px 0;               /*上、下内边距为 5px、右、左内边距为 0px*/
}
#section_2_mid ul {              /*新闻频道中间列表的 CSS 规则*/
	list-style: none;             /*不显示项目符号*/
	margin: 0 20px;               /*上、下外边距为 0px、右、左外边距为 20px*/
	padding: 0;                   /*内边距为 0px*/
}
#section_2_mid li {              /*新闻频道中间列表项的 CSS 规则*/
	border-bottom: 1px dotted #fff;      /*底部边框为 1px 的点画线*/
	margin: 0;                    /*外边距为 0px*/
	padding: 5px;                 /*内边距为 5px*/
}
#section_2_mid li a {            /*新闻频道中间列表项超链接的 CSS 规则*/
	color: #fff;
	text-decoration: none;        /*无修饰*/
}
#section_2_mid li a:hover {      /*新闻频道中间列表项鼠标悬停的 CSS 规则*/
	color:#363;
	text-decoration: none;        /*链接无修饰*/
}
#section_2_bottom {              /*新闻频道下方区域的 CSS 规则*/
	width: 246px;
	height: 18px;
	background:   url(../images/section_2_bottom_bg.jpg) no-repeat; /*新闻底部细线的背景图像*/
}
#content_right {                 /*页面中部右侧区域的 CSS 规则*/
	float:left;                   /*向左浮动*/
	width:580px;                  /*设置元素宽度*/
	padding:10px;                 /*内边距为 10px*/
}
.post {                          /*右侧区域内容的 CSS 规则*/
	padding:5px;                  /*内边距为 5px*/
}
.post h1 {                       /*右侧区域内容中一级标题的 CSS 规则*/
	font-family: Tahoma;
	font-size: 18px;
	color: #588970;
	margin: 0 0 15px 0;           /*上、右、下、左的外边距依次为 0px,0px,15px,0px*/
	padding: 0;                   /*内边距为 0px*/
}
.post p {                        /*右侧区域内容中段落的 CSS 规则*/
	font-family: Arial;
```

```
        font-size: 12px;
        color: #46574d;
        text-align: justify;          /*文字两端对齐*/
        margin: 0 0 15px 0;           /*上、右、下、左的外边距依次为 0px,0px,15px,0px*/
        padding: 0;                   /*内边距为 0px*/
}
.post img {                           /*右侧区域内容中图像的 CSS 规则*/
        margin: 0 0 0 25px;           /*上、右、下、左的外边距依次为 0px,0px,0px,25px*/
        padding: 0;                   /*内边距为 0px*/
        border: 1px solid #333;       /*图像显示粗细为 1px 的深灰色细边框*/
}
```

d．页面底部的制作

页面底部的内容被放置在名为 footer 的 Div 容器中，用于显示版权信息，如图 6-36 所示。

Copyright © 2014 网络花店环保社区 All Rights Reserved

图 6-36　页面底部的效果

CSS 代码如下：

```
#footer {
        font-size: 12px;
        color: #7bdaae;
        text-align:center;            /*文字居中对齐*/
}
```

⑤ 网页结构文件。在当前文件夹中，用记事本新建一个名为 protect.html 的网页文件，代码如下：

```
<!doctype html>
<html>
<head>
<title>制作网络花店环保社区页面</title>
<meta charset="gb2312">
<link href="style/style.css" rel="stylesheet" type="text/css" />
</head>
<body>
<div id="top_bg">
  <div id="container">
    <div id="header">
      <div id="header_logo">网络花店环保社区<span>[保护环境，从我做起]</span></div>
      <div id="header_bottom">
        <div id="menu">
          <ul>
            <li><a href="#">团队简介</a></li>
            <li><a href="#">环境监测</a></li>
```

```
            <li><a href="#">环境报告</a></li>
            <li><a href="#">环保常识</a></li>
            <li><a href="#">交流合作</a></li>
          </ul>
        </div>
      </div>
    </div>
    <div id="content">
      <div id="content_left">
        <div id="section">
          <div id="section_1_top">用户登录</div>
          <div id="section_1_mid">
            <div class="myform">
              <form action="" method="post">
                <div class="frm_cont username">用户名：
                  <label for="username"></label>
                  <input type="text" name="username" id="username" />
                </div>
                <div class="frm_cont password">密　码：
                  <label for="password"></label>
                  <input type="password" name="password" id="password" />
                </div>
                <div class="btns">
                  <input type="submit" name="button1" id="button1" value="登录" />
                  <input type="button" name="button2"id="button2" value="注册" />
                </div>
              </form>
            </div>
          </div>
          <div id="section_1_bottom"></div>
        </div>
        <div id="section2">
          <div id="section_2_top">新闻频道</div>
          <div id="section_2_mid">
            <ul>
              <li><a href="#" target="_blank">虎鲸的保护环境日益改善</a></li>
              <li><a href="#" target="_parent">网络花店颁发“环保天使”大奖</a></li>
              <li><a href="#" target="_blank">世界环保组织到中国四川考察</a></li>
              <li><a href="#" target="_blank">低碳生活离我们的生活远吗？</a></li>
            </ul>
          </div>
          <div id="section_2_bottom"></div>
        </div>
      </div>
      <div id="content_right">
        <div class="post">
```

```
            <h1>挑战与职责</h1>
            <p>网络花店环保社区是大家交流环保知识和发起环保活动的场所。</p>
            <p>生态文明是当今人类社会向更高阶段发展的大势……（此处省略文字）</p>
            <p>组织的核心胜任特征是构成组织核心竞争力……（此处省略文字）</p>
          </div>
          <div class="post" >
            <h1>动物世界</h1>
            <a href="#"><img src="images/thumb_1.jpg" width="108" height="108" /></a>
            <a href="#"><img src="images/thumb_2.jpg" width="108" height="108" /></a>
            <a href="#"><img src="images/thumb_3.jpg" width="108" height="108" /></a>
            <a href="#"><img src="images/thumb_4.jpg" width="108" height="108" /></a>
          </div>
        </div>
      </div>
    </div>
  </div>
  <div id="footer">Copyright &copy; 2014  网络花店环保社区  All Rights Reserved</div>
  </body>
  </html>
```

⑥ 浏览网页。在浏览器中浏览已制作完成的页面，页面的显示效果如图 6-32 所示。

【实训说明】本例代码中使用了<ul>列表、<li>列表项来设计主导航菜单，请读者参考第 7 章中使用 CSS 设置列表及菜单的相关知识。

习题 6

1．使用 CSS 美化表单技术制作注册会员页面，如图 6-37 所示。

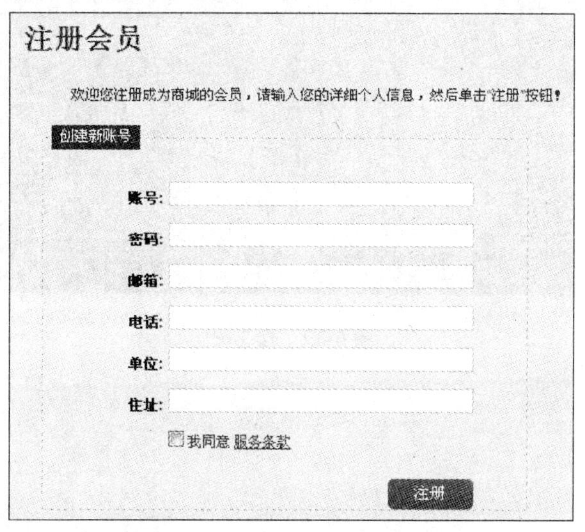

图 6-37　题 1 图

2. 使用 CSS 对页面中的网页元素加以修饰，制作如图 6-38 所示的页面。

图 6-38　题 2 图

3. 使用 CSS 对页面中的网页元素加以修饰，制作如图 6-39 所示的页面。

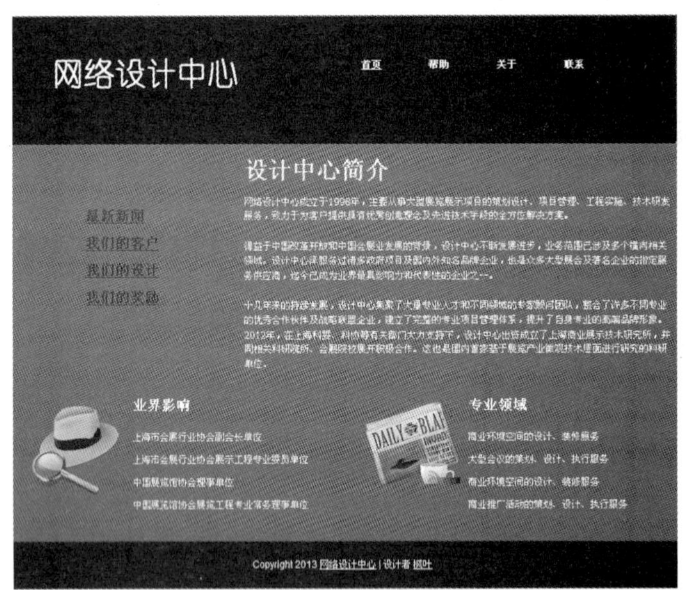

图 6-39　题 3 图

第 7 章　链接与导航设计

网页中链接、列表与菜单随处可见，网页设计人员为了使页面结构更加符合语义，会将列表以各种样式体现在页面中。本章将讲解使用 CSS 设置链接、列表与导航菜单的方法。

7.1　案例：网络花店友情链接局部页面——设置链接样式

【案例展示】使用 CSS 设置链接样式的基本知识制作网络花店友情链接局部页面，本例文件 7-1.html 在浏览器中的浏览效果如图 7-1 所示。

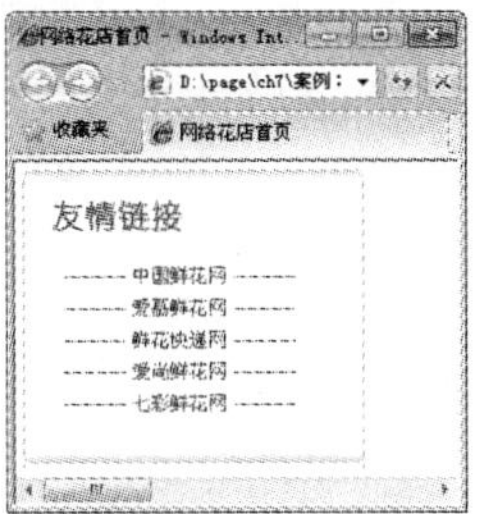

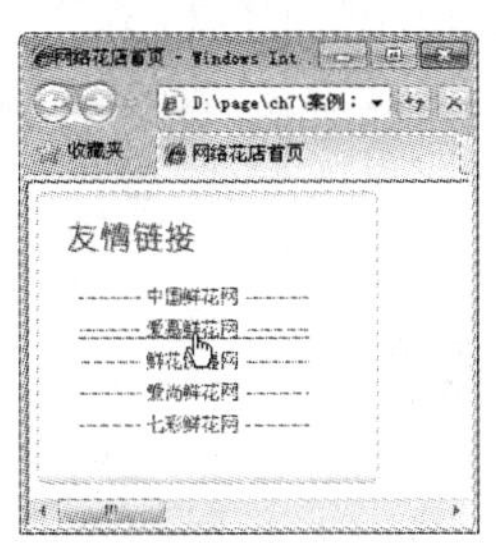

图 7-1　页面的浏览效果

【学习目标】掌握使用 CSS 设置链接样式的常用方法。

【知识要点】超链接的 4 种状态及设置顺序。

网页中随处可见的都是链接，一个包含美观链接的页面能给浏览者带来新鲜的感觉，而要实现链接的多样化效果离不开 CSS 样式的辅助。在前面的章节中已经讲到了伪类选择符的基本概念和简单应用，本节将重点讲解使用 CSS 设置超链接伪类的各种方法。

7.1.1　设置文字链接

伪类中通过:link、:visited、:hover 和:active 来控制链接内容访问前、访问后、鼠标悬停时以及用户激活时的样式。需要说明的是，这 4 种状态的顺序不能颠倒，否则可能会导致伪类样式不能实现。

【演示 7-1-1】改变文字链接的外观。本例文件为 7-1-1.html，当鼠标未悬停时文字链接的效果如图 7-2a 所示，鼠标悬停在文字链接上时的效果如图 7-2b 所示。

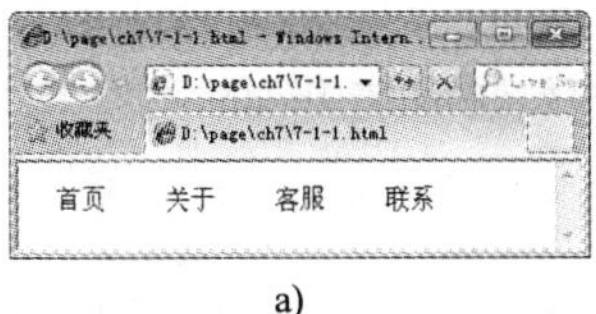

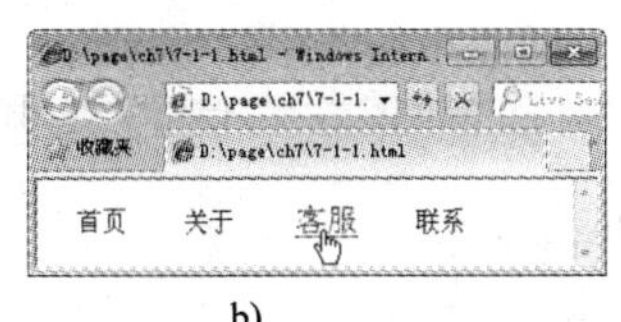

a)　　b)

图 7-2　改变文字链接的外观

a) 鼠标未悬停时　b) 鼠标悬停时

7-1-1.html 的代码如下：

```
<!doctype html>
<html>
<head>
<style type="text/css">
  .nav a {
    padding:8px 15px;
    text-decoration:none;                  /*正常的链接状态无修饰*/
  }
  .nav a:hover {
    color:#f00;                            /*鼠标悬停时改变颜色*/
    font-size:20px;                        /*鼠标悬停时字体放大*/
    text-decoration:underline;             /*鼠标悬停时显示下画线*/
  }
</style>
</head>
<body>
<div class="nav">
  <a href="#">首页</a>
  <a href="#">关于</a>
  <a href="#">客服</a>
  <a href="#">联系</a>
</div>
</body>
```

【演示 7-1-2】制作网页中不同区域的链接效果，鼠标经过导航区域的链接风格与鼠标经过“客户服务中心”文字的链接风格截然不同，本例文件 7-1-2.html 在浏览器中的浏览效果如图 7-3 所示。

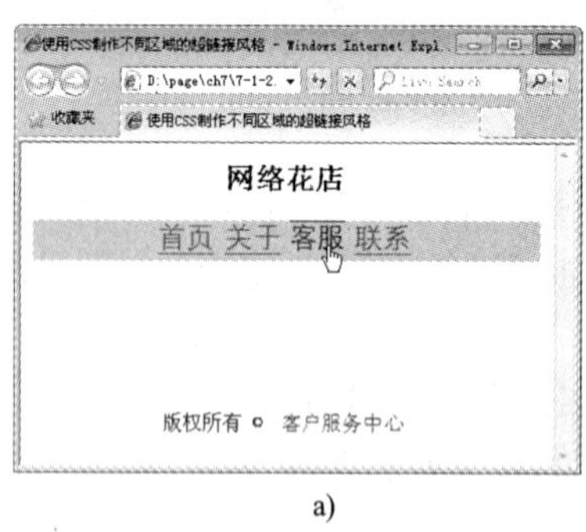

a)

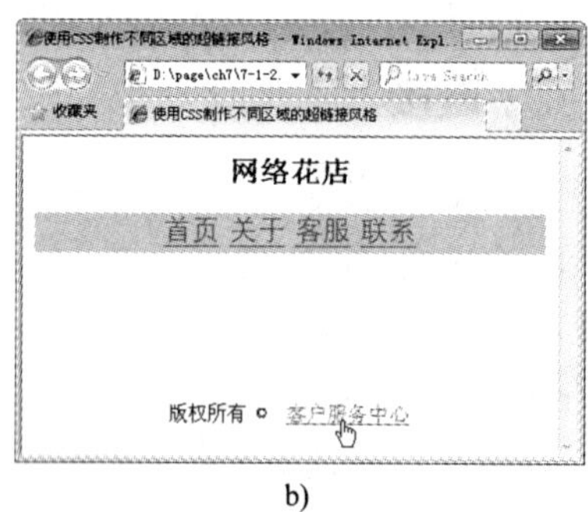

b)

图 7-3　使用 CSS 制作不同区域的超链接风格

7-1-2.htm 的代码如下：

```
<html>
<head>
<title>使用 CSS 制作不同区域的超链接风格</title>
```

```
<style type="text/css">
  a:link {                              /*未访问的链接*/
      font-size: 13pt;
      color: #0000ff;
      text-decoration: none;            /*无修饰*/
  }
  a:visited {                           /*访问过的链接*/
      font-size: 13pt;
      color: #00ffff;
      text-decoration: none;            /*无修饰*/
  }
  a:hover {                             /*鼠标经过的链接*/
      font-size: 13pt;
      color: #cc3333;
      text-decoration: underline;       /*下画线*/
  }
  .navi {
      text-align:center;                /*文字居中对齐*/
      background-color: #cccccc;
  }
  .navi span{
    margin-left:10px;                   /*左外边距为 10px*/
    margin-right:10px;                  /*右外边距为 10px*/
  }
  .navi a:link {
      color: #ff0000;
      text-decoration: underline;       /*下画线*/
      font-size: 17pt;
      font-family: "华文细黑";
  }
  .navi a:visited {
      color: #0000ff;
      text-decoration: none;            /*无修饰*/
      font-size: 17pt;
      font-family: "华文细黑";
  }
  .navi a:hover {
      color: #00f;
      font-family: "华文细黑";
      font-size: 17pt;
      text-decoration: overline;        /*上画线*/
  }
  .footer{
    text-align:center;                  /*文字居中对齐*/
    margin-top:120px;                   /*上外边距为 120px*/
  }
```

```
</style>
</head>
<body>
  <h2 align="center">网络花店</h2>
  <p class="navi">
    <a href="#">首页</a>
    <a href="#">关于</a>
    <a href="#">客服</a>
    <a href="#">联系</a>
  </p>
  <div class="footer">
    版权所有 &copy;  <a href="#">客户服务中心</a>
  <div>
</body>
</html>
```

【演示说明】

① 在定义超链接的伪类 link、visited、hover、active 时，应该遵从一定的顺序，否则在浏览器中显示时，超链接的 hover 样式就会失效。在指定超链接样式时，建议按 link、visited、hover、active 的顺序指定。如果先指定 hover 样式，然后再指定 visited 样式，则在浏览器中显示时，hover 样式将不起作用。

② 由于页面中的导航区域套用了类.navi，并且在其后分别定义了.navi a:link、.navi a:visited 和.navi a:hover 这 3 个继承，从而使导航区域的超链接风格区别于版权区域文字默认的超链接风格。

7.1.2 设置图文链接

网页设计中对文字链接的修饰不仅限于增加边框、修改背景颜色等方式，还可以利用背景图片对文字链接进行进一步美化。

【演示 7-1-3】设置图文链接。本例文件为 7-1-3.html，当鼠标未悬停时文字链接的效果如图 7-4a 所示，鼠标悬停在文字链接上时的效果如图 7-4b 所示。

a)

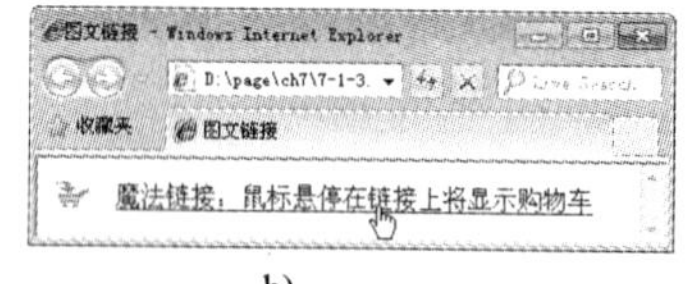

b)

图 7-4 图文链接的效果

a) 鼠标未悬停时 b) 鼠标悬停时

7-1-3.html 的代码如下：

```
<html>
<head>
<title>图文链接</title>
<style type="text/css">
  .a {
```

```
    padding-left:40px;                /*设置左内边距用于增加空白显示背景图片*/
    font-size:16px;
    text-decoration: none;            /*无修饰*/
  }
  .a:hover {
    background:url(images/carts.gif) no-repeat left center;      /*增加背景图*/
    text-decoration: underline;                                  /*下画线*/
}
</style>
</head>
<body>
<a href="#" class="a">魔法链接：鼠标悬停在链接上将显示购物车</a>
</body>
</html>
```

【演示说明】本例 CSS 代码中的 padding-left:40px;用于增加容器左侧的空白，为后来显示背景图片做准备。当触发鼠标悬停操作时，增加背景图片，位置是容器的左边中间。

【案例：网络花店友情链接局部页面】的制作过程如下。

① 网页结构文件。在当前文件夹中，用记事本新建一个名为 7-1.html 的网页文件，代码如下：

```
<!doctype html>
<html>
<head>
<meta charset="gb2312">
<title>网络花店首页</title>
<style type="text/css">
body{                                   /*设置页面的整体样式*/
     width:985px;
     margin:0 auto;                     /*页面自动居中对齐*/
     font-family:Tahoma;
     font-size:12px;                    /*设置文字大小为 12px*/
     color:#565656;                     /*设置默认文字颜色为灰色*/
     position:relative                  /*相对定位*/
}
a, a:link, a:visited {                  /*设置超链接及访问过链接的样式*/
     font-weight: normal;               /*字体正常粗细*/
     text-decoration: none              /*链接无修饰*/
}
a:hover {                               /*设置鼠标悬停链接的样式*/
     text-decoration: underline;        /*加下画线*/
}
.blocks{                                /*右侧区域 3 个子栏目的样式*/
     width:218px;                       /*子栏目宽度为 218px*/
     background-image:url(images/bg.gif);      /*背景图像*/
     background-position:top left; /*背景图像顶端左对齐*/
```

```
        background-repeat:repeat-y;  /*背景图像垂直重复*/
        margin:5px
}
#news{                          /*设置子栏目区域的样式*/
        padding:0 5px 5px 13px;
        float:left;             /*向左浮动*/
}
#friend{                        /*设置友情链接区域的样式*/
        width:200px;
        margin:10px 0;
        padding:0px;
}
#friend li{                     /*设置友情链接列表项的样式*/
        list-style-type:none;   /*不显示列表项目符号*/
        line-height:20px;       /*行高为 20px*/
        padding:0 0 0 13px;
}
#friend a{                      /*设置友情链接区域超链接的样式*/
        color:#565656;
        text-decoration:none    /*链接无修饰*/
}
#friend a:hover{                /*设置友情链接区域鼠标悬停链接的样式*/
        color:#565656;
        text-decoration:underline   /*加下画线*/
}
</style>
</head>
<body>
<div class="blocks">
  <img src="images/top_bg.gif" width="218" height="12" />
    <div id="news">
      <img src="images/title6.gif" width="201" height="28" />
        <ul id="friend">
          <li><a href="http://www.xianhua.com.cn">---------- 中国鲜花网 ----------</a></li>
          <li><a href="http://www.amflower.com">---------- 爱慕鲜花网 ----------</a></li>
          <li><a href="http://www.360flower.com/">---------- 鲜花快递网 ----------</a></li>
          <li><a href="http://www.iishang.com">---------- 爱尚鲜花网 ----------</a></li>
          <li><a href="http://www.7caihua.com">---------- 七彩鲜花网 ----------</a></li>
        </ul>
    </div>
  <img src="images/bot_bg.gif" width="218" height="10" /><br />
</div>
</body>
</html>
```

② 浏览网页。在浏览器中浏览已制作完成的页面，页面的显示效果如图 7-1 所示。

7.2 案例：网络花店鲜花展示页面——设置列表样式

【案例展示】使用 CSS 设置列表样式的基本知识制作网络花店鲜花展示页面，本例文件 7-2.html 在浏览器中的浏览效果如图 7-5 所示。

图 7-5 页面浏览效果

【学习目标】掌握使用 CSS 设置列表样式的常用属性及方法。

【知识要点】列表布局的优点、设置列表类型、列表项图片符号及位置。

列表形式在网站设计中占有很大比重，信息的显示非常整齐直观，便于用户理解与点击。从网页出现到现在，列表元素一直是页面中非常重要的应用形式。传统的 HTML 语言提供了项目列表的基本功能，当引入 CSS 后，项目列表被赋予了许多新的属性，甚至超越了它最初设计时的功能。

7.2.1 表格布局与列表布局的对比

1. 表格布局

在表格布局时代，类似于新闻列表这样的效果，一般采用表格来实现。该列表采用多行多列的表格进行布局，第 1 列放置小图标作为修饰，第 2 列放置新闻标题，如图 7-6 所示。

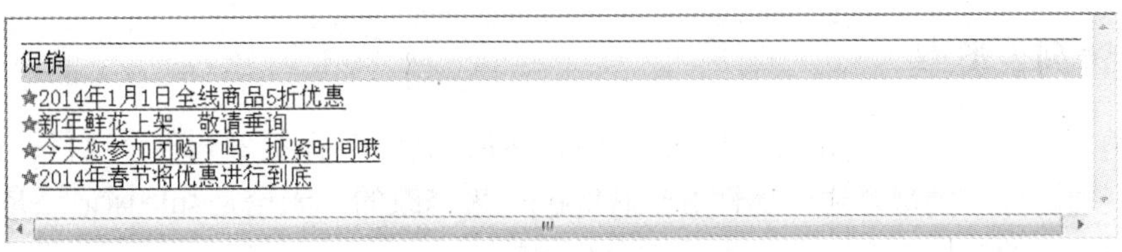

图 7-6 表格布局的新闻列表

以上表格的结构代码如下：

```
<table width="745" border="0" align="center" cellpadding="0" cellspacing="0">
  <tr>
    <td height="30" background="images/back.jpg">促销</td>
  </tr>
  <tr>
    <td><img src="images/star_red.gif"/><a href="#">2014 年 1 月 1 日全线商品 5 折优惠</a></td>
  </tr>
  <tr>
    <td><img src="images/star_red.gif"/><a href="#">新年鲜花上架，敬请垂询</a></td>
  </tr>
  <tr>
    <td><img src="images/star_red.gif"/><a href="#">今天您参加团购了吗，抓紧时间哦</a></td>
  </tr>
  <tr>
    <td><img src="images/star_red.gif"/><a href="#">2014 年春节将优惠进行到底</a></td>
  </tr>
</table>
```

这种新闻列表既有修饰图片，又有具体内容，结构比较复杂。而采用 CSS 样式对整个页面布局时，列表标签的作用被充分挖掘出来。从某种意义上讲，除了描述性的文本，任何内容都可以认为是列表。

2．列表布局

使用列表布局来实现新闻列表，不仅结构清晰，而且代码数量明显减少，如图 7-7 所示。新闻列表的结构代码如下：

图 7-7　列表布局的新闻列表

```
<div id="main_left_top">
  <h3>促销</h3>
  <ul class="news_list">
    <li><a href="#"> 2014 年 1 月 1 日全线商品 5 折优惠</a> <span>2013-12-30</span></li>
    <li><a href="#">新年鲜花上架，敬请垂询</a> <span>2013-12-25</span></li>
    <li><a href="#">今天您参加团购了吗，抓紧时间哦</a> <span>2013-12-15</span></li>
    <li><a href="#">2014 年春节将优惠进行到底</a> <span>2013-12-10</span></li>
  </ul>
</div>
```

在 CSS 样式中，主要是通过 list-style-type、list-style-image 和 list-style-position 这 3 个属性改变列表修饰符的类型。

7.2.2　设置列表类型

通常的项目列表主要采用<ul>或<ol>标签，然后配合<li>标签罗列各个项目。在 CSS 样式中，列表项的标志类型是通过属性 list-style-type 来修改的，无论是<ul>标记还是<ol>标记，都可以使用相同的属性值，而且效果是完全相同的。

list-style-type 属性主要用于修改列表项的标志类型，例如，在一个无序列表中，列表项的标志是出现在各列表项旁边的圆点，而在有序列表中，标志可能是字母、数字或另外某种符号。当 list-style-image 属性为 none 或者指定的图像不可用时，list-style-type 属性将发生作用。list-style-type 属性常用的属性值见表 7-1。

表 7-1　常用的 list-style-type 属性值

属性值	说　明
disc	默认值，标记是实心圆
circle	标记是空心圆
square	标记是实心正方形
decimal	标记是数字
upper-alpha	标记是大写英文字母，如 A,B,C,D,E,F,…
lower-alpha	标记是小写英文字母，如 a,b,c,d,e,f,…
upper-roman	标记是大写罗马字母，如 Ⅰ,Ⅱ,Ⅲ,Ⅳ,Ⅴ,Ⅵ,Ⅶ,…
lower-roman	标记是小写罗马字母，如 ⅰ,ⅱ,ⅲ,ⅳ,ⅴ,ⅵ,ⅶ,…
none	不显示任何符号

在页面中使用列表，要根据实际情况选用不同的修饰符，或者不选用任何一种修饰符而使用背景图片作为列表的修饰。需要说明的是，当选用背景图片作为列表修饰时，list-style-type 属性和 list-style-image 属性都要设置为 none。

【演示 7-2-1】设置列表类型，本例页面 7-2-1.html 的浏览效果如图 7-8 所示。

7-2-1.html 的代码如下：

```
<html>
<head>
<title>设置列表类型</title>
<style>
  body{
    background-color:#6ff;
  }
  ul{
    font-size:1.5em;
    color:#00458c;
    list-style-type:square;            /* 标记是实心正方形 */
  }
  li.special{
    list-style-type:circle;            /* 标记是空心圆形*/
  }
</style>
</head>
<body>
<h2>鲜花用途分类</h2>
<ul>
  <li>开业</li>
```

图 7-8　页面的浏览效果

```
    <li>婚庆</li>
    <li class="special">生日</li>
    <li>爱情</li>
    <li>乔迁</li>
  </ul>
  </body>
  </html>
```

【演示说明】

① 当给<ul>或者<ol>标签设置 list-style-type 属性时，在它们中间的所有<li>标签都采用该设置，而如果对<li>标签单独设置 list-style-type 属性，则仅仅作用在该项目上。例如，页面中项目为“生日”的类型变成了空心圆，但是并没有影响其他项目的类型（实心正方形）。

② 需要特别注意的是，list-style-type 属性在页面显示效果方面与左内边距（padding-left）和左外边距（margin-left）有密切的联系。下面在上述定义 ul 的样式中添加左内边距为 0 的规则，代码如下：

```
ul
{
  font-size:1.5em;
  color:#00458c;
  list-style-type:square;          /* 标记是实心正方形 */
  padding-left:0;                  /* 左内边距为 0 */
}
```

在 Opera 浏览器中没有显示列表修饰符，页面效果如图 7-9 所示，而在 IE 浏览器中显示出列表修饰符，页面效果如图 7-10 所示。

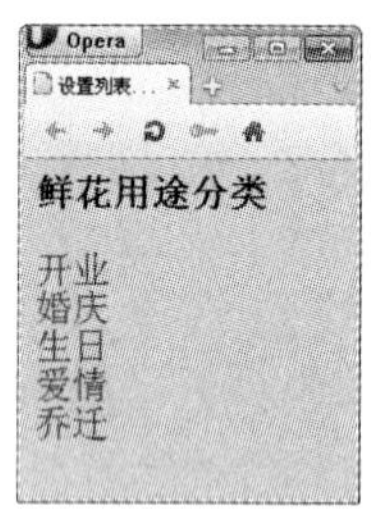

图 7-9　Opera 浏览器查看的页面效果

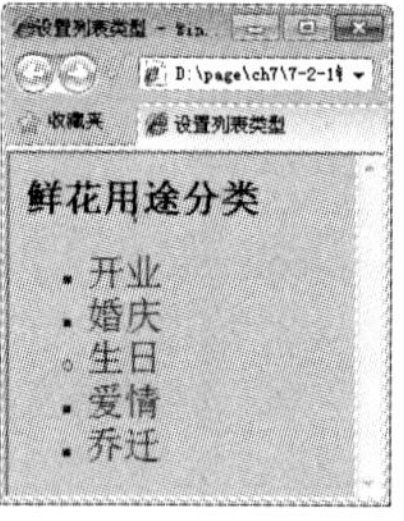

图 7-10　IE 浏览器查看的页面效果

③ 继续讨论上述示例，如果将示例中的“padding-left:0;”修改为“margin-left:0;”，则在 Opera 浏览器中能正常显示列表修饰符，而在 IE 浏览器中不能正常显示。引起显示效果不同的原因在于，浏览器在解析列表的内外边距的时候产生了错误的解析方式。也正是这个原因，设计人员习惯直接使用背景图片作为列表的修饰符。

【演示 7-2-2】使用背景图片替代列表修饰符，本例页面 7-2-2.html 在浏览器中的浏览效果如图 7-11 所示。

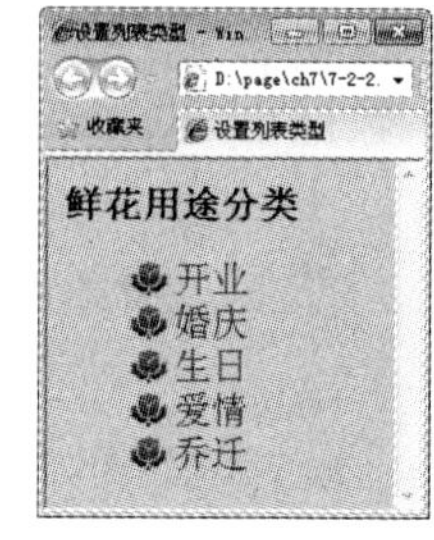

图 7-11　页面的浏览效果

7-2-2.html 的代码如下：

```
<html>
<head>
<title>设置列表类型</title>
<style>
  body{
    background-color:#6ff;
  }
  ul{
    font-size:1.5em;
    color:#00458c;
    list-style-type:none;                 /*设置列表类型为不显示任何符号*/
  }
  li{
    padding-left:30px;                    /*设置左内边距为 30px，目的是为背景图片留出位置*/
    background:url(images/rose.jpg) no-repeat left center; /*设置背景图片无重复，位置左侧居中*/
  }
</style>
</head>
<body>
<h2>鲜花用途分类</h2>
<ul>
  <li>开业</li>
  <li>婚庆</li>
  <li>生日</li>
  <li>爱情</li>
  <li>乔迁</li>
</ul>
</body>
</html>
```

【演示说明】在设置背景图片替代列表修饰符时，必须确定背景图片的宽度。本例中的背景图片宽度为 30px，因此，CSS 代码中的 padding-left:30px;设置左内边距为 30px，目的是为背景图片留出位置。

7.2.3 设置列表项图片符号

除了传统的项目符号外，CSS 还提供了属性 list-style-image，可以将项目符号显示为任意图片。当 list-style-image 属性的属性值为 none 或者设置的图片路径出错时，list-style-type 属性会替代 list-style-image 属性对列表产生作用。

list-style-image 属性的属性值包括 URL（图像的路径）、none（默认值，无图像被显示）和 inherit（从父元素继承属性，部分浏览器对此属性不支持）。

【演示 7-2-3】设置列表项图片符号，本例页面 7-2-3.html 的浏览效果如图 7-12 所示。

7-2-3.html 的代码如下：

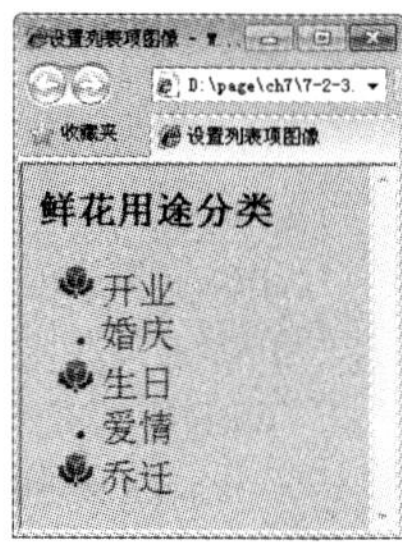

图 7-12　页面的浏览效果

```
<html>
<head>
<title>设置列表项图像</title>
<style>
  body{
    background-color:#6ff;
  }
  ul{
    font-size:1.5em;
    color:#00458c;
    list-style-image:url(images/rose.jpg);         /*设置列表项图像*/
  }
  .img_fault{
    list-style-image:url(images/fault.jpg);        /*设置列表项图像错误的 URL，图片不能正确显示*/
  }
  .img_none{
    list-style-image:none;                         /*设置列表项图像为不显示，所以没有图片显示*/
  }
</style>
</head>
<body>
<h2>鲜花用途分类</h2>
<ul>
  <li>开业</li>
  <li class="img_fault">婚庆</li>
  <li>生日</li>
  <li class="img_none">爱情</li>
  <li>乔迁</li>
</ul>
</body>
</html>
```

【演示说明】

① 页面预览后可以清楚地看到，当 list-style-image 属性设置为 none 或者设置的图片路径出错时，list-style-type 属性会替代 list-style-image 属性对列表产生作用。

② 虽然使用 list-style-image 很容易实现设置列表项图像的目的，但是也失去了一些常用特性。list-style-image 属性不能够精确控制图片替换的项目符号距文字的位置，在这方面不如 background-image 属性灵活。

7.2.4　设置列表项位置

list-style-position 属性用于设置在何处放置列表项标记，其属性值只有两个关键词 outside（外部）和 inside（内部）。使用 outside 属性值后，列表项标记被放置在文本以外，环绕文本且不根据标记对齐；使用 inside 属性值后，列表项目标记放置在文本以内，像是插入在列表项内容最前面的内联元素一样。

【演示 7-2-4】设置列表项位置，本例页面 7-2-4.html 的浏览效果如图 7-13 所示。

7-2-4.html 的代码如下：

```
<html>
<head>
<title>设置列表项位置</title>
<style>
  body{
    background-color:#6ff;
  }
  ul.inside {
    list-style-position: inside;     /*将列表修饰符定义在列表之内*/
  }
  ul.outside {
    list-style-position: outside;    /*将列表修饰符定义在列表之外*/
  }
  li {
    font-size:1.5em;
    color:#00458c;
    border:1px solid #00458c;        /*增加边框突出显示效果*/
  }
</style>
</head>
<body>
<h2>鲜花用途分类</h2>
<ul class="inside">
  <li>开业</li>
  <li>婚庆</li>
  <li>生日</li>
</ul>
<ul class="outside">
  <li>爱情</li>
  <li>乔迁</li>
</ul>
</body>
</html>
```

图 7-13 页面的浏览效果

【案例：网络花店鲜花展示页面】的制作过程如下：

① 网页结构文件。在当前文件夹中，用记事本新建一个名为 7-2.html 的网页文件。

在页面中建立一个简单的无序列表，插入相应的图片和文字说明。为了突出显示说明文字和商品价格的效果，采用<strong>、<span>、<em>和
标签对文字进行修饰。

7-2.html 的代码如下：

```
<!doctype html>
<html>
```

```
<head>
<meta charset="gb2312">
<title>图文信息列表</title>
</head>
<body>
<ul>
  <li><a href="#"><img src="images/01.jpg" width="150" height="150" /><strong>玫瑰花系列<br>一见钟情红玫瑰</strong> <span>￥<em>266</em></span></a></li>
  <li><a href="#"><img src="images/02.jpg" width="150" height="150" /><strong>百合花系列<br>海空之恋香水百合</strong> <span>￥<em>534</em></span></a></li>
  <li><a href="#"><img src="images/03.jpg" width="150" height="150" /><strong>康乃馨系列<br>母爱深深康乃馨</strong> <span>￥<em>333</em></span></a></li>
  <li><a href="#"><img src="images/04.jpg" width="150" height="150" /><strong>玫瑰花系列<br>相伴一生红玫瑰</strong> <span>￥<em>232</em></span></a></li>
  <li><a href="#"><img src="images/01.jpg" width="150" height="150" /><strong>玫瑰花系列<br>一见钟情红玫瑰</strong> <span>￥<em>266</em></span></a></li>
  <li><a href="#"><img src="images/02.jpg" width="150" height="150" /><strong>百合花系列<br>海空之恋香水百合</strong> <span>￥<em>534</em></span></a></li>
  <li><a href="#"><img src="images/03.jpg" width="150" height="150" /><strong>康乃馨系列<br>母爱深深康乃馨</strong> <span>￥<em>333</em></span></a></li>
  <li><a href="#"><img src="images/04.jpg" width="150" height="150" /><strong>玫瑰花系列<br>相伴一生红玫瑰</strong> <span>￥<em>232</em></span></a></li>
</ul>
</body>
</html>
```

在没有 CSS 样式的情况下，图片和文字说明均以列表模式显示，页面的显示效果如图 7-14 所示。

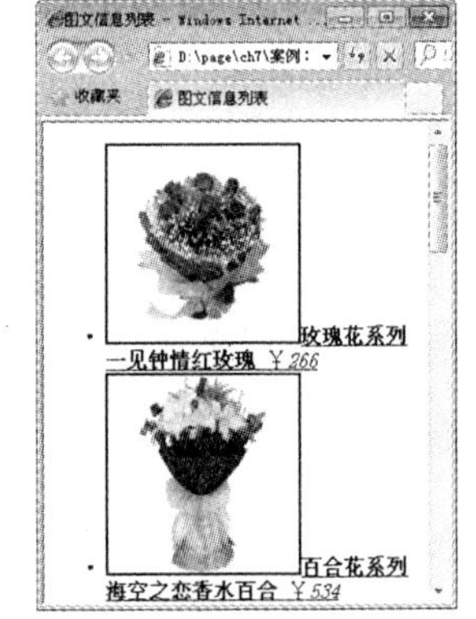

图 7-14　无 CSS 样式的效果

② 使用内部样式初步美化图文信息列表。

图文信息列表的结构确定后，接下来开始编写 CSS 样式规则，首先定义 body 的样式规则，代码如下：

```
body {
    margin:0;
    padding:0;
    font-size:12px;
}
```

接下来，定义整个列表的样式规则。将列表的宽度和高度分别设置为 656px 和 420px，且列表在浏览器中居中显示。为了美化显示效果，去除默认的列表修饰符，设置内边距，增加浅色边框，代码如下：

```
ul {
    width:656px;             /*设置元素宽度*/
    height:420px;            /*设置元素高度*/
    margin:0 auto;           /*设置元素自动居中对齐*/
```

```
    padding:12px 0 0 12px;        /*上、右、下、左的内边距依次为 12px,0px,0px,12px*/
    border:1px solid #ccc;        /*边框为 1px 的灰色实线*/
    border-top-style:dotted;      /*上边框样式为点画线*/
    list-style:none;              /*列表无样式*/
}
```

为了让多个<li>标签横向排列，这里使用“float:left;”实现这种效果，并且增加外边距进一步美化显示效果。需要注意的是，由于设置了浮动效果，并且又增加了外边距，IE 浏览器可能会产生双倍间距的 bug，所以再增加“display:inline;”规则解决兼容性问题，代码如下：

```
ul li {
    float:left;                   /*向左浮动*/
    margin:0 12px 12px 0;         /*上、右、下、左的外边距依次为 0px,12px,12px,0px*/
    display:inline;               /*内联元素*/
}
```

与之前的示例一样，将内联元素 a 标签转化为块元素使其具备宽和高的属性，并将转换后的 a 标签设置宽度和高度。接着设置文本居中显示，定义超出 a 标签定义的宽度时隐藏文字，代码如下：

```
ul li a {
    display:block;                /*将内联元素 a 标签转化为块元素*/
    width:152px;                  /*a 标签的宽度*/
    height:200px;                 /*a 标签的高度*/
    text-decoration:none;
    text-align:center;
    overflow:hidden;              /*超出 a 标签定义的宽度时隐藏文字*/
}
```

经过以上 CSS 样式初步美化的图文信息列表，页面的显示效果如图 7-15 所示。

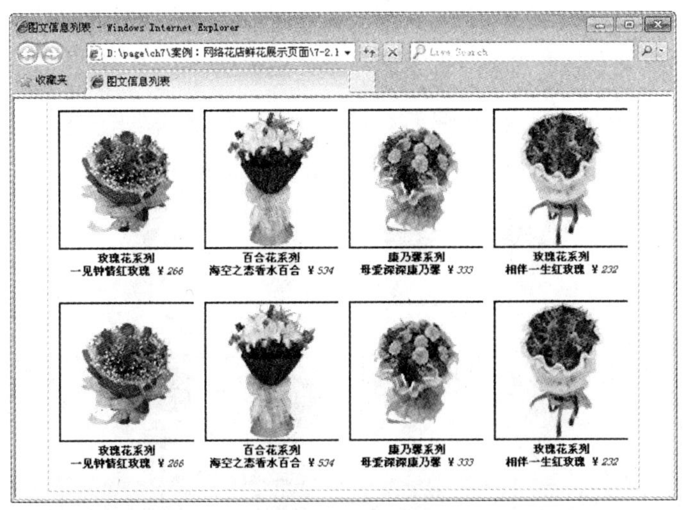

图 7-15　CSS 样式初步美化的图文信息列表

③ 进一步美化图文信息列表。

在使用 CSS 样式初步美化图文信息列表之后，虽然页面的外观有了明显的改善，但是在显示细节上并不理想，还需要进一步美化。这里依次对列表中的<img>、<strong>、<span>、和<em>标签定义样式规则，代码如下：

```
ul li a img {
    width:150px;                /*图片显示的宽度为 200px（等同于图片原始宽度）*/
    height:150px;               /*图片显示的高度为 150px（等同于图片原始高度）*/
    border:1px solid #ccc;      /*边框为 1px 的灰色实线*/
}
ul li a strong {
    display:block;              /*块级元素*/
    width:152px;                /*设置元素宽度*/
    height:30px;                /*设置元素高度*/
    line-height:15px;           /*行高为 15px*/
    font-weight:100;
    color:#333;
    overflow:hidden;            /*溢出隐藏*/
}
ul li a span {
    display:block;              /*块级元素*/
    width:152px;                /*设置元素宽度*/
    height:20px;                /*设置元素高度*/
    line-height:20px;           /*行高为 20px*/
    color:#666;
}
ul li a span em {
    font-style:normal;
    font-weight:800;
    color:#f60;                 /*商品价格文字的颜色为橘黄色*/
}
```

经过进一步美化图文信息列表，页面的显示效果如图 7-16 所示。

图 7-16　进一步美化图文信息列表

④ 设置超链接的样式。

在图 7-16 中，当鼠标悬停于图片列表及文字上时，未能看到超链接的样式。为了更好地展现视觉效果，引起浏览者的注意，还需要添加鼠标悬停于图片列表及文字上时的样式变化，代码如下：

```
ul li a:hover img {
    border-color:#f33;                /*鼠标悬停于图片时，图片显示红色边框*/
}
ul li a:hover strong {
    color:#03c;                       /*鼠标悬停于 strong 区域时，文字显示为蓝色*/
}
ul li a:hover span em {
    color:#f00;                       /*鼠标悬停于 em 区域时，文字显示为红色*/
}
```

⑤ 浏览网页。在浏览器中浏览已制作完成的页面，页面的显示效果如图 7-5 所示。

7.3 案例：网络花店鲜花分类导航菜单——设置纵向导航菜单

【案例展示】使用 CSS 设置纵向导航菜单的基本知识制作网络花店鲜花分类导航菜单，本例文件 7-3.html 在浏览器中的浏览效果如图 7-17 所示。

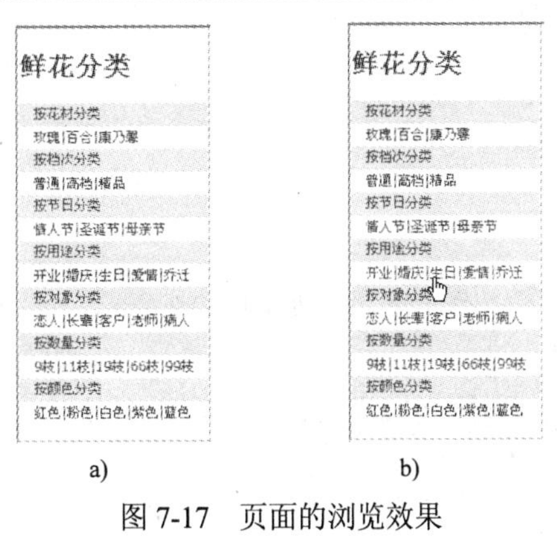

a)　　b)

图 7-17　页面的浏览效果

a) 鼠标未悬停时　b) 鼠标悬停时

【学习目标】掌握使用 CSS 设置纵向导航菜单的常用方法。

【知识要点】普通的链接导航菜单、纵向列表导航菜单。

作为一个成功的网站，导航菜单是必不可少的。导航菜单的风格往往决定了整个网站的风格。制作导航菜单的方法可以分为普通的链接导航菜单和使用列表标签构建的导航菜单。

7.3.1 普通的链接导航菜单

普通的链接导航菜单的制作比较简单，主要采用将文字链接从“行级元素”变为“块级元素”的方法来实现。

【演示 7-3-1】制作链接导航菜单，鼠标未悬停在菜单项上时的效果如图 7-18a 所示，鼠标悬停在菜单项上时的效果如图 7-18b 所示。

a)

b)

图 7-18　普通的超链接导航菜单

a) 鼠标未悬停时　b) 鼠标悬停时

制作过程如下。

① 网页结构文件。在当前文件夹中，用记事本新建一个名为 7-3-1.html 的网页文件。

在页面中建立一个包含超链接的 Div 容器，在容器中建立 5 个用于实现导航菜单的文字链接。

7-3-1.html 的代码如下：

```
<body>
  <div id="menu">
    <a href="#">首页</a>
    <a href="#">关于</a>
    <a href="#">客服</a>
    <a href="#">联系</a>
  </div>
</body>
```

在没有 CSS 样式的情况下，菜单的效果如图 7-19 所示。

② 设置容器的内部样式。

接着设置菜单 Div 容器的整体区域样式，设置菜单的宽度、背景色，以及文字的字体和大小。代码如下：

```
#menu {
    font-family:Arial;
    font-size:14px;
    font-weight:bold;
    width:100px;                    /*设置元素宽度*/
    padding:8px;                    /*内边距为 8px*/
    background:#cba;
    margin:0 auto;                  /*设置元素自动居中对齐*/
    border:1px solid #ccc;          /*边框为 1px 的灰色实线*/
  }
```

经过设置容器的 CSS 样式，菜单的显示效果如图 7-20 所示。

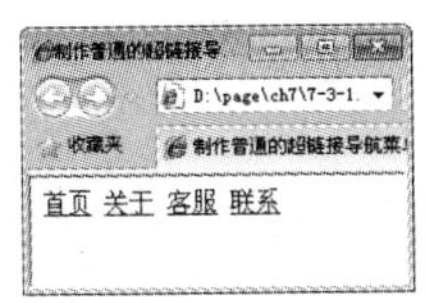

图 7-19　无 CSS 样式的菜单效果

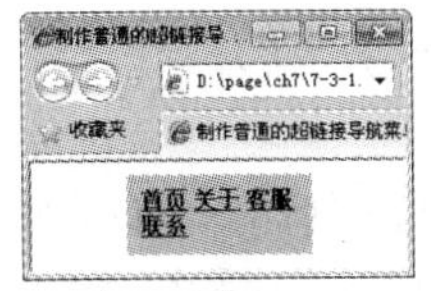

图 7-20　设置容器 CSS 样式后的菜单效果

③ 设置菜单项的内部样式。

在设置容器的 CSS 样式之后，菜单项的排列效果并不理想，还需要进一步美化。为了使 4 个文字链接依次竖直排列，需要将它们从“行级元素”变为“块级元素”。此外，还应该为它们设置背景色和内边距，以使菜单文字之间不要过于局促。接下来设置文字的样式，取消链接下画线，并将文字设置为深灰色。最后，建立鼠标悬停于菜单项上时的样式。代码如下：

```
#menu a, #menu a:visited{
    display:block;                    /*文字链接从“行级元素”变为“块级元素”*/
    padding:4px 8px;                  /*上、下内边距为 4px、右、左内边距为 8px*/
    color:#333;
    text-decoration:none;             /*链接无修饰”*/
    border-top:8px solid #69f;        /*上边框为 8px 的淡蓝色实线*/
    height:1em;
  }
  #menu a:hover{                      /*鼠标悬停于菜单项上时的样式*/
    color:#63f;
    border-top:8px solid #63f;        /*上边框为 8px 的深蓝色实线*/
  }
```

菜单经过进一步美化，显示效果如图 7-18 所示。

7.3.2　纵向列表导航菜单

当列表项目的 list-style-type 属性值为“none”时，制作各式各样的导航菜单便成了项目列表最大的用处之一。

相对于普通的超链接导航菜单，列表模式的导航菜单能够实现更美观的效果，其中纵向列表模式的导航菜单又是应用比较广泛的一种，如图 7-21 所示。

图 7-21　典型的纵向导航菜单

由于纵向导航菜单的内容并没有逻辑上的先后顺序，因此可以使用无序列表制作纵向导航菜单。

【演示 7-3-2】 制作纵向列表模式的导航菜单，鼠标未悬停在菜单项上时的效果如图 7-22a 所示，鼠标悬停在菜单项上时的效果如图 7-22b 所示。

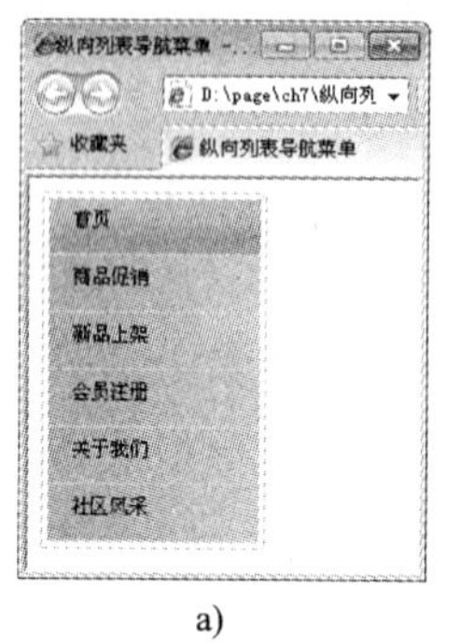

a)

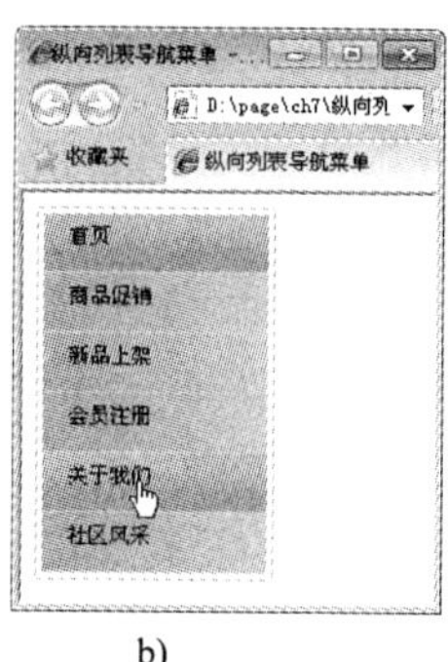

b)

图 7-22　纵向列表模式的导航菜单

a) 鼠标未悬停时　b) 鼠标悬停时

制作过程如下。

① 网页结构文件。在当前文件夹中，用记事本新建一个名为 7-3-2.html 的网页文件。

在页面中建立一个包含无序列表的 Div 容器，列表包含 4 个选项，每个选项中包含 1 个用于实现导航菜单的文字链接。

7-3-2.html 的代码如下：

```
<!doctype html>
<html>
<head>
<meta charset="gb2312" />
<title>纵向列表导航菜单</title>
</head>
<body>
<div id="menu">
  <ul>
    <li><a href="#" class="current">首页</a></li>
    <li><a href="#">商品促销</a></li>
    <li><a href="#">新品上架</a></li>
    <li><a href="#">会员注册</a></li>
    <li><a href="#">关于我们</a></li>
    <li><a href="#">社区风采</a></li>
  </ul>
</div>
</body>
```

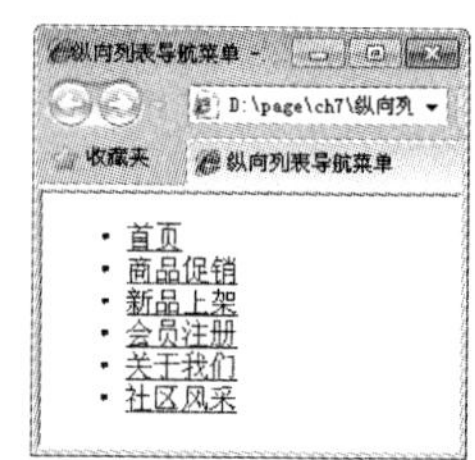

图 7-23　无 CSS 样式的效果

在没有 CSS 样式的情况下，菜单的效果如图 7-23 所示。

② 设置容器及列表的内部样式。

接着设置菜单 Div 容器的整体区域样式，设置菜单的宽度、字体，以及列表和列表选项的类型和边框样式。

代码如下：

```
#menu {
    width:130px;
    border:1px solid #cccccc;
    padding:3px;
    font:12px/18px Tahoma, Arial, Helvetica, sans-serif;
}
#menu * {
    margin:0;
    padding:0;
}
#menu li {
    list-style:none;                /* 不显示项目符号*/
    border-bottom:1px solid #ffce88;/*列表项之间的间隔线*/
}
```

经过以上设置容器及列表的 CSS 样式，菜单的显示效果如图 7-24 所示。

图 7-24　修改后的菜单效果

③ 设置菜单项超链接的内部样式。

在设置容器的 CSS 样式之后，菜单项的显示效果并不理想，还需要进一步美化。接下来设置菜单项超链接的区块显示。最后，建立未访问过的链接、访问过的链接及鼠标悬停于菜单项上时的样式。

代码如下：

```
#menu li a {
    display:block;                  /* 区块显示 */
    background:#fbd346 url(menu_bg.jpg) repeat-y left;
    color:#000;
    text-decoration:none;           /*取消超链接文字的下画线效果*/
    padding:5px 5px 10px 15px;/*设置内边距，将 a 元素所在的容器预留空间以显示背景图像*/
}
#menu li a:hover {                  /* 鼠标悬停于菜单项上时的样式 */
    background:#f7941d url(menu_h.jpg) repeat-x top;
}
#menu li a.current, #menu li a:hover.current {  /* 当前页面链接的样式 */
    background:#f7941d url(menu_h.jpg) repeat-x top;
}
```

菜单经过进一步美化，显示效果如图 7-22 所示。

【案例：网络花店鲜花分类导航菜单】的制作过程如下。

① 网页结构文件。在当前文件夹中，用记事本新建一个名为 7-3.html 的网页文件。

在页面中建立一个包含无序列表的 Div 容器，容器包含 1 个分类标题和 1 个列表，列表又包含 17 个选项，每个选项中包含 1 个用于实现导航菜单的文字链接。

7-3.html 的代码如下：

```
<!doctype html>
<html>
<head>
<meta charset="gb2312">
<title>网络花店鲜花分类导航菜单</title>
</head>
<body>
<div id="container">
    <div id="left" class="column">
      <div class="block">
        <h1>鲜花分类</h1>
        <ul id="navigation">
          <li class="color"><a href="#">按花材分类</a></li>
          <li><a href="#">玫瑰|百合|康乃馨</a></li>
          <li class="color"><a href="#">按档次分类</a></li>
          <li><a href="#">普通|高档|精品</a></li>
          <li class="color"><a href="#">按节日分类</a></li>
          <li><a href="#">情人节|圣诞节|母亲节</a></li>
          <li class="color"><a href="#">按用途分类</a></li>
          <li><a href="#">开业|婚庆|生日|爱情|乔迁</a></li>
          <li class="color"><a href="#">按对象分类</a></li>
          <li><a href="#">恋人|长辈|客户|老师|病人</a></li>
          <li class="color"><a href="#">按数量分类</a></li>
          <li><a href="#">9 枝|11 枝|19 枝|66 枝|99 枝</a></li>
          <li class="color"><a href="#">按颜色分类</a></li>
          <li><a href="#">红色|粉色|白色|紫色|蓝色</a></li>
        </ul>
      </div>
    </div>
</div>
</body>
</html>
```

图 7-25　无 CSS 样式的效果

在没有 CSS 样式的情况下，菜单的效果如图 7-25 所示。

② 设置容器及列表的内部样式。

接着设置页面整体的样式、菜单 Div 容器的样式、菜单列表及列表项的样式，如图 7-26 所示。

代码如下：

```
body{                         /*设置页面的整体样式*/
    width:985px;
    margin:0 auto;            /*页面居中对齐*/
    font-family:Tahoma;
    font-size:12px;           /*文字大小为 12px*/
```

```
        color:#565656;                /*灰色文字*/
        position:relative             /*相对定位*/
}
#container {                          /*主体容器样式*/
        height:100%                   /*相对单位*/
}
#container .column {                  /*column 类样式*/
        position: relative;           /*相对定位*/
        float: left;                  /*向左浮动*/
        margin-bottom: 10px;
}
#left {                               /*纵向菜单容器的样式*/
        width: 172px;                 /*宽度为 172px*/
}
.block{                               /*纵向菜单内容区域的样式*/
        width:168px;
        border:1px solid #C5C5C5;     /*菜单边框为 1px 的灰色实线*/
        padding:1px 1px 14px 1px;
        margin-bottom:4px;
}
#navigation{                          /*纵向菜单列表的样式*/
        width:168px;
        margin:0px;
        padding:0px;
}
#navigation li{                       /*纵向菜单列表项的样式*/
        list-style-type:none;         /*不显示项目符号*/
        line-height:20px;
        padding:0 0 0 13px;
}
.color{
        background-color:#EBEBEB /*奇数行菜单项背景色为浅灰色*/
}
```

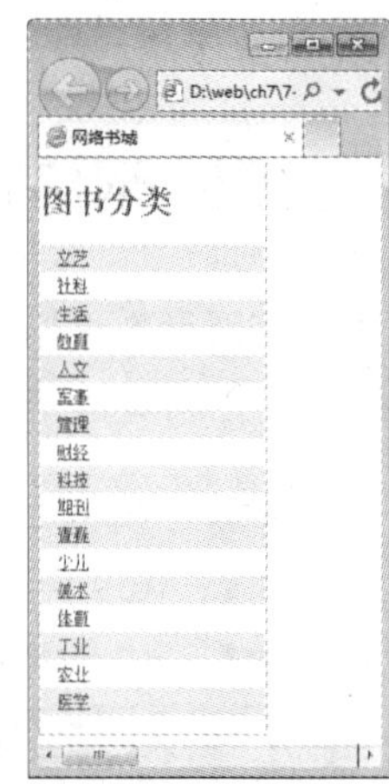

图 7-26　修改后的菜单效果

③ 设置菜单项超链接的内部样式。

在设置容器及列表的 CSS 样式之后，菜单项的显示效果并不理想，还需要进一步美化。接下来设置菜单项超链接和鼠标悬停链接的样式。

代码如下：

```
#navigation a{                        /*列表项超链接的样式*/
        color:#565656;                /*文字为深灰色*/
        text-decoration:none          /*链接无修饰*/
}
#navigation a:hover{                  /*列表项悬停链接的样式*/
        color:#0283DD;                /*文字为青色*/
}
```

④ 浏览网页。在浏览器中浏览已制作完成的页面，页面的显示效果如图 7-17 所示。

7.4 案例：网络花店主导航菜单——设置横向导航菜单

【案例展示】 使用 CSS 设置横向导航菜单的基本知识制作网络花店主导航菜单，本例文件 7-4.html 在浏览器中的浏览效果如图 7-27 所示。

图 7-27　页面的浏览效果

【学习目标】 掌握使用 CSS 设置横向导航菜单的常用方法。

【知识要点】 导航菜单的横竖转换、横向列表导航菜单。

导航菜单不只有纵向排列的形式，许多时候还需要页面的菜单能够在水平方向显示。通过 CSS 属性的控制，可以实现列表模式导航菜单的横竖转换。在保持原有 HTML 结构不变的情况下，可以将纵向导航转变成横向导航，其中最重要的环节就是设置<li>标签为浮动。

为了更清楚地理解如何使用 CSS 设置横向导航菜单，下面讲解一个简单的演示示例。

【演示 7-4-1】 制作横向列表模式的导航菜单，本例文件 7-4-1.html 在浏览器中的浏览效果如图 7-28 所示。

图 7-28　横向列表模式的导航菜单

制作过程如下。

① 网页结构文件。在当前文件夹中，用记事本新建一个名为 7-4-1.html 的网页文件。

在页面中建立一个包含无序列表的 Div 容器，容器包含 1 个列表，列表又包含 11 个选项，每个选项中包含 1 个用于实现导航菜单的文字链接。

7-4-1.html 的代码如下：

```
<!doctype html>
<html>
<head>
<meta charset="gb2312">
```

```
<title>横向列表导航菜单</title>
</head>
<body>
<div id="nav">
  <ul>
    <li><a href="#">首页</a></li>
    <li><a href="#">商品展示</a></li>
    <li><a href="#">商品促销</a></li>
    <li><a href="#">新品上架</a></li>
    <li><a href="#">会员注册</a></li>
    <li><a href="#">会员登录</a></li>
    <li><a href="#">关于我们</a></li>
    <li><a href="#">社区风采</a></li>
    <li><a href="#">商城博客</a></li>
    <li><a href="#">客服中心</a></li>
    <li><a href="#">联系我们</a></li>
  </ul>
</div>
</body>
</html>
```

图 7-29　无 CSS 样式的效果

在没有 CSS 样式的情况下，菜单的效果如图 7-29 所示。

② 设置容器及列表的内部样式。

接着设置菜单 Div 容器的整体区域样式，设置菜单的宽度、字体，以及列表和列表选项的类型和边框样式。

代码如下：

```
#nav {
      width:980px;
      margin:0 auto;
      font:14px/1.5 Tahoma, Arial, Helvetica, sans-serif;
}
#nav * {
      margin:0;
      padding:0;
}
#nav ul {
      width:980px;
      height:45px;
      background:url(nav_bg.jpg) no-repeat center center;
}
#nav li {
      list-style:none;             /*清除列表的默认风格*/
      float:left;                  /*设置浮动，让列表横向排列*/
```

```
        margin-left:27px;               /*设置列表项之间的距离*/
    }
```

以上设置中最为关键的代码就是设置<li>标签的样式为“float:left;”，正是设置了<li>标签为浮动，才将纵向导航菜单转变成横向导航菜单。经过以上设置容器及列表的 CSS 样式，菜单的显示效果如图 7-30 所示。

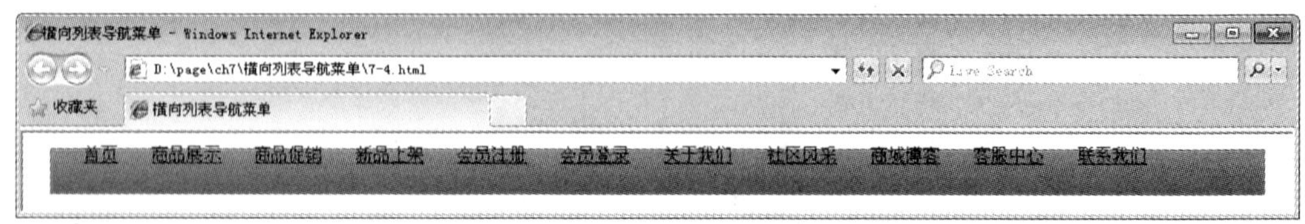

图 7-30　设置容器 CSS 样式后的菜单效果

③ 设置菜单项超链接的内部样式。

在设置容器的 CSS 样式之后，菜单项的文字并不在菜单区域垂直方向的中央，还需要进一步美化。接下来设置菜单项超链接文字的行高、颜色、修饰效果及鼠标悬停于菜单项上时的样式。

代码如下：

```
    #nav li a {
        display:block;                  /*区块显示*/
        line-height:35px;               /*设置行高，目的让文字处于垂直居中的位置*/
        color:#fff;
        text-decoration:none;           /*取消超链接文字的下画线效果*/
    }
    #nav li a:hover {
        color:#f00;                     /*设置鼠标悬停时的文字颜色*/
    }
```

菜单经过进一步美化，显示效果如图 7-28 所示。

【案例：网络花店主导航菜单】的制作过程如下。

① 网页结构文件。在当前文件夹中，用记事本新建一个名为 7-4.html 的网页文件。

在页面中建立一个包含无序列表的 Div 容器，列表包含 6 个选项，每个选项中包含 1 个用于实现导航菜单的文字链接。

7-4.html 的代码如下：

```
    <!doctype html>
    <html>
    <head>
    <meta charset="gb2312">
    <title>网络花店</title>
    </head>
    <body>
    <div id="menu_tab">
```

```
  <ul class="menu">
    <li><a href="index.html" class="nav">首页</a></li>
    <li class="divider"></li>
    <li><a href="product.html" class="nav">鲜花</a></li>
    <li class="divider"></li>
    <li><a href="about.html" class="nav">关于</a></li>
    <li class="divider"></li>
    <li><a href="faqs.html" class="nav">服务</a></li>
    <li class="divider"></li>
    <li><a href="checkout.html" class="nav">结算</a></li>
    <li class="divider"></li>
    <li><a href="contact.html" class="nav">联系</a></li>
  </ul>
</div>
</body>
</html>
```

图 7-31　无 CSS 样式的效果

在没有 CSS 样式的情况下，菜单的效果如图 7-31 所示。

② 设置容器及列表的内部样式。

接着设置页面整体的样式、菜单 Div 容器的样式、菜单列表及列表项的样式。

代码如下：

```
body{                               /*设置页面的整体样式*/
    width:985px;
    margin:0 auto;                  /*页面居中对齐*/
    font-family:Tahoma;
    font-size:12px;                 /*文字大小为 12px*/
    color:#565656;                  /*灰色文字*/
    position:relative               /*相对定位*/
}
#menu_tab {                         /*设置菜单容器样式*/
    clear:both;                     /*清除所有浮动*/
    width:985px;
    height:36px;
    background: url(images/menu_bg.gif) repeat-x;        /*背景图像水平重复*/
    margin-bottom: 10px;
}
ul.menu {                           /*设置菜单列表的样式*/
    list-style-type:none;           /*不显示项目符号*/
    float:left;                     /*向左浮动*/
    display:block;                  /*块级元素*/
    width:982px;
    margin:0px;
    padding:0px;
}
ul.menu li {                        /*设置菜单列表项的样式*/
    display:inline;                 /*内联元素*/
```

```
        font-size:12px;
        font-weight:bold;           /*字体加粗*/
        line-height:36px;           /*行高为 36px*/
}
ul.menu li.divider {                /*菜单项分隔线的样式*/
        display:inline;             /*内联元素*/
        width:4px;
        height:36px;
        float:left;                 /*向左浮动*/
        background: url(images/menu_divider.gif) no-repeat center; /*背景图像居中对齐无重复*/
}
```

图 7-32　修改后的菜单效果

经过以上设置容器及列表的 CSS 样式，菜单的显示效果如图 7-32 所示。

③ 设置菜单项超链接的内部样式。

在设置容器及列表的 CSS 样式之后，菜单项的显示效果并不理想，还需要进一步美化，接下来设置菜单项未访问过链接、访问过链接的样式及鼠标悬停链接的样式。

代码如下：

```
a.nav:link, a.nav:visited {         /*菜单项未访问过链接、访问过链接的样式*/
        display:block;              /*块级元素*/
        float:left;                 /*向左浮动*/
        padding:0px 8px 0px 8px;    /*上、右、下、左的内边距依次为 0px,8px, 0px,8px*/
        margin:0 14px 0 14px;       /*上、右、下、左的外边距依次为 0px,14px, 0px,14px*/
        height:36px;
        text-decoration:none;       /*链接无修饰*/
        text-align:center;          /*文字居中对齐*/
        color:#fff;                 /*白色文字*/
}
a.nav:hover {                       /*鼠标悬停链接的样式*/
        display:block;              /*块级元素*/
        float:left;                 /*向左浮动*/
        padding:0px 8px 0px 8px;
        margin:0 14px 0 14px;
        height:36px;
        text-decoration:none;       /*链接无修饰*/
        text-align:center;          /*文字居中对齐*/
        color:#ccc;                 /*灰色文字*/
}
```

④ 浏览网页。在浏览器中浏览已制作完成的页面，页面的显示效果如图 7-27 所示。

7.5　实训：网络花店商务安全中心页面

本节将主要讲解网络花店商务安全中心的制作，重点练习综合使用 CSS 设置链接、列表与导航菜单的技术。

【实训展示】制作网络花店商务安全中心页面，本例文件 safe.html 在浏览器中的浏览效果如图 7-33 所示，页面布局示意图如图 7-34 所示。

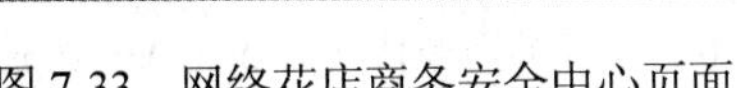
图 7-33　网络花店商务安全中心页面

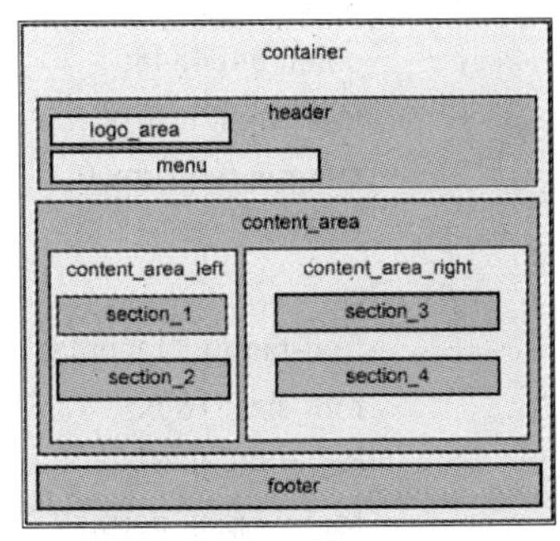

图 7-34　页面布局示意图

【实训目标】掌握综合使用 CSS 设置链接、列表与导航菜单的方法。

【知识要点】设置链接样式、列表样式、导航菜单样式。

制作过程如下：

① 页面布局规划。页面布局的首要任务是弄清网页的布局方式，分析版式结构。从页面布局示意图可以看出，页面中的主要内容包括顶部的网站标识及导航菜单、左侧的网购标准及新闻列表、右侧的主体内容及底部的版权信息。

② 建立目录结构。在实训文件夹下创建文件夹 images 和 css，分别用于存放图像素材和外部样式表文件。

③ 准备素材。将本页面需要使用的图像素材存放在文件夹 images 下。

④ 外部样式表。在文件夹 css 下新建一个名为 style.css 的样式表文件，样式表中各区域的样式设计如下。

a．页面整体的样式

页面整体 body、链接、段落、标题和页面容器样式的 CSS 定义代码如下：

```
body {                          /*页面整体的 CSS 规则*/
    margin: 0;                  /*外边距为 0px*/
    padding:0;                  /*内边距为 0px*/
    font-family: Arial, Helvetica, sans-serif;
    font-size: 12px;
    line-height: 1.5em;         /*行高为字符的 1.5 倍*/
    width: 100%;
    display: table;             /*元素以表格单元格的形式呈现*/
}
a:link, a:visited {             /*普通链接和访问过的链接样式*/
    color: #494949;
    text-decoration: underline; /*下画线*/
```

```
}
a:active, a:hover {                /*激活链接和悬停链接样式*/
    color: #494949;
    text-decoration: none;         /*无修饰*/
}
p{                                 /*段落的 CSS 规则*/
    font-family: Tahoma;
    font-size: 12px;
    color: #484848;
    text-align: justify;           /*文字两端对齐*/
    margin: 0 0 10px 0;            /*上、右、下、左的外边距依次为 0px, 0px,10px, 0px*/
}
h1 {                               /*一级标题的 CSS 规则*/
    font-family: Tahoma;
    font-size: 18px;
    color: #676767;
    font-weight: normal;
    margin: 0 0 15px 0;            /*上、右、下、左的外边距依次为 0px, 0px,15px, 0px*/
}
h2 {                               /*二级标题的 CSS 规则*/
    font-family: Tahoma;
    font-size: 16px;
    color: #0895d6;
    font-weight: normal;
    margin: 0 0 10px 0;            /*上、右、下、左的外边距依次为 0px, 0px,10px, 0px*/
}
h3 {                               /*三级标题的 CSS 规则*/
    font-family: Tahoma;
    font-size: 11px;
    color: #2780e4;
    font-weight: normal;
    margin: 0 0 5px 0;             /*上、右、下、左的外边距依次为 0px, 0px,5px, 0px*/
}
#container {                       /*页面容器的 CSS 规则*/
    width: 960px;
    margin: auto;                  /*设置元素自动居中对齐*/
}
```

b. 页面顶部的制作

页面顶部的内容被放置在名为 header 的 Div 容器中，主要用于显示网站标志和导航菜单，如图 7-35 所示。

图 7-35　页面顶部的显示效果

页面顶部的 CSS 代码如下：

```
#header {                          /*页面头部区域的 CSS 规则*/
    width: 960px;                  /*设置元素宽度*/
    height: 157px;                 /*设置元素高度*/
    background: url(../images/header.jpg) no-repeat;
    margin: 0px;                   /*外边距为 0px*/
    padding: 1px 0 0 0;            /*上、右、下、左的内边距依次为 1px, 0px,0px,0px*/
}
#logo_area {                       /*页面头部标志区域的 CSS 规则*/
    width: 175px;                  /*设置元素宽度*/
    height: 60px;                  /*设置元素高度*/
    margin: 25px 0 0 50px;         /*上、右、下、左的外边距依次为 25px, 0px,0px,50px*/
    float: left;                   /*向左浮动*/
}
#logo {                            /*页面头部标志区域上方文字的 CSS 规则*/
    font-family: Tahoma;
    font-size: 20px;
    color: #0e8fcb;
    margin: 0 0 5px 0;             /*上、右、下、左的外边距依次为 0px,0px,5px, 0px*/
}
#slogan {                          /*页面头部标志区域下方文字的 CSS 规则*/
    float: left;                   /*向左浮动*/
    font-family: Tahoma;
    font-size: 12px;
    color: #000;
    font-style: italic ;           /*文字斜体*/
    margin: 5px 0 0 0;             /*上、右、下、左的外边距依次为 5px,0px,0px, 0px*/
}
#menu {                            /*页面头部菜单区域的 CSS 规则*/
    float: left;                   /*向左浮动*/
    width: 960px;
    height: 40px;
    margin: 30px 0 0 0;            /*上、右、下、左的外边距依次为 30px,0px,0px,0px*/
    padding: 0 ;                   /*内边距为 0px*/
}
#menu ul {                         /*页面头部菜单区域列表的 CSS 规则*/
    float: left;                   /*向左浮动*/
    margin: 0px;                   /*外边距为 0px*/
    padding: 0 0 0 0;              /*内边距为 0px*/
    width: 550px;
    list-style: none;
}
#menu ul li {                      /*菜单列表选项的 CSS 规则*/
    display: inline;               /*行级元素*/
}
#menu ul li a {                    /*菜单列表选项超链接的 CSS 规则*/
```

```
        float: left;                    /*向左浮动*/
        padding: 11px 20px;             /*上、下内边距为 11px，右、左内边距为 20px*/
        text-align: center;             /*文字居中对齐*/
        font-size: 12px;
        text-align: center;
        text-decoration: none;          /*无修饰*/
        background: url(../images/menu_divider.png) center right no-repeat;
        color: #2a5f00;
        font-family: Tahoma;
        font-size: 12px;
        outline: none;                  /*不显示轮廓*/
}
#menu li a:hover {                      /*菜单列表选项鼠标经过的 CSS 规则*/
        color: #fff;
}
```

c．页面中部的制作

页面中部的内容被放置在名为 content_area 的 Div 容器中，主要用于显示左侧的网购标准、新闻列表和右侧的主体内容，如图 7-36 所示。

图 7-36　页面中部的显示效果

页面中部的 CSS 代码如下：

```
#content_area {                         /*页面中部区域的 CSS 规则*/
        width: 960px;                   /*设置元素宽度*/
        margin: 20px 0 0 0;             /*上、右、下、左的外边距依次为 20px,0px,0px,0px*/
}
#content_area_left {                    /*页面中部左侧区域的 CSS 规则*/
        float: left;                    /*向左浮动*/
        width: 250px;
}
```

```
#content_area_right {            /*页面中部右侧区域的 CSS 规则*/
    float:right;                 /*向右浮动*/
    width: 685px;
}
.section_1{                      /*页面中部左侧上方区域（网购标准）的 CSS 规则*/
    width: 250px;
    margin: 0 0 10px 0;          /*上、右、下、左的外边距依次为 0px,0px,10px,0px*/
}
.section_1 .top {                /*网购标准区域顶部的 CSS 规则*/
    width: 250px;
    height: 33px;
    background: url(../images/section_1_top.jpg) left no-repeat;
}
.top h1{                         /*网购标准区域顶部一级标题的 CSS 规则*/
    display:block;               /*块级元素*/
    float: left;                 /*向左浮动*/
    margin: 15px 0 0 15px;       /*上、右、下、左的外边距依次为 15px,0px,0px,15px*/
}
.top span.title{                 /*网购标准区域顶部 span 的 CSS 规则*/
    float: right;                /*向右浮动*/
    display: block;              /*块级元素*/
    font-family: Tahoma;
    font-size: 10px;
    color: #000;
    margin: 15px 25px 0 0;       /*上、右、下、左的外边距依次为 15px,25px,0px,0px*/
}
.section_1 .middle {             /*网购标准区域中间的 CSS 规则*/
    width: 250px;
    background: url(../images/section_1_mid.jpg) left repeat-y;      /*背景图像垂直重复*/
}
.section_1 .bottom {             /*网购标准区域底部的 CSS 规则*/
    width: 210px;
    background: url(../images/section_1_bottom.jpg) bottom left   no-repeat;
    padding: 10px 20px 5px 15px;      /*上、右、下、左的内边距依次为 10px,20px,5px,15px*/
}
.h_line {                        /*水平分隔线的 CSS 规则*/
    width: 100%;
    clear: both;                 /*清除浮动*/
    height: 1px;
    background: url(../images/h_line.jpg);
    margin: 0 0 10px 0;          /*上、右、下、左的外边距依次为 0px,0px,10px,0px*/
}
.section_2{                      /*页面中部左侧下方区域（新闻）的 CSS 规则*/
    width: 220px;
    margin: 0 0 10px 0 ;              /*上、右、下、左的外边距依次为 0px,0px,10px,0px*/
    padding: 15px 15px 5px 15px;      /*上、右、下、左的内边距依次为 15px,15px,5px,15px*/
```

```
}
.section_2 .green {                /*新闻区域 green 类的 CSS 规则*/
    border-left: 8px solid #64d608;    /*左边框为 8px 的绿色实线*/
    padding: 0 0 0 5px;                /*上、右、下、左的内边距依次为 0px,0px,0px,5px*/
    margin: 0 0 15px 0;                /*上、右、下、左的外边距依次为 0px,0px,15px,0px*/
}
.section_2 .blue{                  /*新闻区域 blue 类的 CSS 规则*/
    border-left: 8px solid #0895d6;    /*左边框为 8px 的蓝色实线*/
    padding: 0 0 0 5px;                /*上、右、下、左的内边距依次为 0px,0px,0px,5px*/
    margin: 0 0 15px 0;                /*上、右、下、左的外边距依次为 0px,0px,15px,0px*/
}
.section_3{                        /*页面中部右侧上方区域（欢迎信息）的 CSS 规则*/
    width: 685px;
    margin: 0 0 20px 0;            /*上、右、下、左的外边距依次为 0px,0px,20px,0px*/
    background: url(../images/section_3_bg.jpg) no-repeat;
    background-position: 105px -5px;
}
.section_3 h1{                     /*欢迎信息区域一级标题的 CSS 规则*/
    margin: 0 0 5px 0;             /*上、右、下、左的外边距依次为 0px,0px,5px,0px*/
}
span.blue_title {                  /*欢迎信息区域蓝色标题的 CSS 规则*/
    font-family: Arial;
    font-size: 20px;
    color: #0895d6;
    display: block;                /*块级元素*/
    margin: 0 0 25px 20px;         /*上、右、下、左的外边距依次为 0px,0px,25px,20px*/
}
.section_4 {                       /*页面中部右侧下方区域（服务）的 CSS 规则*/
    width: 685px;
    margin: 0 0 15px 0;            /*上、右、下、左的外边距依次为 0px,0px,15px,0px*/
}
.two_col {                         /*服务区域两列的 CSS 规则*/
    width: 310px;
    padding: 0 15px 15px 15px;     /*上、右、下、左的内边距依次为 0px,15px,15px,15px*/
    margin: 0 0 20px 0;            /*上、右、下、左的外边距依次为 0px,0px,20px,0px*/
}
.two_col img{                      /*服务区域两列中图像的 CSS 规则*/
    margin: 0 0 10px 0;            /*上、右、下、左的外边距依次为 0px,0px,10px,0px*/
}
.right {                           /*服务区域两列中右列的 CSS 规则*/
    float: right;                  /*向右浮动*/
}
.left {                            /*服务区域两列中左列的 CSS 规则*/
    float: left;                   /*向左浮动*/
}
.cleaner {                         /*清除浮动的 CSS 规则*/
```

```
        clear: both;                    /*清除浮动*/
        height: 0;
        margin: 0;
        padding: 0;
    }
```

d．页面底部的制作

页面底部的内容被放置在名为 footer 的 Div 容器中，用来显示版权信息，如图 7-37 所示。

图 7-37　页面底部的效果

页面底部的 CSS 代码如下：

```
    #footer {                           /*页面底部版权区域的 CSS 规则*/
        width: 100%;
        height: 52px;
        background: url(../images/footer_bg.jpg);
        color: #fff;
        text-align: center;
        padding: 36px 0 0 0;
        margin: 0;
    }
```

⑤ 网页结构文件。在当前文件夹中，用记事本新建一个名为 safe.html 的网页文件，代码如下：

```
<html>
<head>
<meta charset="gb2312">
<title>网络花店商务安全中心</title>
<link href="style/style.css" rel="stylesheet" type="text/css" />
</head>
<body>
<div id="container">
  <div id="header">
    <div id="logo_area">
      <div id="logo">Business Security</div>
      <div id="slogan">商务安全中心</div>
    </div>
    <div id="menu">
      <ul>
        <li><a href="#">首页</a></li>
        <li><a href="#">标准</a></li>
        <li><a href="#">服务</a></li>
        <li><a href="#">证书</a></li>
        <li><a href="#">新闻</a></li>
```

```
            <li><a href="#">关于</a></li>
          </ul>
        </div>
      </div>
      <div id="content_area">
        <div id="content_area_left">
          <div class="section_1">
            <div class="top">
              <h1>网购标准</h1>
            </div>
            <div class="middle">
              <div class="bottom">
                <p>（一）网络购物平台提供商、辅助服务提供商和网络购物交易方，可以利用互联网和信息技术订立合同并履行合同，……（此处省略文字）</p>
              </div>
            </div>
          </div>
          <div class="h_line"></div>
          <div class="section_2">
            <h1>新闻</h1>
            <div class="green">
              <h3>网购发票难求凸显维权短板</h3>
              <p>网购市场风生水起，低价、便捷已经成为&quot;名片箱&quot;。然而，网络的虚拟性却让网购行为的维权之路更加坎坷。<br />
              </p>
            </div>
            <div class="blue">
              <h3>精明网购抗通胀 六招让你省钱又省心<br />
              </h3>
              <p>网店也会经常举行各种促销活动，有可能相差几小时，……（此处省略文字）</p>
            </div>
          </div>
        </div>
        <div id="content_area_right">
          <div class="section_3">
            <h1>Welcome</h1>
            <span class="blue_title">商务安全中心</span>
            <p>目前，我国网民数量日益增多，网络购物已经逐渐发展……（此处省略文字）</p>
          </div>
          <div class="h_line"></div>
          <div class="section_4">
            <h1>服务</h1>
            <div class="two_col left"> <img src="images/img_1.jpg" alt="Fruid" />
              <h2>电子签名</h2>
              <p>2005 年的 4 月 1 日，国家颁布了《电子签名法》……（此处省略文字）</p>
            </div>
```

```
        <div class="two_col right"> <img src="images/img_2.jpg" alt="Free CSS Template" />
          <h2>对网络购物的反思</h2>
          <p>网络交易的诚信问题不仅为公众所担忧，其实作为卖方……（此处省略文字）</p>
        </div>
        <div class="cleaner"></div>
      </div>
      <div class="cleaner"></div>
    </div>
  </div>
</div>
<div class="cleaner"></div>
<div id="footer"> Copyright&copy; 2014  网络花店商务安全中心  </div>
</body>
</html>
```

⑥ 浏览网页。在浏览器中浏览已制作完成的页面，页面的显示效果如图 7-33 所示。

习题 7

1．综合使用链接和导航菜单技术制作如图 7-38 所示的页面。

图 7-38　题 1 图

2. 综合使用链接和导航菜单技术制作如图 7-39 所示的页面。

图 7-39　题 2 图

第 8 章　使用 JavaScript 制作网页特效

JavaScript 是一种基于对象和事件驱动并具有相对安全性的客户端脚本语言。同时也是一种广泛用于客户端 Web 开发的脚本语言，常用于给 HTML 网页添加动态功能。JavaScript 是制作网页的行为标准之一，在 Web 标准中，一般使用 HTML 设计网页的结构，使用 CSS 设计网页的表现，使用 JavaScript 制作网页的特效。

8.1　JavaScript 概述

Javascript 是一种由原 Netscape 公司（后被 AOL 公司收购）的 LiveScript 发展而来的客户端脚本语言，原 Netscape 公司最初将其脚本语言命名为 LiveScript，在原 Netscape 公司与原 Sun 公司（后被 Oracle 公司收购）合作之后将其改名为 JavaScript。JavaScript 最初是受 Java 启发而开始设计的，目的之一就是“看上去像 Java”，因此语法上有类似之处，一些名称和命名规范也来源于 Java。

JavaScript 具有非常丰富的特性，是一种动态、弱类型、基于原型的语言，内置支持类。JavaScript 可与 HTML、CSS 一起实现在一个 Web 页面中链接多个对象，与 Web 客户交互的作用，从而开发出客户端的应用程序。JavaScript 通过嵌入或调入到 HTML 文档中实现其功能，它弥补了 HTML 语言的不足，是 Java 与 HTML 折中的选择。JavaScript 的开发环境很简单，不需要 Java 编译器，而是直接运行在浏览器中，因而备受网页设计者的喜爱。

目前流行的多数浏览器都支持 JavaScript，如原 Netscape 公司的 Navigator 3.0 以上版本，Microsoft 公司的 Internet Explorer 3.0 以上版本。

作为一个运行于浏览器环境中的语言，JavaScript 被设计用于向 HTML 页面添加交互行为，利用它可以完成以下任务。

- 响应事件：页面加载完成或者单击某个 HTML 元素时，调用指定的 JavaScript 程序。
- 读写 HTML 元素：JavaScript 程序可以读取及改变当前 HTML 页面内某个元素的内容。
- 验证用户输入的数据：在数据被提交到服务器之前验证这些数据。
- 检测访问者的浏览器：根据所检测到的浏览器，为这个浏览器载入相应的页面。
- 创建 cookies：存储和取回位于访问者的计算机中的信息。

8.2　在网页中调用 JavaScript

8.2.1　直接加入 HTML 文档

JavaScript 的脚本程序包含在 HTML 中，使之成为 HTML 文档的一部分。其格式为：

```
<script language ="JavaScript">
  JavaScript 语言代码;
```

```
    JavaScript 语言代码;
      …
  </script>
```

语法说明：script 是脚本标记。它必须以<script type="text/javascript">开头，以<script>结束，界定程序开始的位置和结束的位置。属性 language ="JavaScript"指出使用的脚本语言是 JavaScript。

script 在页面中的位置决定了什么时候装载脚本，如果希望在其他所有内容之前装载脚本，就要确保脚本在页面的<head>…</head>之间。

JavaScript 脚本本身不能独立存在，它是依附于某个 HTML 页面，在浏览器端运行的。在编写 JavaScript 脚本时，可以像编辑 HTML 文档一样，在文本编辑器中输入脚本的代码。

【演示 8-2-1】在 HTML 文档中嵌入 JavaScript 的脚本，本例文件 8-2-1.html 在浏览器中的显示效果如图 8-1 和图 8-2 所示。

图 8-1　加载时的运行结果

图 8-2　单击“确定”按钮后的运行结果

8-2-1.html 的代码如下：

```
<html>
  <head>
    <title>JavaScript 示例</title>
    <script language="JavaScript">
      document.write("Hello，JavaScript！");
      alert("欢迎进入 JavaScript 世界！");
    </script>
  </head>
  <body>
    <h3 style="font:14pt;text-align:center"> JavaScript 网页特效</h3>
  </body>
</html>
```

【演示说明】

① document.write()是文档对象的输出函数，其功能是将括号中的字符或变量值输出到窗口。alert()是 JavaScript 的窗口对象方法，其功能是弹出一个对话框并显示其中的字符串。

② 如图 8-1 所示为浏览器加载时的显示结果，图 8-2 所示为单击自动弹出对话框中的“确定”按钮后的最终显示结果。从上面的例题中可以看出，在用浏览器加载 HTML 文件时，是从文件头向后解释并处理 HTML 文档的。

③ 在<script language ="JavaScript">…</script>中的程序代码有大、小写之分，例如将 document.write()写成 Document.write()，程序将无法正确执行。

8.2.2　引用脚本文件

如果已经存在一个脚本文件（以.js 为扩展名），则可以使用 script 标记的 src 属性引用外部脚本文件的 URL。采用引用脚本文件的方式，可以提高程序代码的利用率。其格式为：

```
<head>
  ...
  <script type="text/javascript" src="脚本文件名.js"></script>
  ...
</head>
```

type="text/javascript"属性定义文件的类型是 javascript。src 属性定义.js 文件的 URL。

如果使用 src 属性，则浏览器只使用外部文件中的脚本，并忽略任何位于<script>…</script>之间的脚本。脚本文件可以用任何文本编辑器（如记事本）打开并编辑，一般脚本文件的扩展名为.js，内容是脚本，不包含 HTML 标记。其格式为：

```
JavaScript 语言代码;        // 注释
  ...
JavaScript 语言代码;
```

例如，将演示 8-2-1 改为链接脚本文件，运行过程和结果与【演示 8-2-1】相同。

```
<html>
  <head>
    <title>JavaScript 示例</title>
    <script type="text/javascript" src="test.js">   </script>          <!-- URL 为 test.js -->
  </head>
  <body>
     <h3 style="font:14pt;text-align:center"> JavaScript 网页特效</h3>
  </body>
</html>
```

脚本文件 test.js 的内容为：

```
document.write("Hello，JavaScript！");
alert("欢迎进入 JavaScript 世界！");
```

8.2.3　在 HTML 标签内添加脚本

可以在 HTML 表单的输入标签内添加脚本，以响应输入的事件。

【例 8-2-2】在标签中添加 JavaScript 的脚本，本例文件 8-2-2.html 在浏览器中的显示效果如图 8-3 和图 8-4 所示。

图 8-3　初始显示

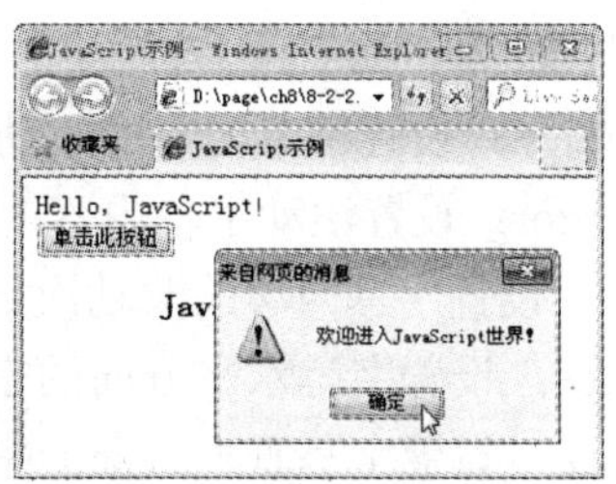

图 8-4　单击按钮后的运行结果

8-2-2.html 的代码如下：

```
<html>
  <head><title>JavaScript 示例</title></head>
  <body>
    Hello，JavaScript！
    <form>
      <input type="button" onClick="JavaScript:alert('欢迎进入 JavaScript 世界！');" value="单击此按钮">
    </form>
   <h3 style="font:14pt;text-align:center"> JavaScript 网页特效</h3>
  </body>
</html>
```

8.3 案例：循环滚动的图文字幕——制作网页特效

【案例展示】使用 JavaScript 制作花店鲜花循环滚动的图像字幕，滚动的图像支持超链接，并且鼠标指针移动到图像上时，画面静止；鼠标指针移出图像后，图像继续滚动，本例文件 8-3.html 在浏览器中的浏览效果如图 8-5 所示。

图 8-5 循环滚动的图像字幕

【学习目标】掌握使用 JavaScript 制作网页特效的常用方法。

【知识要点】字幕标签、脚本引用及参数设置。

在网页中添加一些适当的网页特效，使页面具有动态效果，丰富页面的观赏性与表现力，能吸引更多的浏览者访问页面。在网站的首页经常可以看到循环滚动的图文展示信息，来引起浏览者的注意，这种技术是通过滚动字幕技术实现的。

在网页中，制作滚动字幕使用的是<marquee>标签，其格式为：

```
<marquee direction="left|right|up|down" behavior="scroll|side|alternate" loop="i|-1|infinite"
hspace="m" vspace="n" scrollamount="i" scrolldelay="j" bgcolor="色彩"
width="x" height="y"> 流动文字或（和）图片 </marquee>
```

字幕属性的含义如下。

- direction：设置字幕内容的滚动方向。
- behavior：设置滚动字幕内容的运动方式。
- loop：设置字幕内容的滚动次数，默认值为无限。
- hspace：设置字幕水平方向的空白像素数。
- vspace：设置字幕垂直方向的空白像素数。
- scrollamount：设置字幕滚动的数量，单位是像素。

- scrolldelay：设置字幕滚动的延迟时间，单位是毫秒（ms）。
- bgcolor：设置字幕的背景颜色。
- width：设置字幕的宽度，单位是像素。
- height：设置字幕的高度，单位是像素。

【案例：循环滚动的图文字幕】的制作过程如下。

① 准备素材。在示例文件夹下创建图像文件夹 images，用于存放图像素材。将本页面需要使用的图像素材存放在文件夹 images 下，本实例中使用的图片素材大小均为 92px×130px。

② 网页结构文件。在当前文件夹中，用记事本新建一个名为 8-3.html 的网页文件，代码如下：

```
<html>
<head>
<title>循环展示的鲜花</title>
</head>
<body>
<table width="450" border="0" align="center">
<tr>
  <td>
  <div id=demo style="overflow: hidden; width: 450px; color: #ffffff; height: 180px">
    <table cellPadding=0 width=100% align=left border=0 cellspace=0>
    <tbody>
    <tr>
<!--------------------demo1--------------------->
    <td id=demo1 vAlign=top>
      <table cellSpacing=1 cellPadding=1>
      <tbody>
      <tr vAlign=top>
      <td vAlign=top noWrap>
        <div align=right>
          <table cellSpacing=0 cellPadding=0 align=center border=0>
            <tbody>
            <tr>
            <td align=middle>
            <table cellSpacing=0 cellPadding=0 width=120 align=center border=0>
            <tbody>
            <tr>
            <td align=middle height=130>
            <a href="#" target=_blank>
            <img width=92 height=130 src="images/01.jpg" border=0>
            </a></td></tr>
            <tr>
            <td class=nav1 align=middle height=20>
            <a class=apm2 href="#" target=_blank>红玫瑰
            </a></td></tr></tbody></table></td>
            <td align=middle>
```

```
<table cellSpacing=0 cellPadding=0 width=120 align=center border=0>
<tbody>
<tr>
<td align=middle height=130>
<a href="#" target=_blank>
<img width=92 height=130 src="images/02.jpg" border=0>
</a></td></tr>
<tr>
<td class=nav1 align=middle height=20>
<a class=apm2 href="#" target=_blank>香水百合
</a></td></tr></tbody></table></td>
<td align=middle>
<table cellspacing=0 cellpadding=0 width=120 align=center border=0>
<tbody>
<tr>
<td align=middle height=130>
<a href="#" target=_blank>
<img width=92 height=130 src="images/03.jpg" border=0>
</a></td></tr>
<tr>
<td class=nav1 align=middle height=20>
<a class=apm2 href="#" target=_blank>康乃馨
</a></td></tr></tbody></table></td>
<td align=middle>
<table cellspacing=0 cellpadding=0 width=120 align=center border=0>
<tbody>
<tr>
<td align=middle height=130>
<a href="#" target=_blank>
<img width=92 height=130 src="images/04.jpg" border=0>
</a></td></tr>
<tr>
<td class=nav1 align=middle height=20>
<a class=apm2 href="#" target=_blank>红玫瑰
</a></td></tr></tbody></table></td>
<td align=middle>
<table cellspacing=0 cellpadding=0 width=120 align=center border=0>
<tbody>
<tr>
<td align=middle height=130>
<a href="#" target=_blank>
<img width=92 height=130 src="images/05.jpg" border=0>
</a></td></tr>
<tr>
<td class=nav1 align=middle height=20>
<a class=apm2 href="#" target=_blank>粉玫瑰
```

```
                    </a></td></tr></tbody></table></td>
                    <td align=middle>
                    <table cellspacing=0 cellpadding=0 width=120 align=center border=0>
                    <tbody>
                    <tr>
                    <td align=middle height=130>
                    <a href="#" target=_blank>
                    <img width=92 height=130 src="images/06.jpg" border=0>
                    </a></td></tr>
                    <tr>
                    <td class=nav1 align=middle height=20>
                    <a class=apm2 href="#" target=_blank>康乃馨
                    </a></td></tr></tbody></table></td>
                    </tr></tbody></table></div></td></tr></tbody></table></td>
<!-------------------demo2--------------------->
                    <td id=demo2 width="0">
                    </td>
                </tr></tbody></table>
            </div>
<!--------------------demo end------------------>
<script>
  var dir=1                        //每步移动像素，该值越大，字幕滚动越快
  var speed=20                     //循环周期（毫秒），该值越大，字幕滚动越慢
  demo2.innerHTML=demo1.innerHTML
  function Marquee(){              //正常移动
    if (dir>0   && (demo2.offsetWidth-demo.scrollLeft)<=0) demo.scrollLeft=0
    if (dir<0 && (demo.scrollLeft<=0)) demo.scrollLeft=demo2.offsetWidth
      demo.scrollLeft+=dir
      demo.onmouseover=function() {clearInterval(MyMar)}                  //暂停移动
      demo.onmouseout=function() {MyMar=setInterval(Marquee,speed)}       //继续移动
  }
  var MyMar=setInterval(Marquee,speed)
</script>
</td>
</tr>
</table>
</body>
</html>
```

③ 浏览网页。在浏览器中浏览已制作完成的页面，页面的显示效果如图 8-5 所示。

【案例说明】制作循环滚动字幕的关键在于字幕参数的设置，要求如下。

① 滚动字幕代码的第 1 行定义的是字幕 Div 容器，其宽度决定了字幕中能够同时显示的最多图片个数。例如，本例中每张图片的宽度为 92px，设置字幕 Div 的宽度为 450px。这样，在字幕 Div 中最多能显示 4 个完整的图片。字幕所在表格的宽度应当等于字幕 Div 的宽度。例如，设置表格的宽度为 450px，恰好等于字幕 Div 的宽度。

② 字幕 Div 的高度应当大于图片的高度，这是因为在图片下方定义的还有超链接文字，

而文字本身也会占用一定的高度。例如，本例中每个图片的高度为 130px，设置字幕 Div 的高度为 160px，这样既可以显示出图片，也可以显示出链接文字。

8.4　案例：网站后台管理菜单——制作二级纵向列表导航菜单

【案例展示】在前面的章节中已经讲解了纵向列表模式的导航菜单，本例将讲解使用 CSS 样式结合 JavaScript 脚本制作二级纵向列表模式的导航菜单，本例文件 8-4.html 在浏览器中的浏览效果如图 8-6 所示。

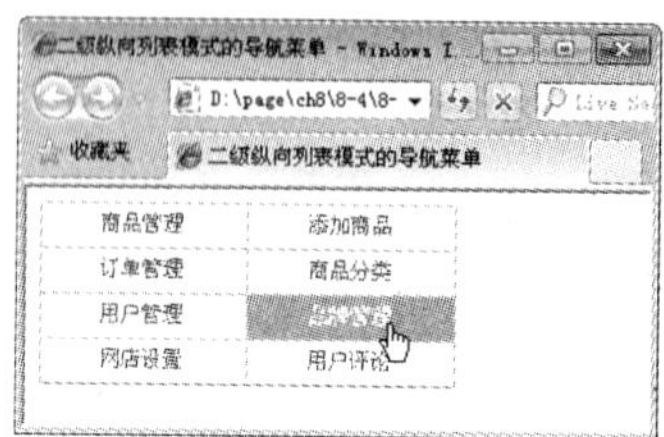

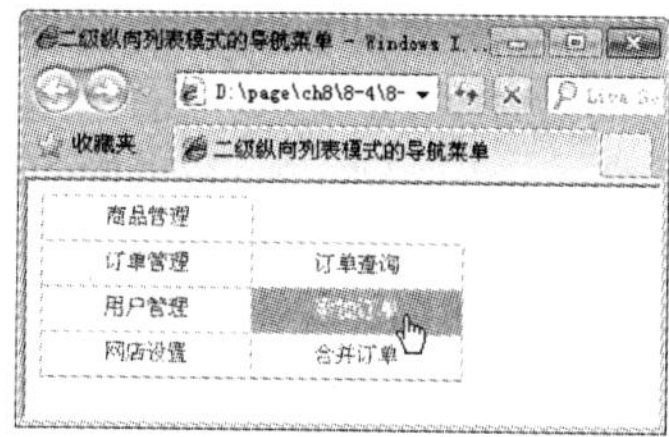

图 8-6　二级纵向列表模式的导航菜单

【案例：网站后台管理菜单】的制作过程如下。

① 网页结构文件。在当前文件夹中，用记事本新建一个名为 8-4.html 的网页文件。

在页面中建立一个包含二级导航菜单选项的嵌套无序列表。其中，一级导航菜单包含 4 个菜单项，二级导航菜单包含用于实现导航的文字链接。

8-4.html 的代码如下：

```
<body>
<ul id="nav">
  <li><a href="#">商品管理</a>
    <ul>
      <li><a href="#">添加商品</a></li>
      <li><a href="#">商品分类</a></li>
      <li><a href="#">品牌管理</a></li>
      <li><a href="#">用户评论</a></li>
    </ul>
  </li>
  <li><a href="#">订单管理</a>
    <ul>
      <li><a href="#">订单查询</a></li>
      <li><a href="#">添加订单</a></li>
      <li><a href="#">合并订单</a></li>
    </ul>
  </li>
  <li><a href="#">促销管理</a>
    <ul>
      <li><a href="#">添加用户</a></li>
      <li><a href="#">删除用户</a></li>
```

```
            <li><a href="#">修改权限</a></li>
        </ul>
    </li>
    <li><a href="#">网店设置</a></li>
</ul>
</body>
```

在没有 CSS 样式的情况下，菜单的初始效果如图 8-7 所示。

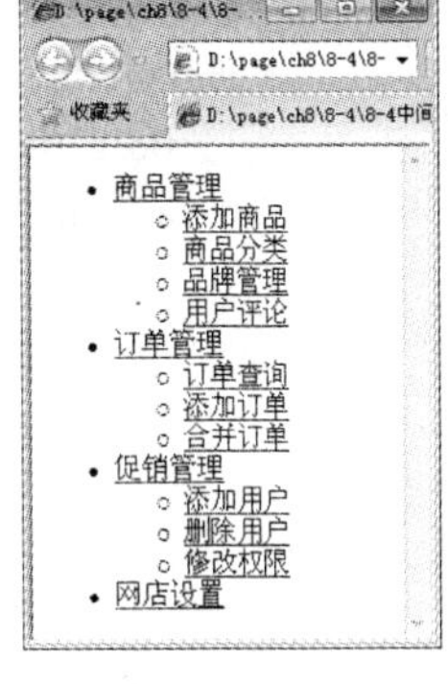

图 8-7　菜单的初始效果

② 设置菜单的内部样式。

在设计网页菜单时，一般二级导航是被隐藏的，只有当鼠标经过一级导航时才会触发二级导航的显示，而当鼠标移开后，二级导航又自动隐藏。在这个设计思路的基础上，接着设置菜单的宽度、字体，以及列表和列表选项的类型和边框样式。

代码如下：

```
ul {
    margin:0;                       /*外边距为 0px*/
    padding:0;                      /*内边距为 0px*/
    list-style:none;                /*列表无项目符号*/
    width:120px;
    border-bottom:1px solid   #999;
    font-size:12px;
    text-align:center;              /*文字居中对齐*/
}
ul li {
    position:relative;              /*相对定位*/
}
li ul {
    position:absolute;              /*绝对定位*/
    left:119px;
    top:0;
    display:none;
}
ul li a {
    width:108px;
    display:block;                  /*块级元素*/
    text-decoration:none;           /*无修饰*/
    color:#666666;
    background:#fff;
    padding:5px;
    border:1px solid #ccc;
    border-bottom:0px;
}
ul li a:hover {
    background-color:#f8a734;
    color:#fff;
```

```
}
/*解决 ul 在 IE 6 下显示不正确的问题*/
* html ul li {
        float:left;
        height:1%;
}
* html ul li a {
        height:1%;
}
/* end */
li:hover ul, li.over ul {
        display:block;
}
```

需要说明的是，CSS 代码中的:hover 属于伪类，而 IE 浏览器只支持<a>标签的伪类，不支持其他标签的伪类。为此在 CSS 中定义了一个鼠标经过一级导航时的类.over，并将其属性也设置为“display:block;”。除此之外，如果想在 IE 浏览器中也能正确显示，还需要借助 JavaScript 脚本来实现。

③ 添加实现二级导航菜单的 JavaScript 脚本。

在页面的<head>…</head>之间添加实现二级导航菜单的 JavaScript 脚本。代码中需要指定鼠标经过一级导航时的类名 over，代码如下：

```
<script type="text/javascript">
startList = function() {
 if (document.all&&document.getElementById) {
  navRoot = document.getElementById("nav");        //获取页面元素无序列表 nav
  for (i=0; i<navRoot.childNodes.length; i++) {
   node = navRoot.childNodes[i];
   if (node.nodeName=="LI") {
    node.onmouseover=function() {
     this.className+=" over";                      //指定鼠标经过一级导航时的类名 over
    }
    node.onmouseout=function() {
     this.className=this.className.replace(" over", "");
    }
   }
  }
 }
}
window.onload=startList;                           //页面加载时调用函数
</script>
```

④ 浏览网页。在浏览器中浏览已制作完成的页面，页面的显示效果如图 8-6 所示。

【案例说明】

① 在设置菜单的内部样式代码中，将列表<li>标签定义为 ul li {position:relative;}相对定

位方式，目的在于将其作为子级定位的对象，而不会导致最终在绝对定位时，二级导航菜单会出现错位现象。

② 将列表<li>标签内部的无序列表设置为绝对定位，相对于父级元素距左侧 119px，距顶部 0px，并且隐藏不可见。代码如下：

```
li ul {
    position:absolute;
    left:119px;
    top:0;
    display:none;
}
```

这里设置绝对定位距左侧 119px，而不是<ul>标签最初定义的 120px，少了 1px 的距离是因为绝对定位的二级导航感应区的位置需要能被鼠标所触及到，如果设置不当就会造成鼠标还未到达二级导航的位置时，二级导航就又被隐藏了。

③ 代码中的 li:hover ul, li.over ul {display:block;}表示当鼠标经过时，ul 的样式为 display:block，即鼠标经过时显示相应的二级导航。

8.5 实训：制作 Flash 幻灯片广告

在网站的首页中经常能够看到幻灯片切换的广告，既美化了页面的外观，又可以节省版面的空间。本节主要练习如何使用 JavaScript 脚本制作 Flash 幻灯片广告。

【实训展示】制作 Flash 幻灯片广告，每隔一段时间，广告自动切换到下一幅画面；用户单击广告下方的数字，将直接切换到相应的画面；用户单击链接文字，可以打开相应的网页（读者可以根据需要自己设置链接的页面，这里不再制作该链接功能），本例文件 8-5.html 在浏览器中的浏览效果如图 8-8 所示。

图 8-8　Flash 幻灯片广告

【实训目标】掌握使用 JavaScript 制作网页特效的常用方法。

【知识要点】脚本引用、幻灯片播放器的添加及参数设置。

制作过程如下：

① 准备素材。在示例文件夹下创建图像文件夹 images，用于存放图像素材。将本页面需要使用的图像素材存放在文件夹 images 下，本实例中使用的图片素材大小均为 410px×200px。

幻灯片切换广告的特效需要使用特定的 Flash 幻灯片播放器，本例中使用的幻灯片播放器名为 playswf.swf，将其复制到示例文件夹的根目录中。

② 网页结构文件。在当前文件夹中，用记事本新建一个名为 8-5.html 的网页文件，代码如下：

```
<!doctype html>
<html>
<head>
<title> Flash 幻灯片广告</title>
</head>
<body>
<div style="width:410px;height:220px;border:1px solid #000">
<script type=text/javascript>
<!--
  imgUrl1="images/01.jpg";
  imgtext1="曲院幽荷";
  imgLink1=escape("#");
  imgUrl2="images/02.jpg";
  imgtext2="杨柳垂堤";
  imgLink2=escape("#");
  imgUrl3="images/03.jpg";
  imgtext3="夕阳断桥";
  imgLink3=escape("#");
  imgUrl4="images/04.jpg";
  imgtext4="翠绿竹林";
  imgLink4=escape("#");
  var focus_width=410                    //图片的宽度
  var focus_height=200                   //图片的高度
  var text_height=20                     //文字的高度
  var swf_height = focus_height+text_height          //播放器的高度=图片的高度+文字的高度
  var pics = imgUrl1+"|"+imgUrl2+"|"+imgUrl3+"|"+imgUrl4
  var links = imgLink1+"|"+imgLink2+"|"+imgLink3+"|"+imgLink4
  var texts = imgtext1+"|"+imgtext2+"|"+imgtext3+"|"+imgtext4
  document.write('<object ID="focus_flash" classid="clsid:d27cdb6e-ae6d-11cf-96b8-44553540000"
codebase="http://fpdownload.macromedia.com/pub/shockwave/cabs/flash/swflash.cab#version=6,0,0,0"
width="'+ focus_width +'" height="'+ swf_height +'">');
  document.write('<param name="allowScriptAccess" value="sameDomain"><param name="movie"
value="playswf.swf"><param name="quality" value="high"><param name="bgcolor" value="#fff">');
  document.write('<param name="menu" value="false"><param name=wmode value="opaque">');
  document.write('<param name="FlashVars" value="pics='+pics+'&links='+links+'&texts='+
texts+'&borderwidth='+focus_width+'&borderheight='+focus_height+'&textheight='+text_height+'">');
  document.write('<embed ID="focus_flash" src="playswf.swf" wmode="opaque"
FlashVars="pics='+pics+'&links='+links+'&texts='+texts+'&borderwidth='+focus_width+'&borderheight='+foc
us_height+'&textheight='+text_height+'" menu="false" bgcolor="#c5c5c5" quality="high"
width="'+ focus_width+'" height="'+ swf_height +'" allowScriptAccess="sameDomain"
type="application/x-shockwave-flash" pluginspage="http://www.macromedia.com/go/getflashplayer" />');
  document.write('</object>');
-->
</script>
</div>
```

```
</body>
</html>
```

③ 浏览网页。在浏览器中浏览已制作完成的页面，页面的显示效果如图 8-8 所示。

【实训说明】制作幻灯片切换效果的关键在于播放器参数的设置及合适的图像素材，要求如下。

① 播放器参数中的 focus_width 设置为图片的宽度（410px），focus_height 设置为图片的高度（200px），text_height 设置为文字的高度（20px），pics 用于定义图片的来源，links 用于定义超链接文字的链接地址，texts 用于定义超链接文字的内容。

② 幻灯片所在 Div 容器的宽度应当等于图片的宽度，Div 容器的高度应当等于图片的高度+文字的高度。例如，设置 Div 容器的宽度为 410px，恰好等于图片的宽度；设置 Div 容器的高度为 220px，恰好等于图片的高度（200px）+文字的高度（20px）。

习题 8

1．制作一个循环切换画面的广告网页。每隔一段时间，广告自动切换到下一幅画面；用户单击广告右边的小图，将直接切换到相应的画面，效果如图 8-9 所示。

图 8-9　题 1 图

2．在网页中显示一个工作中的数字时钟，如图 8-10 所示。

3．制作一个禁止使用鼠标右键操作的网页。当浏览者在网页上单击鼠标右键时，自动弹出一个警告对话框，禁止用户使用右键快捷菜单，实例效果如图 8-11 所示。

图 8-10　题 2 图

图 8-11　题 3 图

4．在网页中插入 JavaScript 脚本实现滚动字幕的特效，如图 8-12 所示。

图 8-12　题 4 图

5．文字循环向上滚动，当光标移动到文字上时，文字停止滚动；光标移开则继续滚动，如图 8-13 所示。

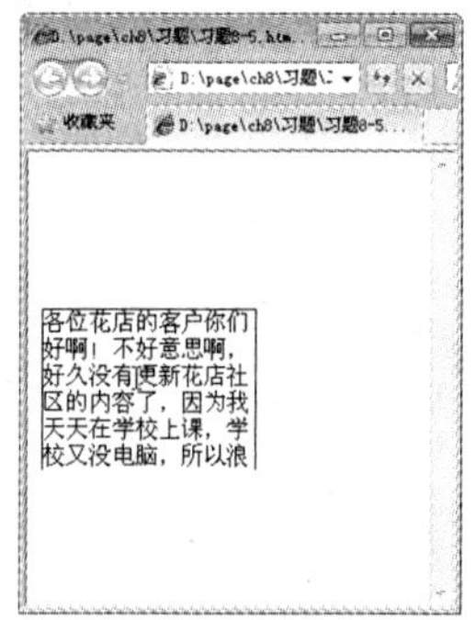

图 8-13　题 5 图

第 9 章　网络花店前台页面

网上购物商城就是指提供网上购物的平台，这种平台主要是指网上购物网站。消费者在网上寻找自己想要的商品，然后进行网上购买与支付。本章主要运用前面章节讲解的各种网页制作技术介绍如何制作一个电子商务网站，从而进一步巩固网页设计与制作的基础知识。

9.1　网站的开发流程

为了加快网站建设的速度和减少失误，应该采用一定的开发流程来策划、设计、制作和发布网站。好的开发流程能帮助设计者解决策划网站的繁琐性，减小项目失败的风险。典型的网站开发流程包括以下几个阶段。

① 需求分析：包括建站目的及目标定位分析。

② 站点规划：包括结构规划、内容规划、界面规划及网站功能设置。

③ 网站制作：包括设置网站的开发环境、创建内容资源、页面设计和布局等。

④ 测试发布：测试页面的链接及网站的兼容性，并将站点发布到服务器上。

9.1.1　需求分析

1．建站目的

建立网站的目的要么是增加利润，要么是传播信息或观点。显然，创建网络花店网站的目的是第 1 种：增加利润。随着网上交易安全性方面的逐渐完善，网上购物已逐渐成为人们消费的时尚。同时，通过网上在线销售，可以扩展企业的销售渠道，提高公司的知名度，降低企业的销售成本，网络花店正是在这样的业务背景下建立的。

2．目标定位

提出目标定位是非常简单的事情，更重要的是如何实现目标。在很多 Web 网站项目中，有包容一切的倾向。实际上一个网站不可能满足所有人的需求，对设计者来说，网站一定要有特定的用户和特定的任务。

不同年龄、爱好的浏览者，对站点的要求是不同的。所以最初的规划阶段，确定目标用户是一个至关重要的步骤。网络花店网站主要针对网上购买鲜花的消费者，年龄一般以 18～55 岁为主。针对这个年龄阶段的特点，网站提供的功能和服务需符合现代、时尚和便捷的特点。设计网站风格时也需考虑时尚、明快的设计样式，包括整个网站的色彩、Logo 和图片设计等。

9.1.2　站点规划

在站点的规划中，最重要的就是“构思”，良好的创意往往比实际的技术更为重要，因为它直接决定了站点的质量和未来的访问量。

1．网站结构规划

（1）网站结构图

在设计网站之前，需先画出网站结构图，其中包括网站栏目、结构层次、连接内容。首页中的各功能按钮、内容要点、友情链接等都要体现出来，一定要切题，并突出重点，同时在首页上应把大段的文字换成标题性的、吸引人的文字，将单项内容交给分支页面去表达，这样才显得页面精炼。

（2）使用合理的文件夹保存文档

若要有效地规划和组织站点，除了规划站点的外观外，就是规划站点的基本结构和文件的位置。一般来说，使用文件夹可以清晰明了地表现文档的结构，所以应该用文件夹来合理构建文档结构。首先为站点建立一个根文件夹（根目录），在其中创建多个子文件夹，然后将文档分门别类存储到相应的文件夹下，如果必要，还可创建多级子文件夹，这样可以避免很多不必要的麻烦。设计合理的站点结构，能够提高工作效率，方便对站点的管理。

文档中不仅有文字，还包含其他任何类型的对象，如图像、声音等，这些文档资源不能直接存储在 HTML 文档中，所以更需要注意它们的存放位置。例如，可以在 images 文件夹中放置网页中所用到的各种素材，在 product 文件夹中放置商品方面的素材。

（3）使用合理的文件名称

当网站的规模变得很大的时候，使用合理的文件名就显得十分必要，文件名应该容易理解且便于记忆，让人看文件名就能知道网页表述的内容。

虽然使用中文的文件名对中国人来说显得很方便，但在实际的网页设计过程中应避免使用中文，因为很多 Web 服务器使用的是英文操作系统，不能对中文文件名提供很好的支持，另外，很多 Web 服务器采用不同的操作系统，有可能区分文件名大小写。所以在构建站点时，全部要使用小写的英文字母作为文件名。

2. 网站内容规划

网站内容分为重点内容、主要内容和辅助性内容，这些内容在网站中具有各自的体现形式。内容划分好以后，还需要把每个内容包装成栏目。网上购物商城系统包括的栏目很多，除了购物网站之外，还涉及商品管理、客户管理、订单管理、支付管理、物流管理等诸多方面。

3. 网站界面规划

结合网站的主题进行界面规划，如网站色彩包括主色、辅色和突出色，版式设计包括全局、导航、核心区、内容区、广告区、版权区及板块设计等。

4. 网站的功能设置

花店前台页面的主要功能包括：花店首页展示各种类型的鲜花，帮助客户搜索到欲购买的商品，展示商品的详细信息，会员的注册与登录，花店的购物流程和指南，购买商品的购物车，客户确认订单并填写送货地址，选择支付方式和物流方式等。

花店后台页面的主要功能包括：商品管理，订单管理，促销管理，广告管理，文章管理，会员管理和系统设置等。

由于篇幅所限，本书只讲解花店前台的首页、商品页、商品详细信息页、查看购物车页和花店后台的登录页、商品查询页、商品添加页和商品修改页。

- 首页（index.html）：显示网站的 Logo、导航、分类、特别推荐、花店简介、新品上架、购物车链接、会员登录、最新消息和友情链接等信息。
- 商品页（product.html）：显示商品展示列表页面。
- 商品详细信息页（productdetail.html）：消费者查看商品细节时显示的页面。

- 查看购物车页（cart.html）：查看添加到购物车中的商品信息及金额。
- 登录页（login.html）：使用账号登录花店后台管理程序的页面。
- 商品查询页（search.html）：在花店后台管理页面中查询需要管理的商品。
- 商品添加页（add.html）：在花店后台管理页面中添加新的商品。
- 商品修改页（update.html）：在花店后台管理页面中修改已有的商品。

9.1.3 网站制作

完整的网站制作包括以下两个过程。

1．前台页面制作

前台页面制作包括内容采集整理、图片的处理、背景设置、页面排版及样式设计等。

2．后台程序开发

后台程序开发包括网站数据库设计、网站和数据库的连接、动态网页编程等。本书主要讲解前台页面的制作，关于后台程序开发的相关知识读者可以在动态网站设计的课程中学习。

9.1.4 测试发布

在把站点发布到服务器之前，对网页内容和网站整体性能进行有效测试是十分必要的。

1．测试站点

网站测试与传统的软件测试不同，它不但需要检查是否按照设计的要求运行，而且还要测试系统在不同用户端的显示是否合适，最重要的是从最终用户的角度进行安全性和可用性测试。测试网页主要从以下 3 个方面着手。

- 页面的效果是否美观。
- 页面中的链接是否正确。
- 页面的浏览器兼容性是否良好。

2．发布站点

当完成了网站的设计、调试、测试和网页制作等工作后，需要把设计好的站点上传到服务器来完成整个网站的发布。Dreamweaver 内置了强大的 FTP 功能，可以帮助用户实现对站点文档的上传。

9.2 使用 Dreamweaver 创建站点

熟悉了网站的开发流程后，就可以开始制作首页了。制作首页前，用户还需要利用 Dreamweaver 创建站点，搭建整个网站的大致结构。

9.2.1 Dreamweaver 基本工作界面

在实际的网站开发中，设计人员常用 Dreamweaver 工具辅助开发。该软件提供代码智能提示、视图预览、项目管理、站点管理等强大功能。下面以网络花店为例，讲解如何在 Dreamweaver 中创建网站，采用的版本是目前比较流行的 Dreamweaver CS3，其主工作区由插入工具栏、文档工具栏、文档窗口、属性面板等部分组成，如图 9-1 所示。

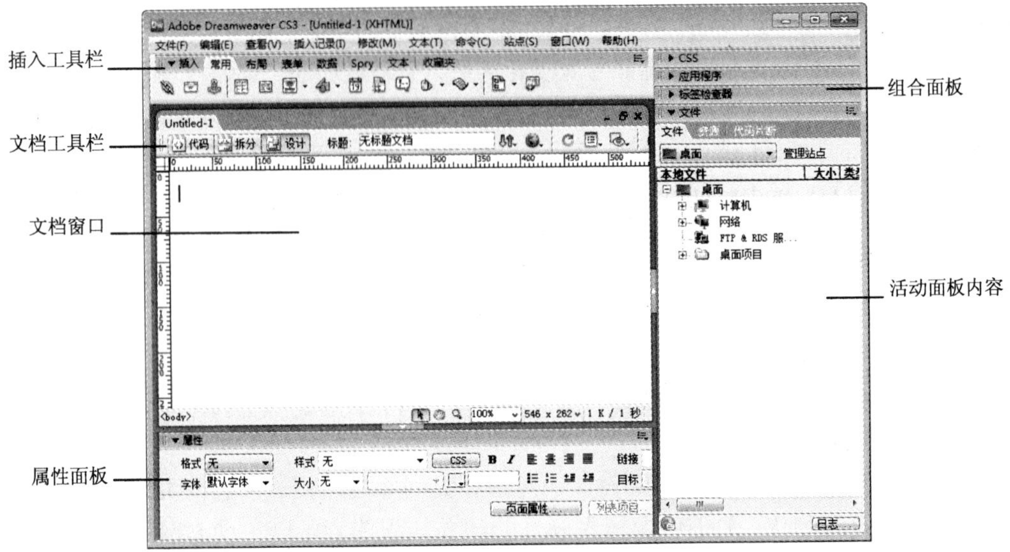

图 9-1　Dreamweaver 主界面

9.2.2　创建站点与目录结构

1. 创建站点

操作步骤如下。

① 打开“管理站点”对话框。在主菜单中选择“站点”→“管理站点”命令，打开“管理站点”对话框。单击“新建”按钮，选择“站点”项，如图 9-2 所示。

② 定义站点名称。在弹出的站点定义对话框中选择“高级”选项卡。在“站点名称”文本框中输入站点名称，如输入“网络花店”，如图 9-3 所示。该站点名称只是在 Dreamweaver 中的一个站点标识，因此也可以使用中文名称。

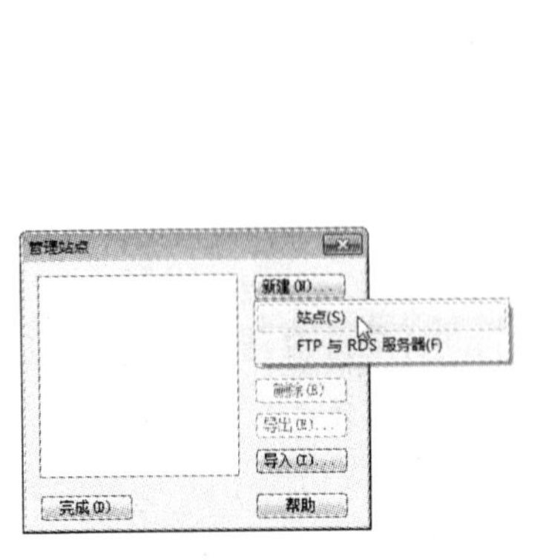

图 9-2　新建站点

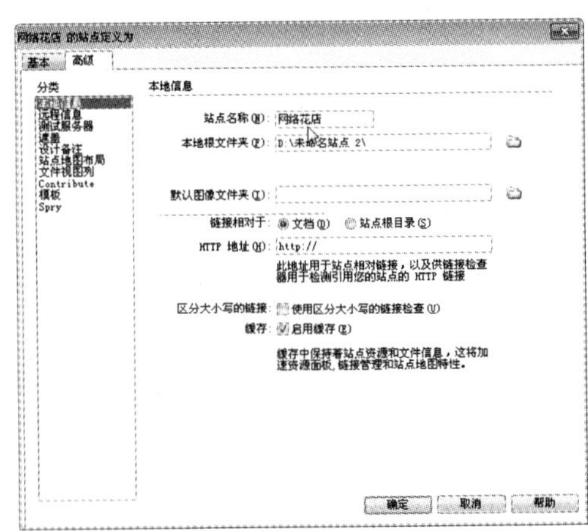

图 9-3　站点定义对话框

③ 定义站点使用的本地根文件夹。单击“本地根文件夹”文本框旁边的“浏览”按钮，在打开的选择站点的本地根文件夹对话框中，定位到事先建立的站点文件夹中，如图 9-4 所

示。打开并选定 web 文件夹后，站点定义对话框中相应文本框的内容将自动更新。

④ 以上操作完成后即完成了站点的定义，单击“确定”按钮，返回“管理站点”对话框。单击“完成”按钮，此时站点面板中出现新建的站点窗口，如图 9-5 所示。

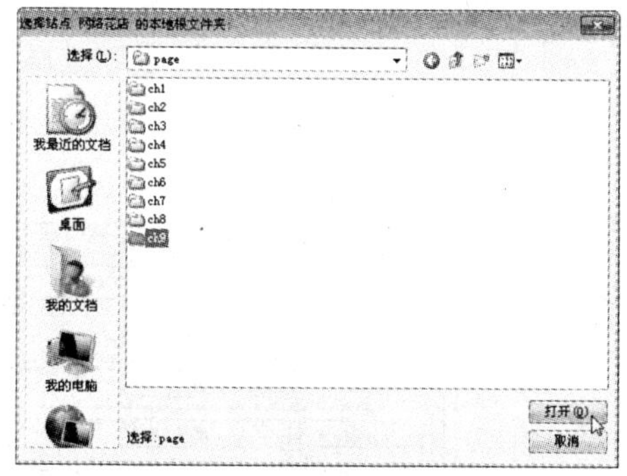

图 9-4　选择站点的本地根文件夹

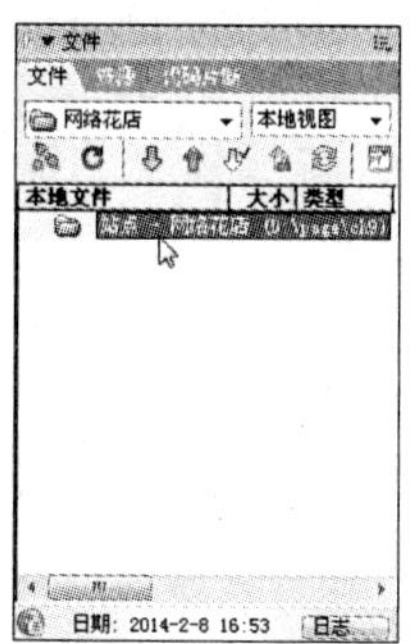

图 9-5　站点结构

2. 创建目录结构

在制作各网页前，用户需要确定整个网站的目录结构。对于中小型网站，一般会创建如下通用的目录结构。

- images 目录：存放网站的所有图片。
- css 目录：存放网站的 CSS 样式文件，实现内容和样式的分离。
- js 目录：存放 JavaScript 脚本文件。
- admin 目录：存放网站后台管理程序。

对于网站下的各网页文件，例如，index.html 等一般存放在网站根目录下。需要注意的是，网站的目录、网页文件名及网页素材文件名一般都为小写，并采用代表一定含义的英文命名。

打开“文件”面板，用鼠标右键单击“站点—网络花店”，在弹出的菜单中选择“新建文件夹”命令，如图 9-6 所示，依次添加相应的目录，完成后站点的目录结构如图 9-7 所示。

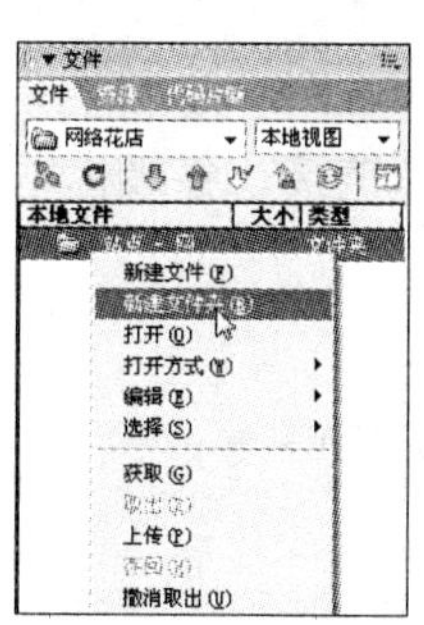

图 9-6　新建文件夹

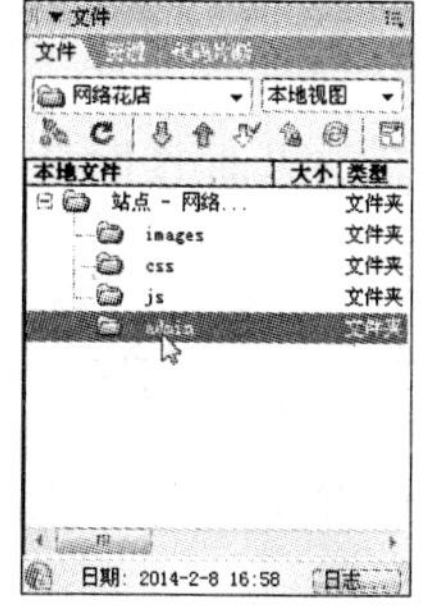

图 9-7　站点的目录结构

9.3　案例：制作网络花店首页

【案例展示】制作网络花店首页，本例文件 index.html 在浏览器中的浏览效果如图 9-8 所示，页面布局示意图如图 9-9 所示。

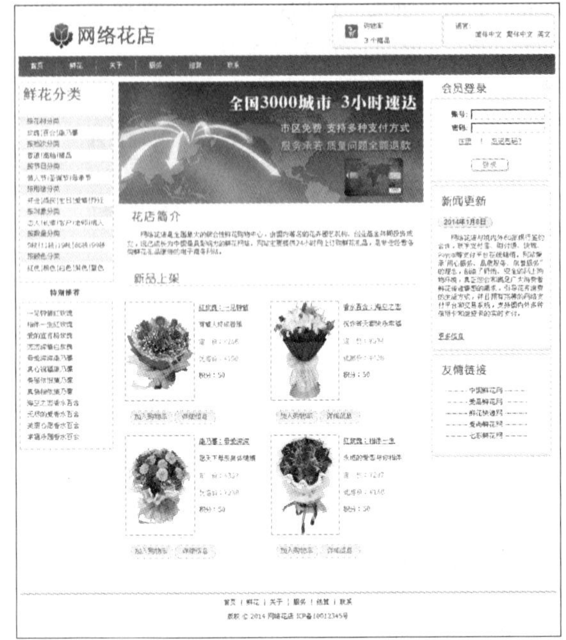

图 9-8　花店首页的效果

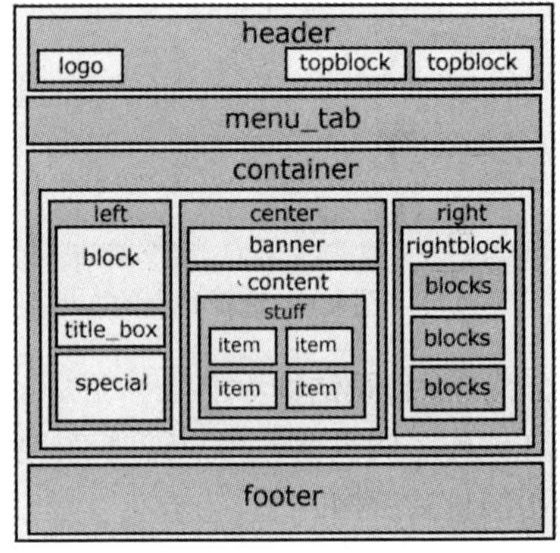

图 9-9　首页的布局示意图

【学习目标】掌握使用 Div+CSS 综合布局页面的技术。

【知识要点】文字基本排版、超链接、图像、表单、列表、导航菜单及页面布局。

【案例：制作网络花店首页】制作过程如下。

① 页面布局规划。花店首页包括网站的 Logo、导航、分类、特别推荐、花店简介、新品上架、购物车链接、会员登录、最新消息和友情链接等信息，是一个典型的三列布局页面。

② 外部样式表。在文件夹 css 下新建一个名为 style.css 的样式表文件，样式表中各区域的样式设计如下。

a．页面整体的样式

页面全局规则包括页面的 body、普通段落、图像、超链接、各级标题、浮动及清除浮动的 CSS 定义，代码如下：

```
/*---------页面全局样式---------*/
*{                              /*表示针对 HTML 的所有元素*/
    padding:0px;                /*内边距为 0px*/
    margin:0px;                 /*外边距为 0px*/
}
p {                             /*段落样式*/
    margin: 0 0 10px 0;         /*上、右、下、左的外边距依次为 0px,0px,10px,0px*/
    padding: 0;
}
img {                           /*设置图片样式*/
    border: none;               /*图片无边框*/
}
```

```
a, a:link, a:visited {              /*设置超链接及访问过链接的样式*/
        font-weight: normal;        /*字体正常粗细*/
        text-decoration: none       /*链接无修饰*/
}
a:hover {                           /*设置鼠标悬停链接的样式*/
        text-decoration: underline; /*加下画线*/
}
h1 {                                /*设置 h1 标题的样式*/
        font-size: 26px;
        margin: 0 0 15px 5px;
        padding: 5px 0
}
h3 {                                /*设置 h3 标题的样式*/
        font-size: 20px;
        margin: 5px 0 20px;
        padding: 0;
}
h4 {                                /*设置 h4 标题的样式*/
        font-size: 16px;
        margin: 0 0 15px;
        padding: 0;
}
.cleaner {
        clear: both                 /*清除所有浮动*/
}
.h10 {
        height: 10px                /*清除浮动后保留的空白区域的高度为 10px*/
}
.h20 {
        height: 20px                /*清除浮动后保留的空白区域的高度为 20px*/
}
.h50 {
        height: 50px                /*清除浮动后保留的空白区域的高度为 50px*/
}
.float_l {
        float: left                 /*向左浮动*/
}
.float_r {
        float: right                /*向右浮动*/
}
body{                               /*设置页面的整体样式*/
        width:985px;
        margin:0 auto;              /*页面自动居中对齐*/
        font-family:Tahoma;
        font-size:12px;             /*设置文字大小为 12px*/
        color:#565656;              /*设置默认文字颜色为灰色*/
```

```
        position:relative                /*相对定位*/
    }
```

b．页面顶部的制作

页面顶部的内容被放置在名为 header 的 Div 容器中，主要用于显示网站 Logo、购物车统计信息及语言选择链接，如图 9-10 所示。

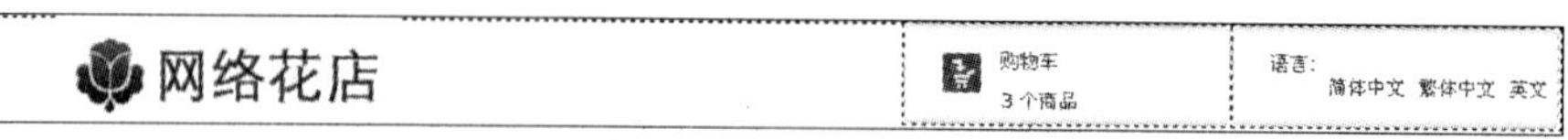

图 9-10 页面顶部的布局效果

页面顶部的 CSS 代码如下：

```
/*---------页面顶部区域---------*/
#header{                          /*设置页面的顶部样式*/
    padding:17px 0 0 47px;        /*上、右、下、左的内边距依次为 17px,0px,0px,47px*/
}
.float{                           /*设置 Logo 图片的浮动方式及右外边距*/
    float:left;                   /*向左浮动*/
    margin-right:164px;           /*右外边距为 164px*/
}
.topblock{                        /*设置购物车区块和语言区块的样式*/
    background-image:url(../images/blockbg.gif);  /*背景图片*/
    background-position:top left;                 /*背景图片顶端左对齐*/
    background-repeat:no-repeat;                  /*背景图片无重复*/
    width:179px;
    height:46px;
    padding:15px 1px 0 24px;      /*上、右、下、左的内边距依次为 15px,1px,0px,24px*/
    float:right;                  /*向右浮动*/
    font-family:Tahoma;
    color:#5b5b5b;                /*设置文字颜色为灰色*/
    font-weight:normal            /*文字正常粗细*/
}
.topblock p{                      /*设置购物车区块和语言区块段落的样式*/
    line-height:15px;             /*段落行高为 15px*/
}
.topblock span{                   /*设置购物车区块和语言区块局部范围文字的样式*/
    font-weight:normal;           /*文字正常粗细*/
}
.topblock strong{                 /*设置购物车中商品数量突出显示文字的样式*/
    color:#0283dd                 /*设置文字颜色为青色*/
}
.topblock a{                      /*设置购物车区块和语言区块超链接的样式*/
    margin:5px 4px 0 0;           /*上、右、下、左的外边距依次为 5px,4px,0px,0px*/
    color:#5b5b5b;                /*设置文字颜色为灰色*/
    text-decoration:none          /*链接无修饰*/
}
```

```
.topblock a:hover{                  /*设置购物车区块和语言区块悬停链接的样式*/
      color:#0283dd;                /*设置文字颜色为青色*/
      text-decoration:underline     /*加下画线*/
}
.shopping{                          /*设置购物车图标的样式*/
      float:left;                   /*向左浮动*/
      padding:3px 12px 0 0          /*上、右、下、左的内边距依次为 3px,12px,0px,0px*/
}
```

c．菜单区域的制作

页面菜单区域的内容被放置在名为 menu_tab 的 Div 容器中，主要用于显示网站的主导航菜单，如图 9-11 所示。

图 9-11 页面菜单区域的布局效果

菜单区域的 CSS 代码如下：

```
/*---------页面菜单区域---------*/
#menu_tab {                         /*设置菜单容器的样式*/
      clear:both;                   /*清除所有浮动*/
      width:985px;
      height:36px;
      background: url(../images/menu_bg.gif) repeat-x;     /*背景图像水平重复*/
      margin-bottom: 10px;
}
ul.menu {                           /*设置菜单列表的样式*/
      list-style-type:none;         /*不显示项目符号*/
      float:left;                   /*向左浮动*/
      display:block;                /*块级元素*/
      width:982px;
      margin:0px;
      padding:0px;
}
ul.menu li {                        /*设置菜单列表项的样式*/
      display:inline;               /*内联元素*/
      font-size:12px;
      font-weight:bold;             /*字体加粗*/
      line-height:36px;             /*行高为 36px*/
}
ul.menu li.divider {                /*菜单项分隔线的样式*/
      display:inline;               /*内联元素*/
      width:4px;
      height:36px;
      float:left;                   /*向左浮动*/
      background: url(../images/menu_divider.gif) no-repeat center; /*背景图像居中对齐无重复*/
}
```

```
a.nav:link, a.nav:visited {          /*菜单项未访问过链接、访问过链接的样式*/
        display:block;               /*块级元素*/
        float:left;                  /*向左浮动*/
        padding:0px 8px 0px 8px;     /*上、右、下、左的内边距依次为 0px,8px, 0px,8px*/
        margin:0 14px 0 14px;        /*上、右、下、左的外边距依次为 0px,14px, 0px,14px*/
        height:36px;
        text-decoration:none;        /*链接无修饰*/
        text-align:center;           /*文字居中对齐*/
        color:#fff;                  /*白色文字*/
}
a.nav:hover {                        /*鼠标悬停链接的样式*/
        display:block;               /*块级元素*/
        float:left;                  /*向左浮动*/
        padding:0px 8px 0px 8px;
        margin:0 14px 0 14px;
        height:36px;
        text-decoration:none;        /*链接无修饰*/
        text-align:center;           /*文字居中对齐*/
        color:#ccc;                  /*灰色文字*/
}
```

d．左侧区域的制作

本页面中，左侧区域被放置在名为 left 的 Div 容器中，用于显示鲜花分类和特别推荐鲜花信息，如图 9-12 所示。

左侧区域的 CSS 代码如下：

```
/*---------左侧边栏区域---------*/
#container {                         /*主体容器的样式*/
        height:100%                  /*相对单位*/
}
#container .column {                 /*column 类的样式*/
        position: relative;          /*相对定位*/
        float: left;                 /*向左浮动*/
        margin-bottom: 10px;
}
#left {                              /*纵向菜单容器的样式*/
        width: 172px;                /*宽度为 172px*/
}
.block{                              /*纵向菜单内容区域的样式*/
        width:168px;
        border:1px solid #C5C5C5;    /*菜单边框为 1px 的灰色实线*/
        padding:1px 1px 14px 1px;
        margin-bottom:4px;
}
#navigation,#recommend{              /*纵向菜单列表的样式*/
        width:168px;
        margin:0px;
```

图 9-12　左侧区域

```
        padding:0px;
}
#navigation li,#recommend li{         /*纵向菜单列表项的样式*/
        list-style-type:none;          /* 不显示项目符号*/
        line-height:20px;
        padding:0 0 0 13px;
}
.color{
        background-color:#EBEBEB /*奇数行菜单项背景色为浅灰色*/
}
#navigation a,#recommend a{          /*列表项超链接的样式*/
        color:#565656;                 /*文字为深灰色*/
        text-decoration:none           /*链接无修饰*/
}
#navigation a:hover,#recommend a:hover{
        color:#0283DD;                 /*文字为青色*/
}
.title_box {          /*特别推荐标题文字的样式*/
        width:168px;
        height:30px;
        margin:5px 0 0 0;
        text-align:center;        /*文字居中对齐*/
        font-size:13px;
        font-weight:bold;         /*字体加粗*/
        line-height:30px;         /*行高为 30px*/
}
.special {           /*特别推荐鲜花容器的样式*/
        width:168px;
        border:1px solid #c5c5c5;
        padding: 10px 0;
}
```

e. 中央区域的制作

本页面中，中央区域被放置在名为 center 的 Div 容器中，用于显示花店服务广告和新品上架信息，如图 9-13 所示。

图 9-13　中央区域

中央区域的 CSS 代码如下：

```
/*---------中央区域---------*/
#center{                          /*设置中央区域容器的样式*/
        width: 572px;             /*设置容器宽度为 572px*/
        position:relative;        /*相对定位*/
}
.banner{                          /*设置花店服务广告的样式*/
        margin:0 2px 0 1px;       /*上、右、下、左的外边距依次为 0px,2px,0px,1px*/
        float:left                /*向左浮动*/
```

```
}
#content{                          /*设置内容区域的样式*/
    padding:0px 12px 30px 20px;/*上、右、下、左的内边距依次为 0px,12px,30px,20px*/
    float:left                     /*向左浮动*/
}
#content p{                        /*设置内容区域段落的样式*/
    padding:10px 0 0 5px;          /*上、右、下、左的内边距依次为 10px,0px,0px,5px*/
    margin:0px;                    /*外边距为 0px*/
    text-indent:2em;               /*首行缩进*/
}
.pad25{                            /*设置新品上架标题图片的上内边距*/
    padding-top:25px;              /*图片上内边距为 25px，使标题图片和明细区域保持分隔距离*/
}
.stuff{                            /*设置鲜花信息区域的样式*/
    margin:25px 0 0 0;             /*上、右、下、左的外边距依次为 25px,0px,0px,0px*/
    float:left;                    /*向左浮动*/
}
.item{                             /*设置单束鲜花信息区域的样式*/
    width:270px;                   /*宽度为 270px*/
    float:left;                    /*向左浮动*/
    margin:0 0 15px 0              /*上、右、下、左的外边距依次为 0px,0px,15px,0px*/
}
.item img{                         /*设置单束鲜花信息区域图片的样式*/
    float:left;                    /*向左浮动*/
    border:1px solid #999;         /*图片边框为 1px 的灰色实线*/
}
.item span{                        /*设置鲜花右侧简介文字区域的样式*/
    font-weight:normal;            /*文字正常粗细*/
    font-size:12px;
    display:block;                 /*块级元素*/
    width:135px;
    float:left;                    /*向左浮动*/
    padding:5px 0 10px 8px;        /*上、右、下、左的内边距依次为 5px,0px,10px,8px*/
}
.name{                             /*设置鲜花名称文字的样式*/
    color:#4a4a4a;                 /*设置文字颜色为深灰色*/
    text-decoration:underline;     /*加下画线*/
}
.name:link,.name:visited{          /*设置鲜花名称正常链接和访问过链接的样式*/
    text-decoration:underline      /*加下画线*/
}
.name:hover{                       /*设置鼠标悬停链接的样式*/
    text-decoration:none           /*链接无修饰*/
}
a.prod_buy,a.prod_details,a.prod_like {   /*按钮链接样式*/
    width:75px;                    /*宽度为 75px*/
```

```
        height:24px;                /*高度为 24px*/
        display:block;              /*块级元素*/
        float:left;                 /*向左浮动*/
        background: url(../images/link_bg.gif) no-repeat center;
        margin:2px 5px 0 0;
        text-align:center;          /*文字居中对齐*/
        line-height:24px;           /*行高为 24px*/
        text-decoration:none;       /*链接无修饰*/
        color:#159dcc;
    }
```

f. 右侧区域的制作

本页面中，右侧区域被放置在名为 right 的 Div 容器中，用于显示会员登录表单、新闻更新和友情链接信息，如图 9-14 所示。

右侧区域的 CSS 代码如下：

图 9-14 右侧区域

```
/*---------右侧区域---------*/
#right {                        /*右侧区域容器的样式*/
    width: 238px;               /*容器宽为 238px*/
}
.rightblock{                    /*右侧区域内容的样式*/
    padding:0 0 0 14px
}
.blocks{                        /*右侧区域 3 个子栏目的样式*/
    width:218px;                /*子栏目宽为 218px*/
    background-image:url(../images/bg.gif);  /*背景图像*/
    background-position:top left; /*背景图像顶端左对齐*/
    background-repeat:repeat-y;  /*背景图像垂直重复*/
    margin:0 0 2px 0
}
.blocks span{                   /*子栏目中局部文字信息的样式*/
    font-size:11px;
    font-weight:bold;           /*字体加粗*/
    display:block;              /*块级元素*/
    float:left;                 /*向左浮动*/
    width:68px;
    text-align:right;
    padding:0 7px 0 0
}
.line{                          /*表单每行内容的样式*/
    display:block;              /*块级元素*/
    float:left;                 /*向左浮动*/
    line-height:19px;           /*行高为 19px*/
    padding:5px 0 0 0;
    margin:0px;
}
.blocks input{                  /*表单输入标签的样式*/
```

```
        width:130px;                    /*输入标签宽为 130px*/
        height:15px;                    /*输入标签高为 15px*/
        float:left;                     /*向左浮动*/
        border-top:2px inset #808080;           /*上边框为 2px 的深灰色内阴影线*/
        border-left:2px inset #808080;          /*左边框为 2px 的深灰色内阴影线*/
        border-right:1px solid #CDCDCD;         /*右边框为 1px 的浅灰色实线*/
        border-bottom:1px solid #CDCDCD         /*下边框为 1px 的浅灰色实线*/
  }
  .more{                                /*更多信息文字的样式*/
        display:block;                  /*块级元素*/
        float:left;                     /*向左浮动*/
        color:#0283DD;                  /*青色文字*/
        text-decoration:underline;      /*加下画线*/
        margin:15px 0 0 0
  }
  .reg{                                 /*注册文字的样式*/
        color:#0283DD;                  /*青色文字*/
        text-decoration:underline;      /*加下画线*/
        margin:0 11px;
  }
  .reg:link,.reg:visited, .more:link,.more:visited{  /*注册链接和更多信息链接的样式*/
        color: #0283DD;
        text-decoration:underline
  }
  .reg:hover, .more:hover{              /*注册和更多信息鼠标悬停链接的样式*/
        text-decoration:none            /*链接无修饰*/
  }
  .center{                              /*设置表单元素居中对齐的样式*/
        width:218px;
        text-align:center               /*文字居中对齐*/
  }
  .pad20 img{                           /*设置登录按钮图片的样式*/
        margin-top:15px;                /*上外边距为 15px*/
  }
  #news{                                /*设置新闻更新区域的样式*/
        padding:0 5px 5px 13px;
        float:left;                     /*向左浮动*/
  }
  #right .date{                         /*设置消息发布日期的样式*/
        display:block;                  /*块级元素*/
        width:100px;
        line-height:19px;               /*行高为 19px*/
        margin:11px 0 12px 0;
        text-align:center;              /*文字居中对齐*/
        font-family:Arial;
        font-size:12px;
```

```
        font-weight:normal;            /*文字正常粗细*/
        color:#272727;
        background-image:url(../images/date.gif);
        background-position:top left;
        background-repeat:no-repeat;
}
#news p{                               /*设置新闻更新区域中段落的样式*/
        display:block;                 /*块级元素*/
        float:left;                    /*向左浮动*/
        width:195px;
        text-indent: 2em;              /*首行缩进*/
}
#friend{                               /*设置友情链接区域的样式*/
        width:200px;
        margin:10px 0;
        padding:0px;
}
#friend li{                            /*设置友情链接列表项的样式*/
        list-style-type:none;          /*不显示列表项目符号*/
        line-height:20px;              /*行高为 20px*/
        padding:0 0 0 13px;
}
#friend a{                             /*设置友情链接区域超链接的样式*/
        color:#565656;
        text-decoration:none           /*链接无修饰*/
}
#friend a:hover{                       /*设置友情链接区域鼠标悬停链接的样式*/
        color:#565656;
        text-decoration:underline      /*加下画线*/
}
```

g．页面底部区域的制作

页面底部区域的内容被放置在名为 footer 的 Div 容器中，用于显示版权信息和支付配送信息，如图 9-15 所示。

首页 | 鲜花 | 关于 | 服务 | 结算 | 联系

版权 © 2014 网络花店 ICP备10012345号

图 9-15　页面底部区域

页面底部区域的 CSS 代码如下：

```
/*---------页面底部的版权区域---------*/
#footer {                              /*设置底部版权区域的样式*/
        clear: both;                   /*清除所有浮动*/
        border-top:3px solid #B7C1C4;  /*设置上边框为 3px 的实线*/
        padding:8px 0 17px 0;
        text-align:center;             /*文字居中对齐*/
```

```
        color:#323232                    /*深灰色文字*/
}
#footer a{                               /*设置版权区域链接的样式*/
        color:#323232;                   /*深灰色文字*/
        text-decoration:none;            /*链接无修饰*/
        margin:0 3px;
}
#footer p{                               /*设置版权区域段落的样式*/
        padding:10px 0 0 0               /*上、右、下、左的内边距依次为 10px,0px,0px,0px*/
}
```

③ 网页结构文件。在当前文件夹中，用记事本新建一个名为 index.html 的网页文件，代码如下：

```
<!doctype html>
<html>
<head>
<meta charset="gb2312">
<title>网络花店首页</title>
<link rel="stylesheet" type="text/css" href="css/style.css" />
</head>
<body>
  <div id="header">
    <a href="index.html" class="float"><img src="images/logo.jpg" width="171" height="73" /></a>
    <div class="topblock">
        语言:<br />        
        <a href="#">简体中文</a>
        <a href="#">繁体中文</a>
        <a href="#">英文</a>
    </div>
    <div class="topblock">
      <img src="images/shopping.gif" alt="" width="24" height="24" class="shopping" />
       <p><a href="#">购物车</a></p> <p><strong>3</strong> <span>个商品</span></p>
    </div>
  </div>
  <div id="menu_tab">
      <ul class="menu">
        <li><a href="index.html" class="nav">首页</a></li>
        <li class="divider"></li>
        <li><a href="product.html" class="nav">鲜花</a></li>
        <li class="divider"></li>
        <li><a href="about.html" class="nav">关于</a></li>
        <li class="divider"></li>
        <li><a href="faqs.html" class="nav">服务</a></li>
        <li class="divider"></li>
        <li><a href="checkout.html" class="nav">结算</a></li>
        <li class="divider"></li>
```

```
        <li><a href="contact.html" class="nav">联系</a></li>
      </ul>
  </div>
  <div id="container">
    <div id="left" class="column">
      <div class="block">
            <h1>鲜花分类</h1>
            <ul id="navigation">
                <li class="color"><a href="#">按花材分类</a></li>
                <li><a href="#">玫瑰|百合|康乃馨</a></li>
                <li class="color"><a href="#">按档次分类</a></li>
                <li><a href="#">普通|高档|精品</a></li>
                <li class="color"><a href="#">按节日分类</a></li>
                <li><a href="#">情人节|圣诞节|母亲节</a></li>
                <li class="color"><a href="#">按用途分类</a></li>
                <li><a href="#">开业|婚庆|生日|爱情|乔迁</a></li>
                <li class="color"><a href="#">按对象分类</a></li>
                <li><a href="#">恋人|长辈|客户|老师|病人</a></li>
                <li class="color"><a href="#">按数量分类</a></li>
                <li><a href="#">9 枝|11 枝|19 枝|66 枝|99 枝</a></li>
                <li class="color"><a href="#">按颜色分类</a></li>
                <li><a href="#">红色|粉色|白色|紫色|蓝色</a></li>
            </ul>
      </div>
      <div class="title_box">特别推荐</div>
      <div class="special">
            <ul id="recommend">
                <li><a href="#">一见钟情红玫瑰</a></li>
                <li><a href="#">相伴一生红玫瑰</a></li>
                <li><a href="#">爱的宣言粉玫瑰</a></li>
                <li><a href="#">恋恋深情白玫瑰</a></li>
                <li><a href="#">母爱深深康乃馨</a></li>
                <li><a href="#">真心祝福康乃馨</a></li>
                <li><a href="#">美丽依旧康乃馨</a></li>
                <li><a href="#">真情相依康乃馨</a></li>
                <li><a href="#">海空之恋香水百合</a></li>
                <li><a href="#">无尽的爱香水百合</a></li>
                <li><a href="#">美丽心愿香水百合</a></li>
                <li><a href="#">幸福乐园香水百合</a></li>
            </ul>
      </div>
    </div>
    <div id="center" class="column">
        <a  href="#"  class="banner"><img  src="images/bigbanner.jpg"  alt=""  width="572"
height="176" /></a><br />
        <div id="content">
```

```
<img src="images/title2.gif" alt="" width="540" height="29" /><br />
<p>网络花店是全国最大的综合性鲜花购物中心……（此处省略文字）</p>
<img src="images/title3.gif" alt="" width="540" height="26" class="pad25" />
<div class="stuff">
    <div class="item">
        <a href="productdetail.html">
        <img src="images/product/book1.jpg" alt="" width="124" height="175" />
        </a>
        <span><a href="#" class="name">红玫瑰：一见钟情</a></span>
        <span>有情人终成眷属</span>
        <span style="color:#E27C0E">定价：&yen;36</span>
        <span style="color:#E27C0E">优惠价：&yen;31</span>
        <span>积分：50</span>
        <div class="prod_details_tab"> <a href="cart.html" class="prod_buy">加
入购物车</a> <a href="productdetail.html" class="prod_details">详细信息</a></div>
    </div>
    <div class="item">
        <a href="productdetail.html">
        <img src="images/product/book2.jpg" alt="" width="124" height="175" />
        </a>
        <span><a href="#" class="name">香水百合：海空之恋</a></span>
        <span>祝你每天都快乐幸福</span>
        <span style="color:#E27C0E">定价：&yen;34</span>
        <span style="color:#E27C0E">优惠价：&yen;29</span>
        <span>积分：50</span>
        <div class="prod_details_tab"> <a href="cart.html" class="prod_buy">加
入购物车</a> <a href="productdetail.html" class="prod_details">详细信息</a></div>
    </div>
    <div class="item">
        <a href="productdetail.html">
        <img src="images/product/book3.jpg" alt="" width="124" height="175" />
        </a>
        <span><a href="#" class="name">康乃馨：母爱深深</a></span>
        <span>愿天下母亲身体健康</span>
        <span style="color:#E27C0E">定价：&yen;33</span>
        <span style="color:#E27C0E">优惠价：&yen;28</span>
        <span>积分：50</span>
        <div class="prod_details_tab"> <a href="cart.html" class="prod_buy">加
入购物车</a> <a href="productdetail.html" class="prod_details">详细信息</a></div>
    </div>
    <div class="item">
        <a href="productdetail.html">
        <img src="images/product/book4.jpg" alt="" width="124" height="175" />
        </a>
        <span><a href="#" class="name">红玫瑰：相伴一生 c</a></span>
        <span>永恒的爱恋与你相伴</span>
        <span style="color:#E27C0E">定价：&yen;32</span>
```

```
                        <span style="color:#E27C0E">优惠价：&yen;27</span>
                        <span>积分：50</span>
                        <div class="prod_details_tab"> <a href="cart.html" class="prod_buy">加
入购物车</a> <a href="productdetail.html" class="prod_details">详细信息</a></div>
                    </div>
                </div>
            </div>
        </div>
        <div id="right" class="column">
            <div class="rightblock">
                <img src="images/title4.gif" alt="" width="223" height="29" /><br />
                <div class="blocks">
                    <img src="images/top_bg.gif" alt="" width="218" height="12" />
                    <form action="#">
                        <p class="line"><span>账号:</span> <input type="text" /></p>
                        <p class="line"><span>密码:</span> <input type="text" /></p>
                        <p class="line center"><a href="#" class="reg">注册</a> | <a href="#"
class="reg">忘记密码?</a></p>
                        <p class="line center pad20"><a href="#"><img src="images/enter.gif"
alt="" width="69" height="25" /></a></p>
                    </form>
                    <img src="images/bot_bg.gif" alt="" width="218" height="10" /><br />
                </div>
                <div class="blocks">
                    <img src="images/top_bg.gif" alt="" width="218" height="12" />
                    <div id="news">
                        <img src="images/title5.gif" alt="" width="201" height="28" />
                        <span class="date">2014 年 1 月 8 日</span>
                        <p>网络花店与境内外 60 家银行签约……（此处省略文字）</p>
                        <a href="#" class="more">更多信息</a>
                    </div>
                    <img src="images/bot_bg.gif" alt="" width="218" height="10" /><br />
                </div>
              <div class="blocks">
                    <img src="images/top_bg.gif" alt="" width="218" height="12" />
                    <div id="news">
                      <img src="images/title6.gif" alt="" width="201" height="28" />
                      <ul id="friend">
                        <li><a href="http://www.xianhua.com.cn">----中国鲜花网----</a></li>
                        <li><a href="http://www.amflower.com">-----爱慕鲜花网----</a></li>
                        <li><a href="http://www.360flower.com/">----鲜花快递网----</a></li>
                        <li><a href="http://www.iishang.com">----爱尚鲜花网----</a></li>
                        <li><a href="http://www.7caihua.com">----七彩鲜花网----</a></li>
                      </ul>
                  </div>
                    <img src="images/bot_bg.gif" alt="" width="218" height="10" /><br />
                </div>
```

```
                </div>
            </div>
        </div>
        <div id="footer">
            <a href="index.html">首页</a> | <a href="product.html">鲜花</a> | <a href="about.html">关于</a> | <a href="faqs.html">服务</a> | <a href="checkout.html">结算</a> | <a href="contact.html">联系</a>
            <p>版权 &copy; 2014 网络花店 ICP 备 10012345 号</p>
        </div>
    </body>
</html>
```

④ 浏览网页。在浏览器中浏览已制作完成的页面，页面的显示效果如图 9-8 所示。

9.4 案例：制作商品展示页面

【案例展示】制作商品展示页面，本例文件 product.html 在浏览器中的浏览效果如图 9-16 所示，页面布局示意图如图 9-17 所示。

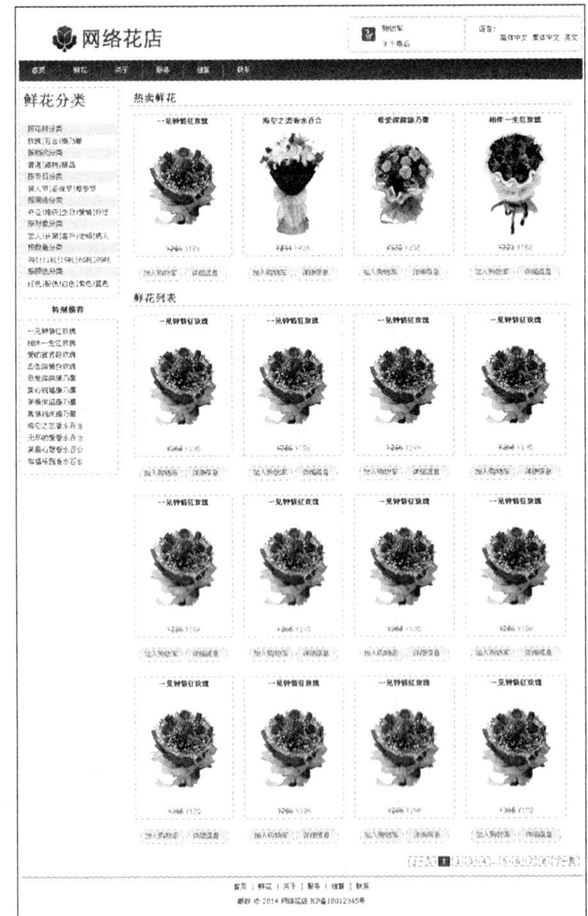

图 9-16 商品展示页面的效果

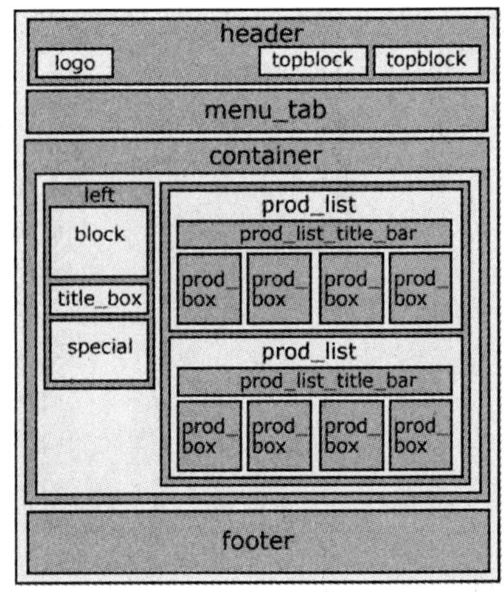

图 9-17 布局示意图

【学习目标】掌握使用 Div+CSS 综合布局页面的技术。

【知识要点】商品列表翻页显示。

首页制作完成以后，其他页面在制作时就有章可循了，相同的样式和结构可以复用，所以制作其他页面的实际工作量会大大小于首页制作的工作量。

商品展示页面的布局与首页有极大的相似之处，例如网站的 Logo、导航、版权区域等，这里不再赘述其实现过程，而是重点讲解如何实现商品列表的翻页效果。

【案例：制作商品展示页面】制作过程如下：

① 准备素材。在网站的 images 文件夹中建立一个名为 product 的文件夹，专门用于存储展示商品的图片，以区别于网站所有页面公用的图片素材。

② 添加 CSS 规则。打开网站 css 目录下的样式表文件 style.css，在首页的样式之后准备添加翻页效果的 CSS 规则。

③ 添加一个 pagination 类的 Div 容器，用于对整个翻页区域进行控制，添加的 CSS 代码如下：

```
.pagination {                       /*翻页区域的 CSS 规则*/
    width:780px;
    height:31px;
    float:left;                     /*向左浮动*/
    padding:2px 0 2px 10px;
    line-height:31px;               /*行高为 31px*/
    font-size:12px;
}
```

④ 网页结构文件。用记事本新建一个名为 product.html 的网页文件。

在页面中创建一个应用 pagination 类的 Div 容器，容器中添加无序列表及列表项，网页的结构代码如下：

```
<div class="pagination">
    <ul>
    <li>上一页</li>
    <li>1</li>
    <li><a href="#">2</a></li>
    <li><a href="#">3</a></li>
    <li><a href="#">4</a>...</li>
    <li><a href="#">5</a></li>
    <li><a href="#">6</a></li>
    <li><a href="#">7</a></li>
    <li><a href="#">8</a></li>
    <li><a href="#">下一页</a></li>
    </ul>
</div>
```

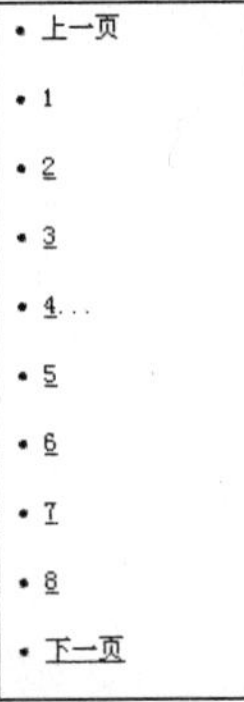

图 9-18　翻页区域的初始效果

应用 pagination 类的翻页区域的初始效果如图 9-18 所示。

⑤ 为了使列表横向排列，需要对无序列表定义 CSS 规则，添加的 CSS 代码如下：

```
.pagination ul {                    /*翻页区域无序列表的 CSS 规则*/
    margin: 0;                      /*外边距为 0px*/
```

```
        padding: 0;                          /*内边距为 0px*/
        text-align: right;
        font-size: 12px;
}
.pagination li {                             /*翻页区域无序列表项的 CSS 规则*/
        list-style-type: none;               /*不显示列表类型*/
        display: inline;                     /*定义为行内元素*/
        padding-bottom: 1px;                 /*下内边距为 1px*/
}
```

对无序列表应用 CSS 规则后的翻页区域效果如图 9-19 所示。

⑥ 为了进一步美化翻页按钮，接下来创建无序列表中<a>标签的伪类，添加的 CSS 代码如下：

```
.pagination a, .pagination a:visited {       /*未访问和访问链接的 CSS 规则*/
        padding: 0 5px;
        border: 1px solid #9aafe5;           /*边框为浅蓝色的细实线*/
        text-decoration: none;
        color: #2e6ab1;
}
.pagination a:hover, .pagination a:active {/*鼠标悬停和激活状态的 CSS 规则*/
        border: 1px solid #2b66a5;           /*边框为深蓝色的细实线*/
        color: #000;
        background-color: #ffc;
}
```

美化后的翻页按钮效果如图 9-20 所示。

图 9-19　对无序列表应用 CSS 后的效果

图 9-20　美化后的翻页按钮效果

⑦ 如果当前所在页面的页数为“1”，则前面不再有任何链接页面，此时需要添加新的 CSS 规则实现这样的页面效果。这里定义一个 disablepage 类来解决这个问题，添加的 CSS 代码如下：

```
.pagination li.disablepage {
        padding: 0 5px;                      /*上、下内边距为 0px、右、左内边距为 5px*/
        border: 1px solid #929292;
        color: #929292;
}
```

同时，在网页的结构代码中将刚创建的 disablepage 类应用在无序列表“上一页”所在的<li>标签中，代码如下：

```
<li class="disablepage">上一页</li>
```

如果当前所在页面的页数为“1”，则鼠标指向“上一页”时不再显示链接的手形，而是正常的鼠标指针形状，页面的显示效果如图 9-21 所示。

⑧ 由于当前所在页面的数字要区别于其他数字，这里需要单独进行定义。这里通过定义一个 currentpage 类来解决这个问题，添加的 CSS 代码如下：

```
.pagination li.currentpage {
        font-weight: bold;
        padding: 0 5px;                         /*上、下内边距为 0px，右、左内边距为 5px*/
        border: 1px solid navy;                 /*边框为海军蓝色的细实线*/
        background-color: #2e6ab1;
        color: #fff;
}
```

同时，在网页的结构代码中将刚创建的 currentpage 类应用在当前页面数字所在的<li>标签中，代码如下：

```
<li class="currentpage">1</li>
```

此时，页面效果如图 9-22 所示。

图 9-21　应用 disablepage 类后的页面效果　　图 9-22　应用 currentpage 类后的页面效果

⑨ 浏览网页。在浏览器中浏览已制作完成的页面，页面的显示效果如图 9-16 所示。

9.5　案例：制作商品详细信息页面

【案例展示】制作商品详细信息页面，本例文件 productdetail.html 在浏览器中的浏览效果如图 9-23 所示，页面布局示意图如图 9-24 所示。

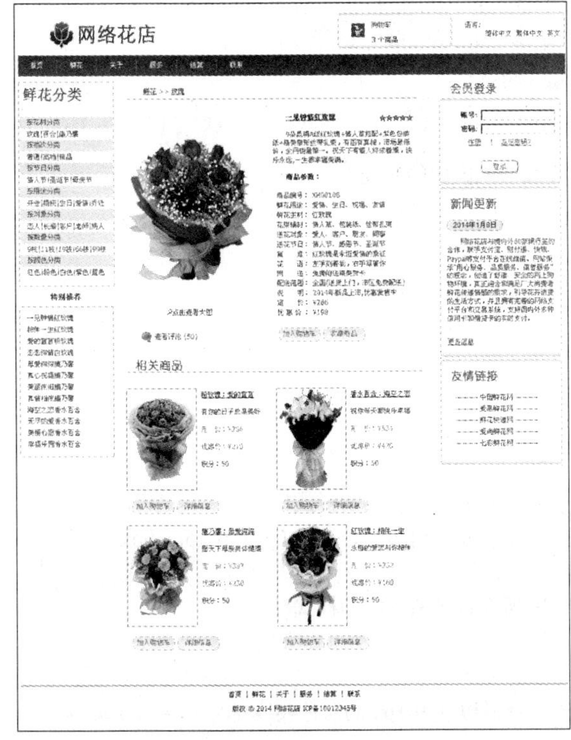

图 9-23　商品详细信息页面的效果

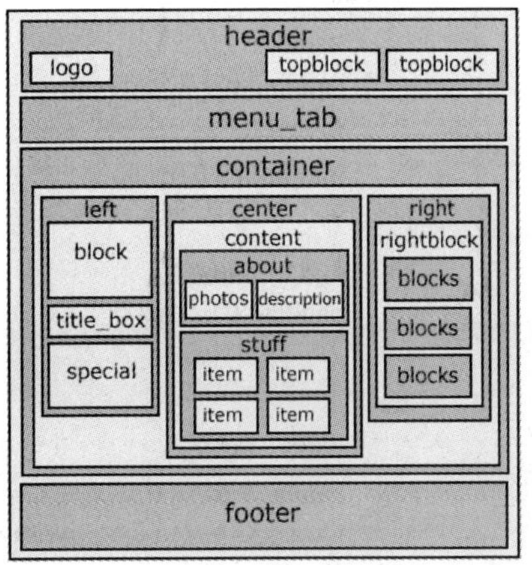

图 9-24　布局示意图

【学习目标】掌握使用 Div+CSS 综合布局页面的技术。

【知识要点】图文混排。

商品详细信息页面是客户查看商品细节时显示的页面，其布局与首页有极大的相似之处，如网站的 Logo、导航、版权区域等，这里不再赘述其实现过程，而是重点讲解鲜花图文介绍和相关商品信息区域的 CSS 布局和页面结构代码。

【案例：制作商品详细信息页面】制作过程如下：

① 准备素材。将本页面需要使用的图像素材存放在文件夹 images 下。

② 添加 CSS 规则。打开网站 css 目录下的样式表文件 style.css，在首页的样式之后准备添加商品详细信息的 CSS 规则。

商品详细信息的内容被放置在左、右两个 Div 容器中，左边的容器（photos）中显示鲜花图片，右边的容器（description）显示鲜花的文字介绍及详细的商品参数，其 CSS 布局如图 9-25 所示。

图 9-25　商品详细信息区域的布局

商品详细信息区域的 CSS 代码如下：

```
#about{                          /*商品详细信息容器的样式*/
    width:517px;                 /*容器宽度为 517px*/
    padding:0 0 0 5px;
    float:left;                  /*向左浮动*/
    margin:0 0 0 0;
}
#about .description p{           /*商品详细信息容器中段落的样式*/
    padding:0 0 15px 0;          /*上、右、下、左的内边距依次为 0px,0px,15px,0px*/
}
.tree{                           /*当前页面所在目录树等级的样式*/
    width:100%;
    height:20px;
    border-bottom:1px solid #BABABA;    /*下边框为 1px 的灰色实线*/
    padding:0 0 3px 0;
```

```
}
.tree a{                        /*目录树超链接的样式*/
    color:#4A4A4A;
    text-decoration:underline   /*加下画线*/
}
.tree a:visited{                /*目录树访问过链接的样式*/
    text-decoration:underline   /*加下画线*/
}
.tree a:hover{                  /*目录树悬停链接的样式*/
    text-decoration:none        /*链接无修饰*/
}
.photos{                        /*左侧区域的样式*/
    width:227px;
    float:left;                 /*向左浮动*/
    padding:25px 17px 0 0
}
.moreph{                        /*单击查看大图链接的样式*/
    display:block;              /*块级元素*/
    width:92px;
    line-height:17px;           /*行高为 17px*/
    color:#565656;
    text-decoration:none;       /*链接无修饰*/
    padding:0 0 0 14px;
    margin:10px 10px 20px 55px
}
.comments{                      /*查看评论链接的样式*/
    background-image:url(../images/bulb.jpg);       /*背景图像*/
    background-position:top left; /*背景图像顶端左对齐*/
    background-repeat:no-repeat; /*背景图像无重复*/
    padding:0 0 5px 29px;
    margin:0 0 0 18px;
    color:#0283DD;              /*青色文字*/
    line-height:25px;           /*行高为 25px*/
    text-decoration:underline   /*加下画线*/
}
.comments:visited{              /*查看评论访问过链接的样式*/
    text-decoration:underline   /*加下画线*/
}
.comments:hover{                /*查看评论悬停链接的样式*/
    text-decoration:none        /*链接无修饰*/
}
.description{                   /*右侧区域的样式*/
    width:253px;
    float:left;                 /*向左浮动*/
    padding:25px 0 0 17px;
    position:relative           /*相对定位*/
```

```
}
.description u{                 /*右侧区域中鲜花标题的样式*/
    font-size:12px;
    color:#4A4A4A;              /*深灰色文字*/
    font-weight:bold            /*字体加粗*/
}
.star{                          /*右侧区域顶端右侧鲜花星级的样式*/
    position:absolute;          /*绝对定位*/
    top:28px;                   /*距离容器顶端 28px*/
    right:0px;                  /*距离容器右侧 0px*/
    color:#E27C0E;
    font-size:12px;
    font-weight:bold            /*字体加粗*/
}
#features li{                   /*列表项的样式*/
    list-style-type:none;       /*不显示项目符号*/
    line-height:17px;           /*行高为 17px*/
    padding:0 0 0 7px;
    width:230px;
}
#features span{                 /*列表项文字的样式*/
    width:230px;
    display:block;              /*块级元素*/
    float:left;                 /*向左浮动*/
}
```

③ 网页结构文件。在当前文件夹中，用记事本新建一个名为 productdetail.html 的网页文件。其中，商品详细信息区域网页结构代码如下：

```
<div id="about">
  <p class="tree"><a href="#">鲜花</a>    >>    <a href="#">玫瑰</a> </p>
  <div class="photos">
    <img src="images/detail.jpg" width="227" height="326" /><br />
    <a href="#" class="moreph"><img src="images/zoom.gif" width="10" height="10">点击查看大图
</a><a href="#" class="comments">查看评论 (30)</a>
  </div>
  <div class="description">
    <p><u>一见钟情红玫瑰</u> <span class="star"><img src="images/star_red.gif" width="12"
height="12"><img src="images/star_red.gif" width="12" height="12"><img src="images/star_red.gif"
width="12" height="12"><img src="images/star_red.gif" width="12" height="12"><img
src="images/star_red.gif" width="12" height="12"></span></p>
    <p>9 朵昆明 A 级红玫瑰+情人草搭配+紫色包装纸+精美扇形……（此处省略文字）</p>
    <p><strong>商品参数：</strong></p>
    <ul id="features">
      <li><span>商品编号：  XH00108</span></li>
      <li><span>鲜花用途：  爱情、生日、祝福、友情</span></li>
      <li><span>鲜花主材：  红玫瑰</span></li>
```

```
            <li><span>花束辅材：  情人草、包装纸、丝带扎束</span></li>
            <li><span>送花对象：  爱人、客户、朋友、同事</span></li>
            <li><span>送花节日：  情人节、感恩节、圣诞节</span></li>
            <li><span>寓      意：  红玫瑰是永恒爱情的象征</span></li>
            <li><span>花      语：  左手刻着我，右手写着你</span></li>
            <li><span>附      送：  免费附送精美贺卡</span></li>
            <li><span>配送范围：  全国(送货上门，市区免费配送)</span></li>
            <li><span>说      明：  2014 年新品上市,优惠发售中</span></li>
            <li><span>定      价：  &yen;266</span></li>
            <li><span>优 惠 价：  &yen;198</span></li>
          </ul>
          <div class="prod_details_tab">
            <a href="cart.html" class="prod_buy">加入购物车</a><a href="#" class="prod_like">收藏商品
</a>
          </div>
        </div>
      </div>
```

④ 浏览网页。在浏览器中浏览已制作完成的页面，页面的显示效果如图 9-23 所示。

【案例说明】本页面中使用了左、右容器布局商品图文介绍区域，这种方法适用于布局类似产品说明、图文教程之类的页面。

9.6 案例：制作查看购物车页面

【案例展示】制作查看购物车页面，本例文件 cart.html 在浏览器中的浏览效果如图 9-26 所示，页面布局示意图如图 9-27 所示。

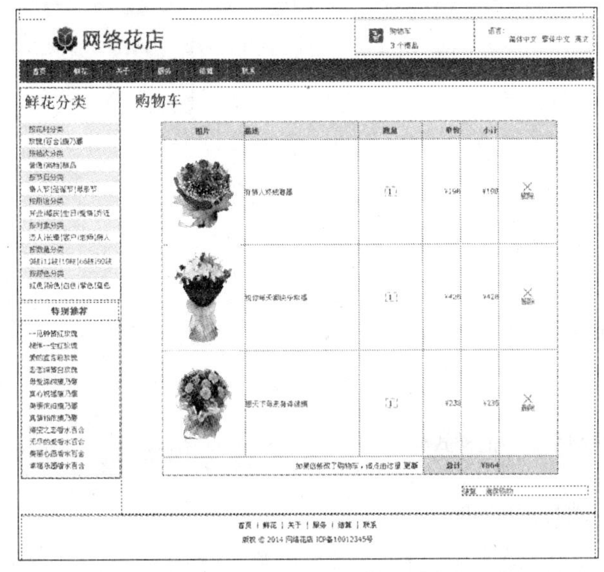

图 9-26　查看购物车页面的效果

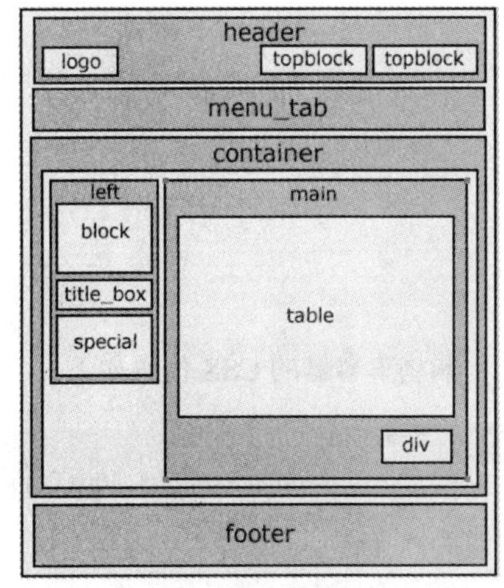

图 9-27　布局示意图

【学习目标】掌握使用 Div+CSS 综合布局页面的技术。

【知识要点】Div+CSS 综合布局与局部表格布局的结合。

当客户单击页面中的“购物车”链接或“加入购物车”按钮时，将打开查看购物车页面。页面中显示添加到购物车中的商品信息及金额，客户可以修改购买商品的数量，还可以删除某款商品。

查看购物车页面的布局与首页的布局有极大的相似之处，如网站的 Logo、导航、版权区域等，这里不再赘述其实现过程，而是重点讲解购物车中商品信息的表格布局和页面结构代码。

【案例：制作查看购物车页面】制作过程如下：

① 准备素材。将本页面需要使用的图像素材存放在文件夹 images 下。

② 添加 CSS 规则。打开网站 css 目录下的样式表文件 style.css，在首页的样式之后准备添加查看购物车的 CSS 规则。

购物车中商品的信息被放置在名为 main 的 Div 容器中。上方的内容采用传统的表格布局，显示购物车中商品的信息；右下方的内容采用 Div 布局，显示结算、继续购物等信息，其 CSS 布局如图 9-28 所示。

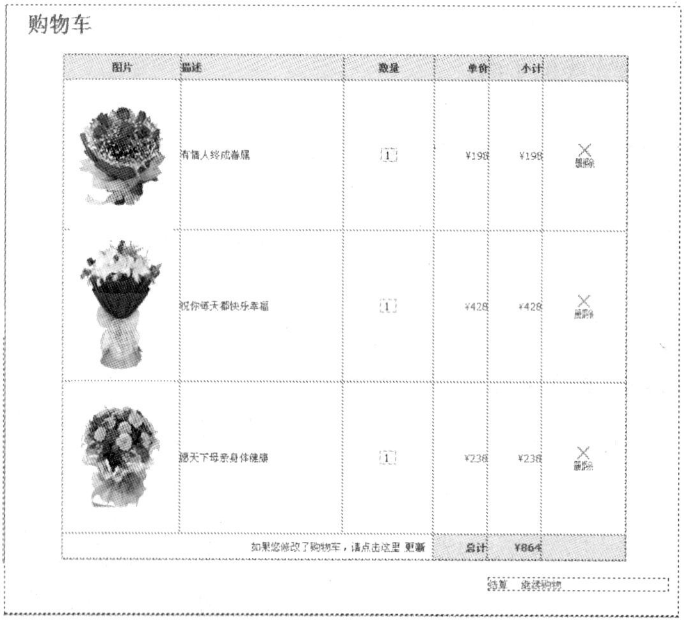

图 9-28　购物车中商品信息的布局

购物车容器的 CSS 代码如下：

```
#main{                              /*购物车容器的样式*/
    padding:0px 12px 30px 20px;
    width:780px;                    /*容器宽度为 780px*/
}
#main a:link,#main a:visited{       /*购物车容器中超链接的样式*/
    color: #0283DD;                 /*青色文字*/
}
```

③ 网页结构文件。在当前文件夹中，用记事本新建一个名为 cart.html 的网页文件。其中，购物车中商品信息区域的网页结构代码如下：

```
<div id="main" class="float_r">
  <h1>购物车</h1>
  <table width="680px" align="center" cellpadding="5" cellspacing="0">
    <tr style="background:#ddd;">
      <th width="130" height="30" align="center">图片</th>
      <th width="180" align="left">描述</th>
      <th width="100" align="center">数量</th>
      <th width="60" align="right">单价</th>
      <th width="60" align="right">小计</th>
      <th width="90"> </th>
    </tr>
    <tr>
      <td align="center"><img src="images/product/cart1.jpg" alt="image 1" /></td>
      <td>有情人终成眷属</td>
      <td align="center"><input type="text" value="1" style="width: 20px; text-align: right" /> </td>
      <td align="right">&yen;198</td>
      <td align="right">&yen;198</td>
      <td align="center">
        <a href="#"><img src="images/remove_x.gif" alt="remove" /><br />删除</a>
      </td>
    </tr>
    <tr>
      <td align="center"><img src="images/product/cart2.jpg" alt="image 2" /> </td>
      <td>祝你每天都快乐幸福</td>
      <td align="center"><input type="text" value="1" style="width: 20px; text-align: right" /> </td>
      <td align="right">&yen;428</td>
      <td align="right">&yen;428</td>
      <td align="center">
        <a href="#"><img src="images/remove_x.gif" alt="remove" /><br />删除</a>
      </td>
    </tr>
    <tr>
      <td align="center"><img src="images/product/cart3.jpg" alt="image 3" /> </td>
      <td>愿天下母亲身体健康</td>
      <td align="center"><input type="text" value="1" style="width: 20px; text-align: right" /> </td>
      <td align="right">&yen;238</td>
      <td align="right">&yen;238</td>
      <td align="center">
        <a href="#"><img src="images/remove_x.gif" alt="remove" /><br />删除</a>
      </td>
    </tr>
    <tr>
      <td colspan="3" align="right" height="30px">如果您修改了购物车，请点击这里 <a
href="cart.html"><strong>更新</strong></a>  </td>
```

```
            <td align="right" style="background:#ddd; font-weight:bold"> 总计 </td>
            <td align="right" style="background:#ddd; font-weight:bold">&yen;864 </td>
            <td style="background:#ddd; font-weight:bold"> </td>
        </tr>
    </table>
    <div style="float:right; width: 215px; margin-top: 20px;">
        <a href="checkout.html">结算</a> <a href="javascript:history.back()">继续购物</a>
    </div>
</div>
```

④ 浏览网页。在浏览器中浏览已制作完成的页面，页面的显示效果如图 9-26 所示。

【案例说明】细心的读者一定注意到，本页面中的表格并未使用外部样式表，而是结合表格的结构，使用行内样式进行布局。之所以这样布局，是因为表格布局技术只适合页面局部布局，并且页面中也很少使用表格大量地显示网页内容。因此，设计人员可以在使用表格布局页面内容时，结合行内样式修饰表格中的行和单元格，进而美化页面效果。

至此，网络花店前台的主要页面已制作完毕，读者可以在此基础上根据自己的喜好修改相关的 CSS 规则，进一步美化页面。

习题 9

1．综合使用 Div+CSS 技术制作网络花店的“关于我们”页面，如图 9-29 所示。

图 9-29　题 1 图

2．综合使用 Div+CSS 技术制作网络花店的“结算”页面，如图 9-30 所示。

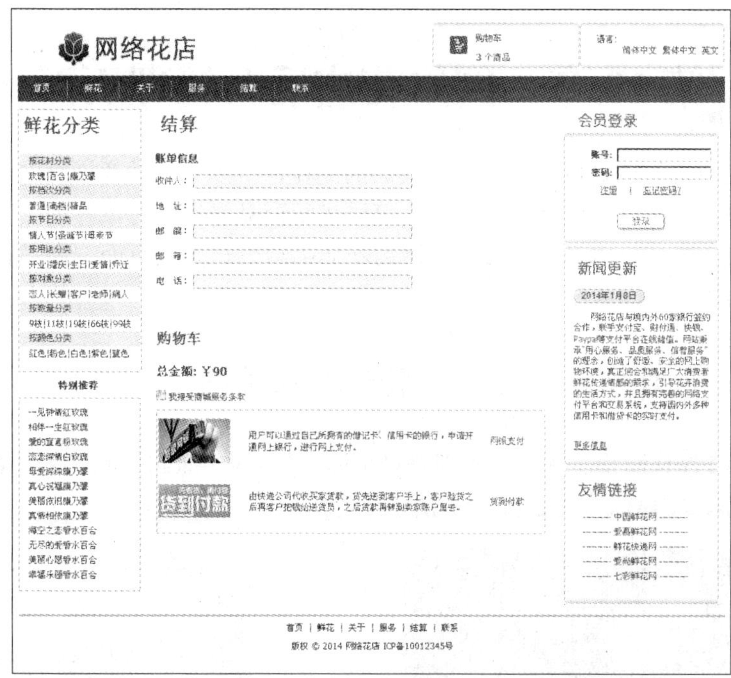

图 9-30　题 2 图

3．综合使用 Div+CSS 技术制作网络花店的“联系我们”页面，如图 9-31 所示。

图 9-31　题 3 图

第 10 章　网络花店后台管理页面

前面章节主要讲解的是网络花店前台页面的制作，一个完整的商城网站还应该包括后台管理页面。管理员登录后台管理页面之后，可以进行商品管理、订单管理、会员管理、广告管理和网店设置等操作。本章将主要讲解网络花店后台管理登录页面、商品查询页面、商品修改页面和商品添加页面的制作。

10.1　案例：制作网络花店后台管理登录页面

【案例展示】制作网络花店后台管理登录页面，本例文件 login.html 在浏览器中的浏览效果如图 10-1 所示，布局示意图如图 10-2 所示。

图 10-1　花店后台管理登录页面的效果

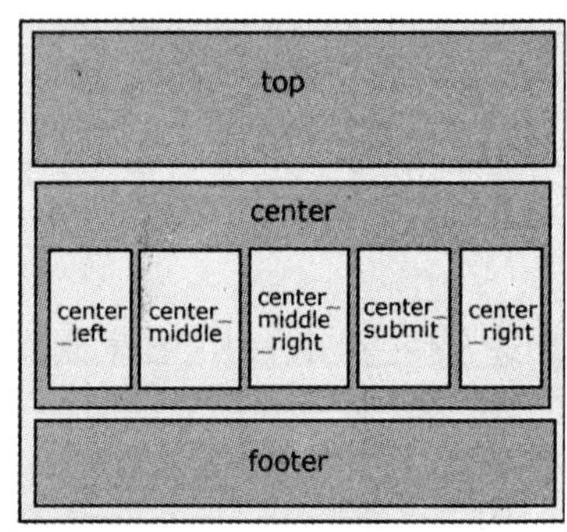

图 10-2　页面的布局示意图

【学习目标】掌握使用 Div+CSS 综合布局页面的技术。

【知识要点】表单布局与修饰。

网络花店后台管理登录页面是管理员在登录表单中输入用户名、密码和验证码进而登录系统的页面。

【案例：制作网络花店后台管理登录页面】制作过程如下：

① 建立后台管理目录。

后台管理页面需要单独存放在一个目录中，以区别于前台页面。首先，在网站根目录中新建一个名为 admin 的目录，该目录用于存放后台管理的页面和子目录。另外，在 admin 目录中还需要建立后台管理页面存放图片的目录 images 和样式表目录 css，网站的整体目录结构如图 10-3 所示。

图 10-3　网站的整体目录结构

需要说明的是，这里新建的 images 目录虽然与网站根目录下的相应目录同名，但其位于 admin 目录中，二者互不影响。设计人员在制作后台管理页面时，要注意使用相对路径访问相关文件。

② 准备素材。将后台管理页面需要使用的图像素材存放在新建的 images 目录下。

③ 新建网页。在 admin 目录下新建后台管理登录页面 login.html、商品查询页面 search.html、商品修改页面 update.html 和商品添加页面 add.html。

④ 外部样式表。在新建的 css 目录下分别建立登录页使用的样式表 login.css 和管理页使用的样式表 style.css。

⑤ 添加 CSS 规则。打开 css 目录下的样式表文件 login.css，准备添加后台管理登录页的 CSS 规则。

从图 10-2 中可以看出，登录页面的布局结构相对比较简单，主要包含 3 个大的 Div 容器，分别是顶部容器 top、主体内容容器 center 和底部容器 footer，如图 10-4 所示。

图 10-4 登录页面的布局结构

login.css 的代码如下：

```
body {                              /*页面的整体样式*/
    margin:0;                       /*外边距为 0px*/
    padding:0;                      /*内边距为 0px*/
    overflow:hidden;                /*溢出隐藏*/
    background:url(../images/login_03.gif) repeat-x;      /*背景图像水平重复*/
    font-size: 12px;
    color: #adc9d9;
}
#top {                              /*顶部容器样式*/
    margin: 0 auto;                 /*页面自动居中*/
    clear:both;                     /*清除所有浮动*/
    height:318px;
    width:847px;
    background:url(../images/login_04.gif) no-repeat;     /*背景图像无重复*/
}
#center {                           /*主体内容容器的样式*/
    height:84px;
    text-align:center;              /*文字居中对齐*/
}
#center_left {                      /*主体内容左侧区域的样式*/
    margin-left:216px;              /*左外边距为 216px*/
    float:left;                     /*向左浮动*/
```

```
        background:url(../images/login_06.gif) no-repeat;      /*背景图像无重复*/
        height:84px;
        width:381px;
}
#center_middle {                    /*主体内容中间区域的样式*/
        float:left;                 /*向左浮动*/
        background:url(../images/login_07.gif) no-repeat;      /*背景图像无重复*/
        height:84px;
        width:162px;
}
.user {                             /*用户登录区域的样式*/
        margin: 6px auto;           /*上下外边距为 6px，左右居中对齐*/
}
form {                              /*登录表单的样式*/
        margin:0;                   /*外边距为 0px*/
        padding:0;                  /*内边距为 0px*/
}
input {                             /*输入元素的样式*/
        width:100px;
        height:17px;
        background-color:#87adbf;   /*浅蓝色背景*/
        border:solid 1px #153966;   /*边框为 1px 的深灰色实线*/
        font-size:12px;             /*文字大小为 12px*/
        color:#283439;              /*深灰色文字*/
}
.chknumber {                        /*验证码区域的样式*/
        margin-bottom:3px;          /*下外边距为 3px*/
        text-align:left;            /*文字左对齐*/
        padding-left:3px            /*左内边距为 3px*/
}
.chknumber_input {                  /*验证码区域中输入框的样式*/
        width:40px;                 /*输入框宽为 40px*/
}
img {                               /*验证码图像的样式*/
        border:none;                /*不显示边框*/
        cursor:pointer;             /*鼠标经过图像手形显示*/
}
#center_middle_right {              /*主体内容中间与右侧间隔区域的样式*/
        float:left;                 /*向左浮动*/
        background:url(../images/login_08.gif) no-repeat;/*背景图像无重复*/
        height:84px;
        width:26px;
}
#center_submit {                    /*主体内容提交与重置按钮区域的样式*/
        float:left;                 /*向左浮动*/
        background:url(../images/login_09.gif) no-repeat;/*背景图像无重复*/
        height:84px;
```

```
        width:67px;
}
.button {
        margin: 15px auto;
}
#center_right {                         /*主体内容右侧区域的样式*/
        float:left;                     /*向左浮动*/
        background:url(../images/login_10.gif) no-repeat;/*背景图像无重复*/
        height:84px;
        width:211px;
}
#footer {                               /*底部容器的样式*/
        margin:0 auto;                  /*页面自动居中*/
        background:url(../images/login_11.gif) no-repeat;/*背景图像无重复*/
        height:206px;
        width:847px;
}
```

⑥ 网页结构文件。在当前文件夹中，用记事本新建一个名为 login.html 的网页文件，代码如下：

```
<!doctype html>
<html>
<head>
<meta charset="gb2312">
<title>花店后台登录页</title>
<link rel="stylesheet" type="text/css" href="css/login.css"/>
</head>
<body>
<div id="top"> </div>
<form id="login" name="login" method="post">
  <div id="center">
    <div id="center_left"></div>
    <div id="center_middle">
      <div class="user">
        <label>用户名：
        <input type="text" name="user" id="user" />
        </label>
      </div>
      <div class="user">
        <label>密　码：
        <input type="password" name="pwd" id="pwd" />
        </label>
      </div>
      <div class="chknumber">
        <label>验证码：
        <input name="chknumber" type="text" id="chknumber" maxlength="4" class= "chknumber_
input" />
```

```
                </label>
                <img src="images/checkcode.png" id="safecode" />
            </div>
        </div>
        <div id="center_middle_right"></div>
        <div id="center_submit">
            <div class="button"> <img src="images/dl.gif" width="57" height="20"> </div>
            <div class="button"> <img src="images/cz.gif" width="57" height="20"> </div>
        </div>
        <div id="center_right"></div>
    </div>
</form>
<div id="footer"></div>
</body>
</html>
```

⑦ 浏览网页。在浏览器中浏览已制作完成的页面，页面的显示效果如图 10-1 所示。

10.2 案例：制作商品查询页面

【案例展示】制作商品查询页面，本例文件 search.html 在浏览器中的浏览效果如图 10-5 所示，布局示意图如图 10-6 所示。

图 10-5 商品查询页面

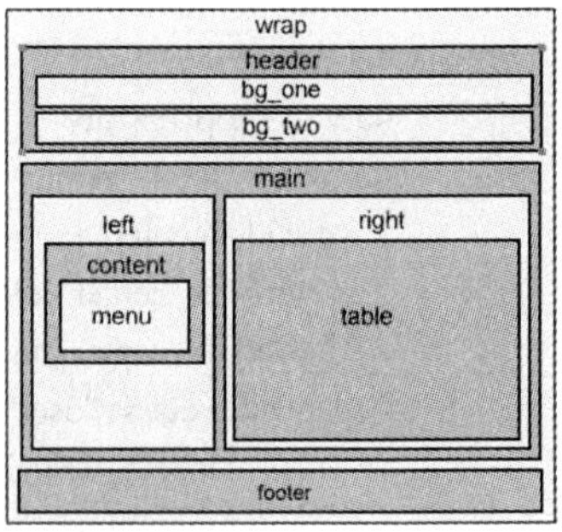

图 10-6 布局示意图

【学习目标】掌握使用 Div+CSS 综合布局页面的技术。

【知识要点】导航菜单、表单修饰、局部表格布局技术。

管理员成功登录花店后台管理系统后，就可以执行后台管理常见的操作了，如商品查询、商品添加、商品修改以及会员管理等。商品查询页面是管理员在搜索栏中输入关键字后，通过系统搜索找出符合条件的商品列表页面。

【案例：制作商品查询页面】制作过程如下：

① 准备素材。将商品查询页面需要使用的图像素材存放在新建的 images 目录下。

② 添加 CSS 规则。打开 css 目录下的样式表文件 style.css，准备添加商品查询页面的 CSS 规则。

a．页面整体的样式

页面整体样式包括页面 body、图像、浮动及清除浮动、wrapper 容器的 CSS 定义，CSS 代码如下：

```
body {                          /*页面整体的样式*/
    font:12px Arial, Helvetica, sans-serif;
    color: #000;                /*黑色文字*/
    background-color: #EEF2FB;/*浅色背景*/
    width:1002px;               /*页面宽为 1002px*/
    margin:0px auto;            /*页面自动居中对齐*/
}
img{
  border:none;                  /*图像无边框*/
}
img.valign{
  vertical-align:bottom         /*图像和文字垂直对齐方式为底端对齐*/
}
.float_r{
  float:right;                  /*向右浮动*/
}
.float_l{
  float:left;                   /*向左浮动*/
}
#wrapper{                       /*页面容器的样式*/
  width:1002px;                 /*容器宽为 1002px*/
}
```

b．页面顶部区域的制作

页面顶部区域分为上、下两个部分，上面部分包括标题文字及右对齐的功能链接，下面部分包括横向导航菜单，如图 10-7 所示。

图 10-7　页面顶部区域

页面顶部区域的 CSS 代码如下：

```
#header{                        /*页面顶部容器的样式*/
  width:100%;                   /*容器宽度相对单位*/
}
#header .bg_one{                /*页面顶部上面背景的样式*/
  height:57px;
  background:url(../images/main_03.gif) repeat-x;/*背景图像水平重复*/
  text-align:center;            /*文字居中对齐*/
```

```
}
.main_title{                    /*页面顶部标题的样式*/
        padding:10px 0 0 0;      /*上、右、下、左的内边距依次为 10px,0px,0px,0px*/
        color:#fff;              /*白色文字*/
        font-family:"华文细黑";
        font-size:20px;
}
.right_button{                  /*右侧功能按钮区域的样式*/
        padding:0px 10px 0 0;    /*上、右、下、左的内边距依次为 0px,10px,0px,0px*/
}
#header .bg_two{                /*页面顶部下面背景的样式*/
    height:40px;
    background:url(../images/main_10.gif) repeat-x      /*背景图像水平重复*/
}
.left_button{                   /*左侧导航按钮区域的样式*/
        width:260px;
        padding:12px 0 0 10px;   /*上、右、下、左的内边距依次为 12px,0px,0px,10px*/
}
#header a{                      /*页面顶部容器中超链接的样式*/
        color:#fff;              /*白色文字*/
        text-decoration:none     /*链接无修饰*/
}
#header a:hover{                /*页面顶部容器中悬停链接的样式*/
        text-decoration:underline  /*加下画线*/
}
```

c．页面主体内容区域的制作

页面主体内容区域被放置在名为 main 的 Div 容器中，包括左侧的导航菜单和右侧的相关信息两个部分。导航菜单被放置在名为 left 的 Div 容器中，右侧的相关信息被放置在名为 right 的 Div 容器中，如图 10-8 所示。

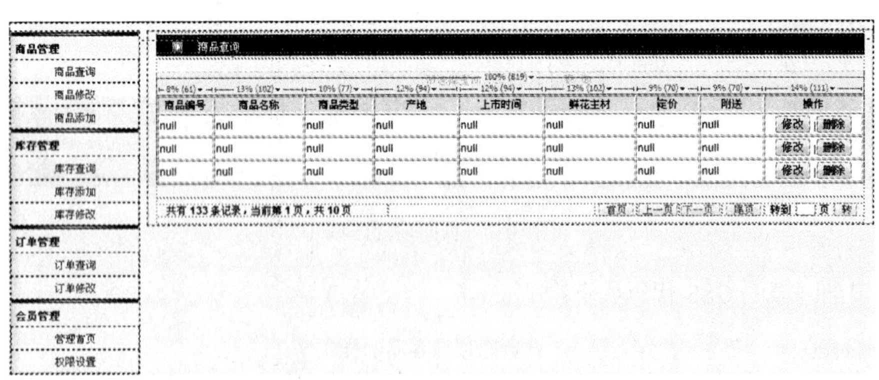

图 10-8　页面主体内容区域

页面主体内容区域的 CSS 代码如下：

```
#main{                          /*页面主体容器的样式*/
        clear:both;              /*清除所有浮动*/
```

```
    padding:10px 0px;              /*上、右、下、左的内边距依次为 10px,0px,10px,0px*/
}
#left{                             /*主体容器左侧区域的样式*/
    width: 150px;                  /*左侧宽度为 150px*/
    float:left;                    /*向左浮动*/
    border:1px solid #c5c5c5;      /*边框为 1px 的浅灰色实线*/
}
.content{                          /*左侧区域内容的样式*/
    width: 150px;
}
.menu {                            /*左侧菜单的样式*/
    width: 150px;                  /*菜单宽度为 150px*/
    margin: 0px;                   /*外边距为 0px*/
    padding: 0px;                  /*内边距为 0px*/
}
.menu ul {                         /*菜单列表的样式*/
    list-style-type: none;         /*不显示项目符号*/
    margin: 0px;
    padding: 0px;
    display: block;                /*块级元素*/
}
.menu li {                         /*菜单列表项的样式*/
    font-family: Arial, Helvetica, sans-serif;
    font-size: 12px;
    line-height: 26px;             /*行高为 26px*/
    color: #333333;                /*深灰色文字*/
    list-style-type: none;         /*不显示项目符号*/
    display: block;                /*块级元素*/
    text-decoration: none;         /*无修饰*/
    height: 26px;
    width: 150px;
    padding-left: 0px;
    background-image: url(../images/menu_bg1.gif);     /*背景图像*/
    background-repeat: no-repeat;                      /*背景图像不重复*/
}
li.title{                          /*顶级菜单项的样式*/
    width: 145px;                  /*设置宽度为 145px 是为了预留左内边距 5px*/
    padding:0 0 0 5px;             /*左内边距为 5px*/
    text-align:left;               /*文字左对齐*/
    font-weight:bold;              /*字体加粗*/
    background-image: url(../images/menu_bg1.gif);     /*背景图像*/
    background-repeat: no-repeat;                      /*背景图像不重复*/
}
.menu a:link {                     /*菜单链接的样式*/
    font-family: Arial, Helvetica, sans-serif;
    font-size: 12px;
    line-height: 26px;             /*行高为 26px*/
```

```
        color: #333333;                 /*深灰色文字*/
        height: 26px;
        width: 150px;
        display: block;                 /*块级元素*/
        text-align: center;             /*文字居中对齐*/
        margin: 0px;
        padding: 0px;
        overflow: hidden;               /*溢出隐藏*/
        text-decoration: none;          /*链接无修饰*/
}
.menu a:visited {                       /*菜单访问过链接的样式*/
        font-family: Arial, Helvetica, sans-serif;
        font-size: 12px;
        line-height: 26px;
        color: #333333;                 /*深灰色文字*/
        display: block;                 /*块级元素*/
        text-align: center;             /*文字居中对齐*/
        margin: 0px;
        padding: 0px;
        height: 26px;
        width: 150px;
        text-decoration: none;          /*链接无修饰*/
}
.menu a:active {                        /*菜单激活链接的样式*/
        font-family: Arial, Helvetica, sans-serif;
        font-size: 12px;
        line-height: 26px;
        color: #333333;                 /*深灰色文字*/
        height: 26px;
        width: 150px;
        display: block;                 /*块级元素*/
        text-align: center;
        margin: 0px;
        padding: 0px;
        overflow: hidden;               /*溢出隐藏*/
        text-decoration: none;          /*链接无修饰*/
}
.menu a:hover {                         /*菜单悬停链接的样式*/
        font-family: Arial, Helvetica, sans-serif;
        font-size: 12px;
        line-height: 26px;
        font-weight: bold;              /*字体加粗*/
        color: #006600;                 /*绿色文字*/
        text-align: center;
        display: block;                 /*块级元素*/
        margin: 0px;
        padding: 0px;
```

```
        height: 26px;
        width: 150px;
        text-decoration: none;          /*链接无修饰*/
    }
    #right{                             /*主体容器右侧区域的样式*/
        width: 832px;                   /*宽度为 832px*/
        float:left;                     /*向左浮动*/
        padding:0 3px;                  /*上、右、下、左的内边距依次为 0px,3px, 0px,3px*/
        margin:0 0 0 10px;              /*上、右、下、左的外边距依次为 0px,0px, 0px,10px*/
        border:1px solid #c5c5c5;       /*边框为 1px 的浅灰色实线*/

    }
    #right form{                        /*右侧区域表单的样式*/
        margin:15px 0;                  /*上、右、下、左的外边距依次为 15px,0px,15px,0px*/
    }
    #right .title{                      /*右侧区域上端标题的样式*/
        color:#fff;                     /*白色文字*/
    }
    table.line_table{                   /*右侧区域细线表格的样式*/
        border:1px solid #5c5c5c;       /*边框为 1px 的浅灰色实线*/
        margin-top:5px;                 /*上外边距为 5px*/
        padding:3px;                    /*四周内边距为 3px*/
    }
```

d．页面底部区域的制作

页面底部区域的内容被放置在名为 footer 的 Div 容器中，用来显示版权信息，如图 10-9 所示。

版权 © 2014 网络花店 ICP备10012345号

图 10-9　页面底部区域

页面底部区域的 CSS 代码如下：

```
    #footer{                            /*页面底部容器的样式*/
        clear:both;                     /*清除所有浮动*/
        width:100%;
        float:left;                     /*向左浮动*/
        margin:8px 0 0 0;               /*上、右、下、左的外边距依次为 8px,0px,0px,0px*/
        height:50px;
        text-align:center;              /*文字居中对齐*/
        border:1px solid #c5c5c5;       /*设置上边框为 1px 的实线*/
    }
    #footer p{  /*页面底部容中段落器的样式*/
        padding:5px 0 0 0               /*上、右、下、左的内边距依次为 5px,0px,0px,0px*/
    }
```

③ 网页结构文件。在当前文件夹中，用记事本新建一个名为 search.html 的网页文件，代码如下：

```
<!doctype html>
<html>
<head>
<meta charset="gb2312">
<title>花店后台 - 商品查询</title>
</head>
<link type="text/css" href="css/style.css"   rel="stylesheet" />
<body>
  <div id="wrapper">
    <div id="header">
      <div class="bg_one">
        <div class="main_title">网络花店后台管理</div>
        <div class="float_r">
          <span class="right_button">
            <a href="#"><img src="images/pass.gif" width="69" height="17" /></a>
            <a href="#"><img src="images/user.gif" width="69" height="17" /></a>
            <a href="#"><img src="images/quit.gif" width="69" height="17" /></a>
          </span>
        </div>
      </div>
      <div class="bg_two">
        <div class="float_l">
          <span class="float_l left_button">
            <a href="#"><img src="images/main_13.gif" class="valign"/>首页</a>
            <a href="#"><img src="images/main_15.gif" class="valign"/>后退</a>
            <a href="#"><img src="images/main_17.gif" class="valign"/>前进</a>
            <a href="#"><img src="images/main_19.gif" class="valign"/>刷新</a>
            <a href="#"><img src="images/main_21.gif" class="valign"/>帮助</a>
          </span>
        </div>
      </div>
    </div>
    <div id="main">
      <div id="left">
       <div class="content">
        <img src="images/menu_topline.gif" width="150" height="5" />
        <ul class="menu">
          <li class="title">商品管理</li>
          <li><a href="search.html">商品查询</a></li>
          <li><a href="update.html">商品修改</a></li>
          <li><a href="add.html">商品添加</a></li>
        </ul>
      </div>
      <div class="content">
        <img src="images/menu_topline.gif" width="150" height="5" />
        <ul class="menu">
```

```
        <li class="title">库存管理</li>
        <li><a href="#">库存查询</a></li>
        <li><a href="#">库存添加</a></li>
        <li><a href="#">库存修改</a></li>
    </ul>
</div>
<div class="content">
    <img src="images/menu_topline.gif" width="150" height="5" />
    <ul class="menu">
        <li class="title">订单管理</li>
        <li><a href="#">订单查询</a></li>
        <li><a href="#">订单修改</a></li>
    </ul>
</div>
<div class="content">
    <img src="images/menu_topline.gif" width="150" height="5" />
    <ul class="menu">
        <li class="title">会员管理</li>
        <li><a href="#">管理首页</a></li>
        <li><a href="#">权限设置</a></li>
    </ul>
</div>
</div>
<div id="right">
  <table width="820" border="0" align="center" cellpadding="0" cellspacing="0">
    <tr>
        <td height="30">
            <table width="100%" border="0" cellspacing="0" cellpadding="0">
                <tr>
                    <td height="24" bgcolor="#353c44">
                        <table width="100%" border="0" cellspacing="0" cellpadding="0">
                            <tr>
                                <td>
                                    <table width="100%" border="0" cellspacing="0" cellpadding="0">
                                        <tr>
                                            <td width="6%" height="19" valign="bottom">
                                                <div align="center">
                                                    <img src="images/tb.gif" width="14" height="14" />
                                                </div>
                                            </td>
                                            <td width="94%" valign="bottom">
                                                <span class="title">商品查询</span>
                                            </td>
                                        </tr>
                                    </table>
                                </td>
```

```
                    </tr>
                  </table>
                </td>
              </tr>
            </table>
          </td>
        </tr>
        <tr>
          <td>
            <form>
              <table    width="100%" border="0" cellpadding="0" cellspacing="0" >
                <tr>
                  <td><input type="text" name="textfield" width="300"/>  
                        <select name="" style="border-width:3px;">
                          <option value="" selected> 请选择查询方式 </option>
                          <option value="0">---商品类型---</option>
                          <option value="1">---名称查询---</option>
                          <option value="2">---产地---</option>
                          <option value="3">---定价---</option>
                        </select>   
                        <input type="button" value="  查  询  " />
                  </td>
                </tr>
              </table>
              <table width="100%" border="1" class="line_table">
                 <tr style="background:#d3eaef">
                   <td width="8%" align="center">商品编号</td>
                   <td width="13%" align="center">商品名称</td>
                   <td width="10%" align="center">商品类型</td>
                   <td width="12%" align="center">产地</td>
                   <td width="12%" align="center">上市时间</td>
                   <td width="13%" align="center">鲜花主材</td>
                   <td width="9%" align="center">定价</td>
                   <td width="9%" align="center">附送</td>
                   <td width="14%" align="center">操作</td>
                 </tr>
                 <tr style="background:#fff">
                   <td width="8%">null</td>
                   <td width="13%">null</td>
                   <td width="10%">null</td>
                   <td width="12%">null</td>
                   <td width="12%">null</td>
                   <td width="13%">null</td>
                   <td width="9%">null</td>
                   <td width="9%">null</td>
                   <td width="14%" align="center">
```

```
                <input name="submit" type="button" value="修改" />
               |<input name="submit" type="button" value="删除" />
              </td>
            </tr>
            <tr style="background:#fff">
              <td width="8%">null</td>
              <td width="13%">null</td>
              <td width="10%">null</td>
              <td width="12%">null</td>
              <td width="12%">null</td>
              <td width="13%">null</td>
              <td width="9%">null</td>
              <td width="9%">null</td>
              <td width="14%" align="center">
                <input name="submit" type="button" value="修改" />
               |<input name="submit" type="button" value="删除" />
              </td>
            </tr>
            <tr style="background:#fff">
              <td width="8%">null</td>
              <td width="13%">null</td>
              <td width="10%">null</td>
              <td width="12%">null</td>
              <td width="12%">null</td>
              <td width="13%">null</td>
              <td width="9%">null</td>
              <td width="9%">null</td>
              <td width="14%" align="center">
                <input name="submit" type="button" value="修改" />
               |<input name="submit" type="button" value="删除" /></td>
            </tr>
          </table>
        </form>
      </td>
    </tr>
    <tr>
      <td height="30">
        <table width="100%" border="0" cellspacing="0" cellpadding="0">
          <tr>
            <td  width="33%"><div  align="left"><span>     共 有
<strong> 133</strong> 条记录，当前第<strong> 1</strong> 页，共 <strong>10</strong> 页</span></div>
            </td>
            <td width="67%">
              <table width="312" border="0" align="right" cellpadding="0" cellspacing="0">
                <tr>
                  <td   width="49"><div   align="center"><img   src="images/main_54.gif"
```

```
width="40" height="15" /></div></td>
                              <td   width="49"><div   align="center"><img   src="images/main_56.gif"
width="45" height="15" /></div></td>
                              <td   width="49"><div   align="center"><img   src="images/main_58.gif"
width="45" height="15" /></div></td>
                              <td   width="49"><div   align="center"><img   src="images/main_60.gif"
width="40" height="15" /></div></td>
                              <td width="37"><div align="center">转到</div></td>
                              <td width="22">
                                <div align="center">
                                  <input type="text" name="textfield" id="textfield"  style="width:20px;
height:12px; font-size:12px; border:solid 1px #7aaebd;"/>
                                </div>
                              </td>
                              <td width="22"><div align="center">页</div></td>
                              <td width="35">
                                <img src="images/main_62.gif" width="26" height="15" />
                              </td>
                            </tr>
                          </table>
                        </td>
                      </tr>
                    </table>
                  </td>
                </tr>
              </table>
            </div>
          </div>
          <div id="footer">
            <p>版权 &copy; 2014 网络花店 ICP 备 10012345 号</p>
          </div>
        </div>
      </body>
      </html>
```

④ 浏览网页。在浏览器中浏览已制作完成的页面，页面的显示效果如图 10-5 所示。

【案例说明】 在前面的章节中，已经讲到表格布局仅适用于页面中数据规整的局部布局。在本页面主体内容右侧相关信息区域就用到了表格的布局，读者一定要明白表格布局的适用范围，即只适用于局部布局，而不适用于全局布局。

10.3 案例：制作商品添加页面

【案例展示】 制作商品添加页面，本例文件 add.html 在浏览器中的浏览效果如图 10-10 所示，布局示意图如图 10-11 所示。

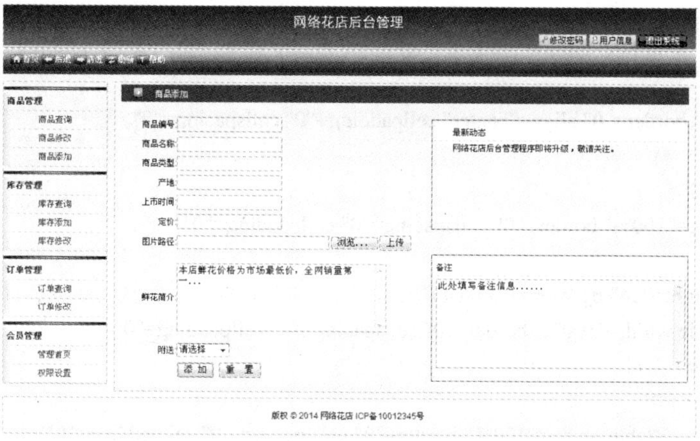

图 10-10　商品添加页面

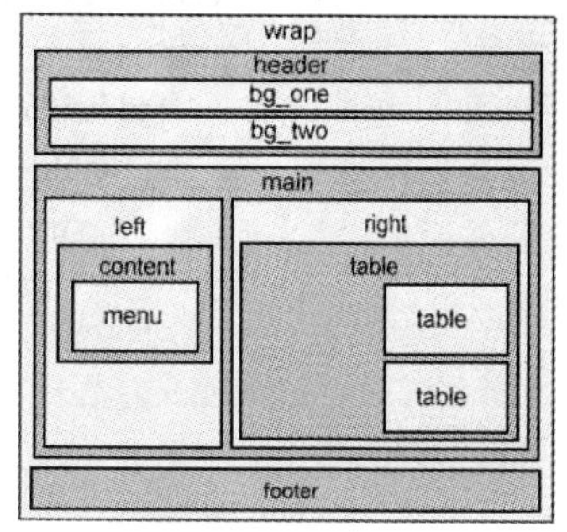

图 10-11　布局示意图

【学习目标】掌握使用 Div+CSS 综合布局页面的技术。

【知识要点】导航菜单、表单修饰、局部表格布局技术。

商品添加页面是管理员通过表单输入新的商品数据，然后提交到网站数据库中的页面。商品添加页面的布局与商品查询页面的布局有极大的相似之处，这里不再赘述相同部分的实现过程，而是重点讲解两个页面不同部分的制作。

【案例：制作商品添加页面】的制作过程如下：

① 准备 JavaScript 脚本。

当用户需要根据日期来查询商品情况时，如果直接在日期输入框中输入日期操作起来比较麻烦，这里采用 JavaScript 脚本来解决这个问题。用户只需要单击日期输入框就可以弹出一个选择日期的小窗口，进而方便地选择日期。实现这个功能的操作将在本页的制作过程中讲解，由于该脚本的代码较长，这里采用链接 JavaScript 脚本到页面中的方法来实现这一功能。

在建立商城首页的准备工作中，用户曾经在网站根目录中建立了一个专门存放 JavaScript 脚本的目录 js，这里需要提前将商品添加页面中需要用到的脚本文件 calender.js 复制到目录 js 中。

② 网页结构文件。在当前文件夹中，用记事本新建一个名为 add.html 的网页文件。

商品添加页面与商品查询页面的不同之处在于页面主体内容右侧相关信息的内容不同，右侧的相关信息被放置在名为 right 的 Div 容器中，如图 10-12 所示。

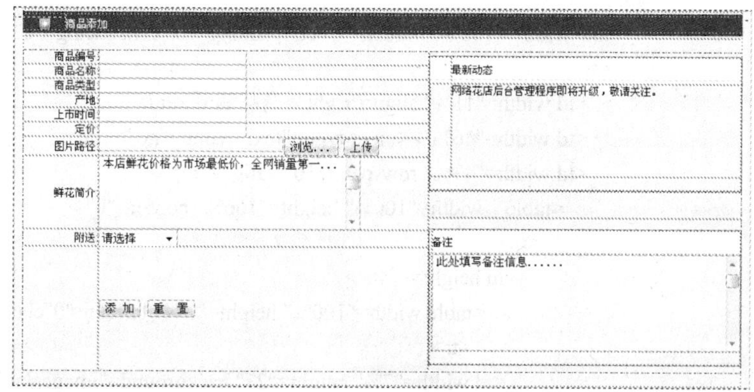

图 10-12　右侧相关信息

add.html 右侧相关信息的网页结构代码如下：

```
<div id="right">
        <table width="820" border="0" align="center" cellpadding="0" cellspacing="0">
          <tr>
            <td height="30">
              <table width="100%" border="0" cellspacing="0" cellpadding="0">
                <tr>
                  <td height="24" bgcolor="#353c44">
                    <table width="100%" border="0" cellspacing="0" cellpadding="0">
                      <tr>
                        <td>
                          <table width="100%" border="0" cellspacing="0" cellpadding="0">
                            <tr>
                              <td width="6%" height="19" valign="bottom">
                                <div align="center">
                                  <img src="images/tb.gif" width="14" height="14" />
                                </div>
                              </td>
                              <td width="94%" valign="bottom">
                                <span class="title"> 商品添加</span>
                              </td>
                            </tr>
                          </table>
                        </td>
                      </tr>
                    </table>
                  </td>
                </tr>
              </table>
            </td>
          </tr>
          <tr>
            <td>
              <form>
                <table width="100%" border="0" cellpadding="0" cellspacing="0">
                  <tr>
                    <td width="11%" align="right">商品编号:</td>
                    <td width="46%"><input type="text" name="no"></td>
                    <td width="43%" rowspan="10" valign="top">
                      <table   width="100%" height="166%" border="0" >
                        <tr>
                          <td height="140">
                             <table width="100%" height="144" border="0"class="line_table">
                               <tr>
                           <td width="7%" height="27" background="images/news-title-bg.gif">
                                 <img src="images/news-title-bg.gif" width="2" height="27">
```

```
                </td>
            <td width="93%" background="images/news-title-bg.gif">最新动态</td>
                    </tr>
                    <tr>
                      <td height="102" valign="top"> </td>
                      <td height="102" valign="top">
                        网络花店后台管理程序即将升级，敬请关注。
                      </td>
                    </tr>
                    <tr>
                      <td height="5" colspan="2"> </td>
                    </tr>
                  </table>
                </td>
              </tr>
              <tr>
                <td height="30"> </td>
              </tr>
              <tr>
                <td height="171">
                    <table width="100%" height="144" class="line_table">
                      <tr>
            <td width="7%" height="27" background="images/news-title-bg.gif">
                          <img src="images/news-title-bg.gif" width="2" height="27">
                        </td>
                <td width="93%" background="images/news-title-bg.gif">备注</td>
                      </tr>
                      <tr>
                        <td height="102" valign="top"> </td>
                        <td height="102" valign="top">
                          <textarea name="textarea" cols="48" rows="8">
                            此处填写备注信息......
                          </textarea>
                        </td>
                      </tr>
                        <tr>
                          <td height="5" colspan="2"> </td>
                        </tr>
                    </table>
                </td>
              </tr>
            </table>
          </td>
        </tr>
        <tr><td  width="11%"  align="right">商品名称:</td><td  width="46%"><input
type="text" name="name"></td></tr>
```

```
<tr><td width="11%" align="right">商品类型:</td><td width="46%"><input type="text" name="type"></td></tr>
<tr><td width="11%" align="right">产 地:</td><td width="46%"><input type="text" name="source"></td></tr>
<tr><td width="11%" align="right">上市时间:</td><td width="46%"><input type="text" name="date"></td></tr>
<tr><td width="11%" align="right">定 价:</td><td width="46%"><input type="text" name="price"></td></tr>
<tr><td width="11%" align="right">图片路径:</td>
  <td width="46%"><input type="file" name="file" size="30"><input type="button" name="upload" value="上传"></td>
</tr>
<tr><td width="11%" align="right">鲜花简介:</td>
    <td width="46%"><textarea name="intro" rows="6" cols="40">本店鲜花价格为市场最低价，全网销量第一...</textarea></td>
</tr>
<tr><td width="11%" align="right">附送:</td>
    <td width="46%"><select>
            <option value="" selected>请选择</option>
            <option value="精美贺卡">精美贺卡</option>
            <option value="花卉手册">花卉手册</option>
        </select>
    </td>
</tr>
<tr>
  <td width="11%"> </td>
  <td width="46%"><input type="submit" value="添  加">  <input type="reset" value="重  置"></td>
</tr>
</table>
</form>
</td>
</tr>
</table>
</div>
```

③ 添加 JavaScript 脚本实现网页特效。

以上制作过程完成了网页的结构和布局，接下来在此基础上添加 JavaScript 脚本实现日期输入框的简化输入。

首先，链接外部 JavaScript 脚本文件到页面中。在页面的<head>和</head>代码之间添加以下代码：

```
<script type="text/javascript" src="../js/calender.js"></script>
```

接下来定位到日期输入框的代码，增加日期输入框获得焦点时的 onFocus 事件代码，调用 calender.js 中定义的设置日期函数 HS_setDate()。代码如下：

```
<input type="text" name="date" onFocus="HS_setDate(this)">
```

需要注意的是，函数 HS_setDate()的大小写一定要正确。

以上操作完成后，重新打开页面预览，当浏览者单击日期输入框时就可以看到弹出的选择日期窗口，进而便捷地选择日期，如图 10-13 所示。

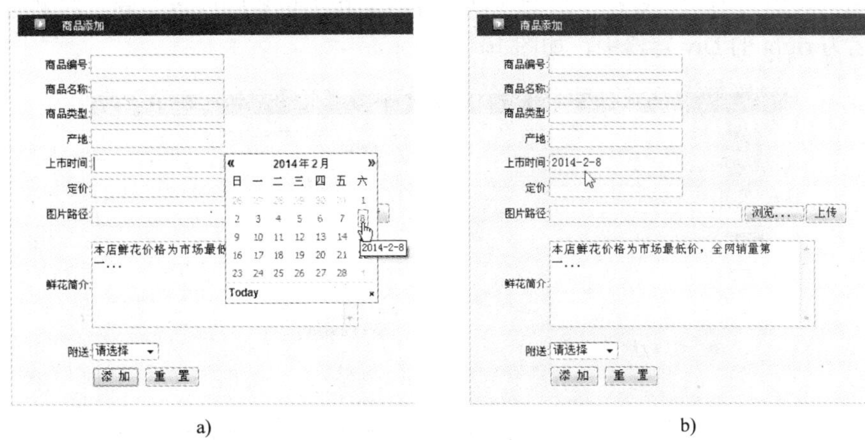

a) b)

图 10-13　使用选择日期窗口选择日期

a) 弹出选择日期窗口　b) 选择日期后

④ 浏览网页。在浏览器中浏览已制作完成的页面，页面的显示效果如图 10-10 所示。

10.4　案例：制作商品修改页面

【案例展示】制作商品修改页面，本例文件 update.html 在浏览器中的浏览效果如图 10-14 所示，布局示意图如图 10-15 所示。

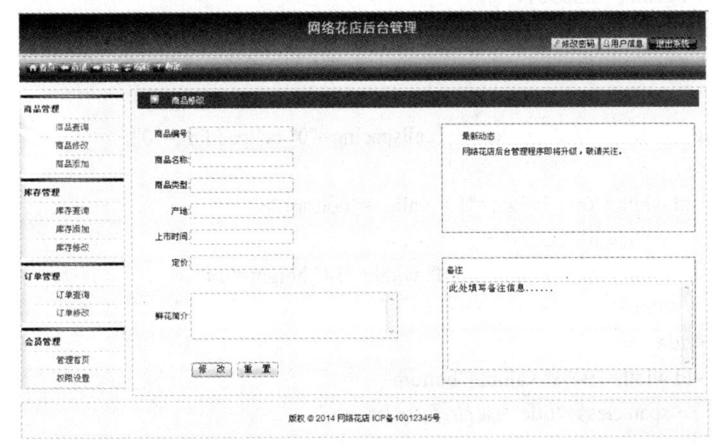

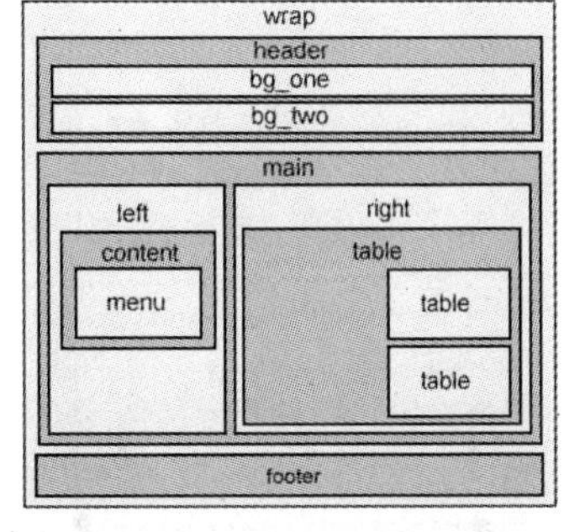

图 10-14　商品修改页面　　图 10-15　布局示意图

【学习目标】掌握使用 Div+CSS 综合布局页面的技术。

【知识要点】导航菜单、表单修饰、局部表格布局技术。

在商品修改页面中，管理员可以选择要修改的商品，然后在商品修改表单中重新定义商品的各个规格参数。商品修改页面的布局与商品添加页面有极大的相似之处，这里不再赘述相同部分的实现过程，而是重点讲解两个页面中不同部分的制作。

【案例：制作商品修改页面】制作过程如下：

① 网页结构文件。用记事本新建一个名为 update.html 的网页文件。

上述两个页面的不同之处在于页面主体内容右侧相关信息的内容不同，右侧的相关信息被放置在名为 right 的 Div 容器中，如图 10-16 所示。

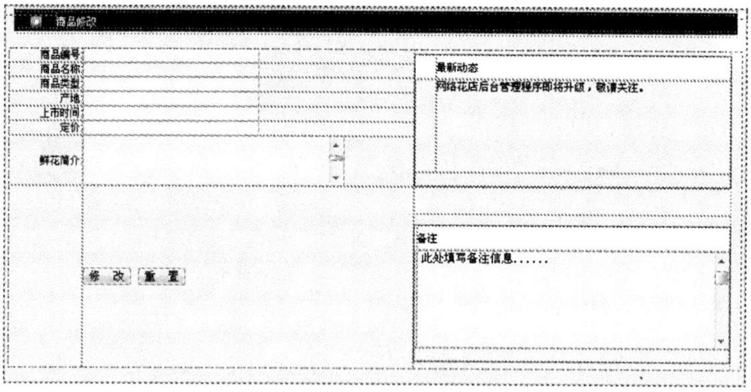

图 10-16　右侧相关信息

update.html 右侧相关信息的页面结构代码如下：

```
<div id="right">
  <table width="820" border="0" align="center" cellpadding="0" cellspacing="0">
    <tr>
      <td height="30">
        <table width="100%" border="0" cellspacing="0" cellpadding="0">
          <tr>
            <td height="24" bgcolor="#353c44">
              <table width="100%" border="0" cellspacing="0" cellpadding="0">
                <tr>
                  <td>
                    <table width="100%" border="0" cellspacing="0" cellpadding="0">
                      <tr>
                        <td width="6%" height="19" valign="bottom">
                          <div align="center">
                            <img src="images/tb.gif" width="14" height="14" />
                          </div>
                        </td>
                        <td width="94%" valign="bottom">
                          <span class="title">商品修改</span>
                        </td>
                      </tr>
                    </table>
                  </td>
                </tr>
              </table>
            </td>
```

```
                </tr>
              </table>
          </td>
        </tr>
      </table>
      <form>
        <table width="820" border="0" cellpadding="0" cellspacing="0" >
          <tr>
            <td width="11%" align="right">商品编号:</td>
            <td width="46%" ><input type="text" name="id" width="200px"></td>
            <td width="43%"   rowspan="10" valign="top">
              <table   width="100%" height="166%" border="0" cellpadding="0" cellspacing="0">
                <tr>
                  <td height="140">
                    <table width="100%" height="144" border="0" class="line_table">
                      <tr>
                        <td width="7%" height="27" background="images/news-title-bg.gif">
                          <img src="images/news-title-bg.gif" width="2" height="27">
                        </td>
                        <td width="93%" background="images/news-title-bg.gif">最新动态</td>
                      </tr>
                      <tr>
                        <td height="102" valign="top"> </td>
                        <td height="102" valign="top">网络花店后台管理程序……</td>
                      </tr>
                      <tr><td height="5" colspan="2"> </td></tr>
                    </table>
                  </td>
                </tr>
                <tr><td height="30"> </td></tr>
                <tr><td height="171">
                      <table width="100%" height="144" border="0" class="line_table">
                        <tr>
                          <td width="7%" height="27" background="images/news-title-bg.gif">
                            <img src="images/news-title-bg.gif" width="2" height="27">
                          </td>
                          <td width="93%" background="images/news-title-bg.gif">备注</td>
                        </tr>
                        <tr>
                          <td height="102" valign="top"> </td>
                          <td height="102" valign="top">
                            <textarea name="textarea" cols="48" rows="8" class="left_txt">
                              此处填写备注信息......
                            </textarea>
                           </td>
                         </tr>
                         <tr><td height="5" colspan="2"> </td></tr>
```

```
                </table>
              </td>
            </tr>
          </table>
        </td>
      </tr>
      <tr>
        <td width="11%" align="right">商品名称:</td>
        <td width="46%" ><input type="text" name="name" width="200px"></td>
      </tr>
      <tr>
        <td width="11%" align="right">商品类型:</td>
        <td width="46%" ><input type="text" name="type" width="200px"></td>
      </tr>
      <tr>
        <td width="11%" align="right">产地:</td>
        <td width="46%" ><input type="text" name="source" width="200px"></td>
      </tr>
      <tr>
        <td width="11%" align="right">上市时间:</td>
        <td width="46%" ><input type="text" name="date" width="200px"></td>
      </tr>
      <tr>
        <td width="11%" align="right">定价:</td>
        <td width="46%" ><input type="text" name="price" width="200px"></td>
      </tr>
      <tr>
        <td width="11%" align="right">鲜花简介:</td>
        <td width="46%" ><textarea name="intro"cols="40" rows="4"></textarea></td>
      </tr>
      <tr>
        <td width="11%" align="right">    </td>
        <td width="46%" align="left" ><input type="submit" value=" 修    改
">  <input type="reset" value="重  置"></td>
      </tr>
    </table>
  </form>
</div>
```

② 浏览网页。在浏览器中浏览已制作完成的页面，页面的显示效果如图 10-14 所示。

至此，网络花店后台管理页面已制作完毕，读者可以在此基础上根据自己的喜好修改相关的 CSS 规则，进一步美化页面。

10.5 页面的整合

在前面讲解的网络花店的相关示例中，都是按照某个栏目进行页面制作的，并未将所有的页面整合在一个统一的站点之下。读者完成网络花店所有栏目的页面制作之后，需要将这些栏目的页面整合在一起形成一个完整的站点。

这里以网络花店环保社区页面为例，讲解一下整合栏目的方法。由于在最后两章的综合案例中建立了网站的站点，其对应的文件夹是 D:\page\ch9，因此可以按照栏目的含义在 D:\page\ch9 下建立环保社区栏目的文件夹 protect，然后将前面章节中做好的环保社区页面及素材一起复制到文件夹 protect 中。

采用类似的方法，读者可以完成所有栏目的整合，这里不再赘述。最后需要说明的是，当这些栏目整合完成之后，还需要正确地设置各级页面之间的链接，使之有效地完成各个页面的跳转功能。

习题 10

1．制作会员中心会员注册页面，如图 10-17 所示。

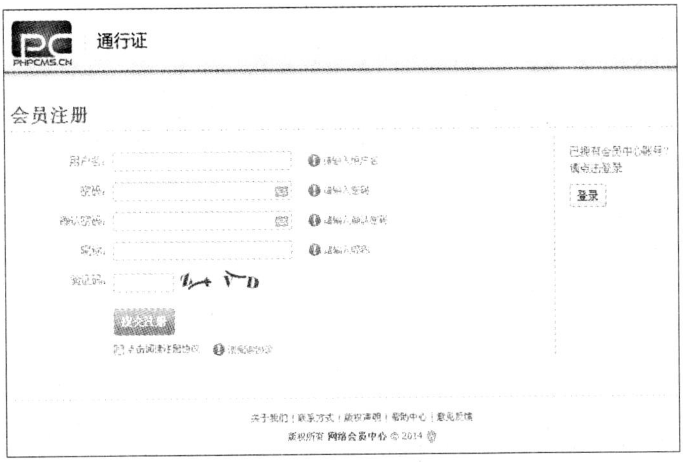

图 10-17　题 1 图

2．制作会员中心后台管理登录页面，如图 10-18 所示。

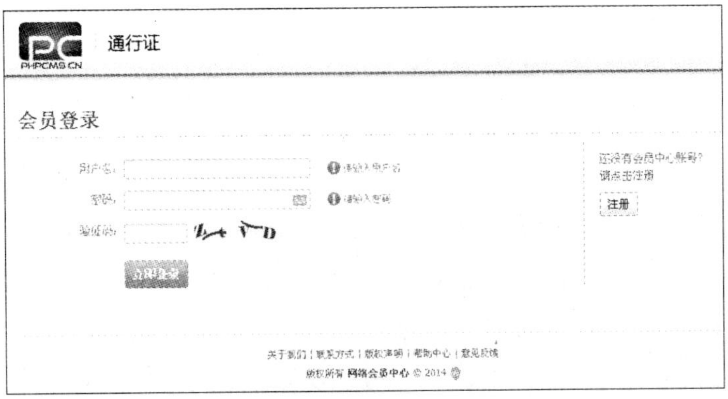

图 10-18　题 2 图

3．制作会员中心账号管理页面，如图 10-19 所示。

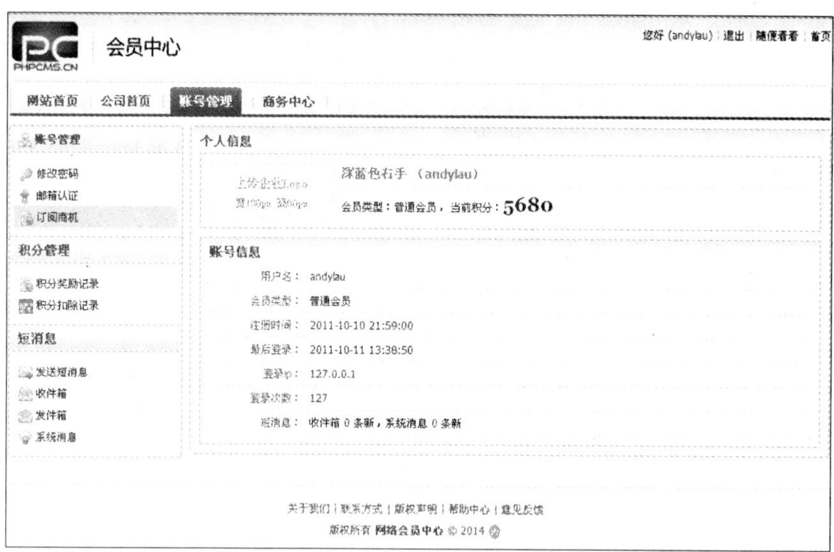

图 10-19　题 3 图

参 考 文 献

[1] 袁磊，陈伟卫．网页设计与制作实例教程[M]．2 版．北京：清华大学出版社，2013．

[2] 孙鑫．HTML 5、CSS 和 JavaScript 开发[M]．北京：电子工业出版社，2012．

[3] 符旭凌．CSS+HTML 语法与范例详解词典[M]．北京：机械工业出版社，2009．

[4] 任昱衡．HTML+CSS 网页设计详解[M]．北京：清华大学出版社，2013．

[5] 张洪斌．基于工作过程的网页设计与制作教程[M]．北京：机械工业出版社，2010．

[6] 李军．网页制作教程——HTML、CSS、JavaScript[M]．北京：清华大学出版社，2012．

[7] 陆凌牛．HTML 5 与 CSS 3 权威指南[M]．北京：机械工业出版社，2011．

[8] 郑娅峰，张永强．网页设计与开发——HTML、CSS、JavaScript 实例教程[M]．2 版．北京：清华大学出版社，2011．

[9] 孔祥盛．HTML+CSS 网页开发技术精解[M]．北京：电子工业出版社，2012．

[10] 吕凤顺．HTML+CSS+JavaScript 网页制作实用教程[M]．北京：清华大学出版社，2011．

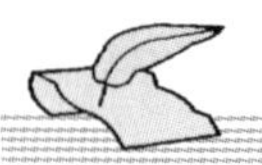

优秀畅销书　精品推荐（刘瑞新组织编写）

计算机组装与维护教程（第5版）

书号：ISBN 978-7-111-35332-4
作者：刘瑞新 等　　定价：32.00 元
获奖项目：全国优秀畅销书奖
普通高等教育"十一五"国家级规划教材
推荐感言：累计销售 30 万册。本书是最新改版，分为基础模块和实践模块，注重培养学生的自学能力、动手能力及通过不同途径了解计算机最新技术的能力，使学生掌握当前最新微机的硬件组成和结构，掌握有关硬件设备的外部性能和技术参数，学会自己选购各种配件进行组装并正确合理地使用它们，以及能够进行系统的日常维护，进而可以自己动手解决微机使用过程中的常见故障。免费提供电子教案。

网页设计与制作教程（第5版）

书号：ISBN 978-7-111-46585-0
作者：刘瑞新 等　　定价：37.80 元
获奖项目：全国优秀畅销书奖
"十二五"职业教育国家规划教材
推荐感言：本书采用全新流行的 Web 标准，以 HTML 技术为基础，由浅入深、完整详细地介绍了 HTML、CSS 及 JavaScript 网页制作内容。本教材把介绍知识与实例制作融于一体，以鞋城网站作为案例讲解，配以什锦果园网站的实训练习，两条主线互相结合、相辅相成，自始至终贯穿于本书的主题之中。本书免费提供电子教案。

JSP+MySQL+Dreamweaver 动态网站开发实例教程

书号：ISBN 978-7-111-41069-4
作者：张兵义 等　　定价：39.80 元
推荐简言：本书采用案例驱动的教学方法，首先展示案例的运行结果，然后详细讲述案例的设计步骤，循序渐进地引导读者学习和掌握相关知识点。在介绍 JSP 动态网页设计步骤时，将 Dreamweaver 可视化设计与手工编码有机地结合在一起。本书免费提供电子教案。

PHP+MySQL+Dreamweaver 动态网站开发实例教程

书号：ISBN 978-7-111-38360-4
作者：张兵义 等　　定价：36.00 元
推荐简言：本书采用案例驱动的教学方式，首先展示案例的运行结果，然后详细讲述案例的设计步骤，循序渐进地引导读者学习和掌握相关知识点。在介绍 PHP 动态网页设计步骤时，本书将 Dreamweaver 可视化设计与手工编码有机地结合在一起。本书免费提供电子教案。

数据库技术与应用——SQL Server 2008

书号：ISBN 978-7-111-29463-4
作者：胡国胜 等　　定价：29.00 元
推荐简言：本书采用最新的 SQL Server 版本，全面介绍了 SQL Server 2008 的主要功能、相关命令和开发应用系统的一般技术。作者精心设计了两个具体的数据库管理系统实例，在教学环节中使用图书馆管理系统，在实训过程中使用宾馆管理信息系统，体现了"项目驱动、案例教学、理论实践相结合"的教学理念。本书是校企结合的范例，并免费提供电子教案。

计算机专业英语

书号：ISBN 978-7-111-30975-8
作者：陈嘉 等　　定价：27.00 元
推荐简言：本书内容丰富、选材新颖，以提高读者对计算机英语的阅读及理解能力、掌握计算机专业英语的翻译技巧和写作方法为目标，实用性强，适合作为高职高专计算机专业的计算机英语课程的教材，也可供相关技术人员学习和参考。本书免费提供电子教案。